CAMBRIDGE LIBRARY COLLECTIO

Books of enduring scholarly value

Mathematical Sciences

From its pre-historic roots in simple counting to the algorithms powering modern desktop computers, from the genius of Archimedes to the genius of Einstein, advances in mathematical understanding and numerical techniques have been directly responsible for creating the modern world as we know it. This series will provide a library of the most influential publications and writers on mathematics in its broadest sense. As such, it will show not only the deep roots from which modern science and technology have grown, but also the astonishing breadth of application of mathematical techniques in the humanities and social sciences, and in everyday life.

Theoria Motus Corporum Coelestium in Sectionibus Conicis Solem Ambientium

Described by one reviewer as 'one of the most perfect books ever written on theoretical astronomy', this work in Latin by the German mathematician Carl Friedrich Gauss (1777–1855), the 'Prince of Mathematicians', derived from his attempt to solve an astronomical puzzle: where in the heavens would the dwarf planet Ceres, first sighted in 1801, reappear? Gauss' predicted position was correct to within half a degree, and this led him to develop a streamlined and sophisticated method of calculating the effect of the larger planets and the sun on the orbits of planetoids, which he published in 1809. As well as providing a tool for astronomers, Gauss' method also offered a way of reducing inaccuracy of calculations arising from measurement error; the primacy of this discovery was however disputed between him and the French mathematician Legendre, whose *Essai sur la théorie des nombres* is also reissued in this series.

Cambridge University Press has long been a pioneer in the reissuing of out-of-print titles from its own backlist, producing digital reprints of books that are still sought after by scholars and students but could not be reprinted economically using traditional technology. The Cambridge Library Collection extends this activity to a wider range of books which are still of importance to researchers and professionals, either for the source material they contain, or as landmarks in the history of their academic discipline.

Drawing from the world-renowned collections in the Cambridge University Library, and guided by the advice of experts in each subject area, Cambridge University Press is using state-of-the-art scanning machines in its own Printing House to capture the content of each book selected for inclusion. The files are processed to give a consistently clear, crisp image, and the books finished to the high quality standard for which the Press is recognised around the world. The latest print-on-demand technology ensures that the books will remain available indefinitely, and that orders for single or multiple copies can quickly be supplied.

The Cambridge Library Collection will bring back to life books of enduring scholarly value (including out-of-copyright works originally issued by other publishers) across a wide range of disciplines in the humanities and social sciences and in science and technology.

Theoria Motus Corporum Coelestium in Sectionibus Conicis Solem Ambientium

Carl Friedrich Gauss

CAMBRIDGE UNIVERSITY PRESS

Cambridge, New York, Melbourne, Madrid, Cape Town,
Singapore, São Paolo, Delhi, Tokyo, Mexico City

Published in the United States of America by Cambridge University Press, New York

www.cambridge.org
Information on this title: www.cambridge.org/9781108143110

This edition first published 1809
This digitally printed version 2011

ISBN 978-1-108-14311-0 Paperback

THEORIA
MOTVS CORPORVM
COELESTIVM

IN

SECTIONIBVS CONICIS SOLEM AMBIENTIVM

AVCTORE

CAROLO FRIDERICO GAVSS

HAMBVRGI SVMTIBVS FRID. PERTHES ET I. H. BESSER
1809.

Venditur

PARISIIS ap. Treuttel & Würtz. LONDINI ap. R. H. Evans.
STOCKHOLMIAE ap. A. Wiborg. PETROPOLI ap. Klostermann.
MADRITI ap. Sancha. FLORENTIAE ap. Molini, Landi & C°
AMSTELODAMI in libraria: Kunst- und Industrie-Comptoir, dicta.

PRAEFATIO

Detectis legibus motus planetarum Kepleri ingenio non defuerunt subsidia ad singulorum planetarum elementa ex obseruationibus eruenda. Tycho Brahe, a quo astronomia practica ad fastigium antea ignotum euecta erat, cunctos planetas per longam annorum seriem summa cura tantaque perseuerantia obseruauerat, vt Keplero talis thesauri dignissimo heredi seligendi tantummodo cura restaret, quae ad scopum quemuis propositum facere viderentur. Nec mediocriter subleuabant hunc laborem motus planetarum medii summa iamdudum praecisione per obseruationes antiquissimas determinati.

Astronomi, qui post Keplerum conati sunt planetarum orbitas adiumento obseruationum recentiorum vel perfectiorum adhuc accuratius dimetiri, iisdem vel adhue maioribus subsidiis adiuti sunt. Neque enim amplius de elementis plane incognitis eliciendis agebatur, sed nota leuiter tantum corrigenda arctioribusque limitibus circumscribenda erant.

Principium grauitationis vniuersalis a summo Newton detectum campum plane nouum aperuit, legibusque iisdem, quibus quinque planetas regi Kepler expertus fuerat, leui tantum mutatione facta *omnia* corpora coelestia necessario obsequi debere edocuit, quorum quidem motus a vi Solis tantum moderentur. Scilicet obseruationum testimonio fretus Kepler cuiusuis planetae orbitam ellipsem esse pronunciauerat, in qua areae circa Solem, focum alterum ellipsis occupantem, vniformiter describantur, et quidem ita, vt tempora reuolutionum in ellipsibus diuersis sint in ratione sesquialtera semiaxium maiorum. Contra Newton, principio grauitationis vniuersalis posito, a priori demonstrauit, corpora omnia a Solis vi attractiua gubernata in sectionibus conicis moueri debere, quarum quidem speciem vnam, ellipses puta, planetae nobis exhibeant, dum species reliquae, parabolae et hyperbolae, pro aeque possibilibus haberi debeant, modo adsint corpora Solis vi velocitate debita occurrentia; Solem semper focum alterum sectionis conicae tenere; areas, quas corpus idem temporibus diuersis circa Solem describat, his temporibus proportionales, areas denique a corporibus diuersis, temporibus aequalibus, circa Solem descriptas, esse in ratione subduplicata semiparametrorum orbitarum: postrema harum legum, in motu elliptico cum vltima Kepleri lege identica, ad motum parabolicum hyperbolicumque patet, ad quos haecce applicari nequit, reuolutionibus deficientibus. Iam filum repertum, quo ducente labyrinthum motuum cometarum antea inaccessum ingredi licuit. Quod tam feliciter successit, vt omnium cometarum motibus, qui quidem accurate obseruati essent, explicandis sufficeret vnica hypothesis, orbitas parabolas esse. Ita systema grauitationis vniuersalis nouos analysi triumphos eosque splendidissimos parauerat; cometaeque vsque ad illum diem semper indomiti, vel si deuicti videbantur mox seditiosi et rebelles, frena sibi iniici passi, atque ex hostibus hospites redditi, iter suum in tramitibus a calculo delineatis prosequuti sunt, iisdem quibus planetae legibus aeternis religiose obtemperantes.

Iam in determinandis cometarum orbitis parabolicis ex obseruationibus difficultates suboriebantur longe maiores, quam in determinandis orbitis ellipticis planetarum, inde potissimum, quod cometae per breuius temporis interuallum visi delectum obseruationum ad haec vel illa imprimis commodarum non concedebant, sed iis vti geometram cogebant, quas fors obtulerat, ita vt methodos speciales in calculis planetarum adhibitas vix vmquam in vsum vocare licuerit. Magnus ipse Newton, primus saeculi sui geometra, problematis difficultatem haud dissimulauit, attamen, ceu exspectari poterat, ex hoc quoque certamine victor euasit. Multi post Newtonum geometrae eidem problemati operam suam nauauerunt, varia vtique fortuna, ita tamen, vt nostris temporibus parum desiderandum relictum sit.

Verum enim vero non est praetermittendum, in hoc quoque problemate peropportunė difficultatem diminui per cognitionem vnius elementi sectionis conicae, quum per ipsam suppositionem orbitae parabolicae, axis maior infinite magnus statuatur. Quippe omnes parabolae, siquidem situs negligatur, per solam maiorem minoremue distantiam verticis a foco inter se differunt, dum sectiones conicae generaliter spectatae varietatem infinities maiorem admittant. Haud equidem aderat ratio sufficiens, cur cometarum traiectoriae absoluta praecisione parabolicae praesumerentur: quin potius infinite parum probabile censeri debet, rerum naturam vnquam tali suppositioni annuisse. Attamen quum constaret, phaenomena corporis coelestis in ellipsi vel hyperbola incedentis, cuius axis maior permagnus sit ratione parametri, prope perihelium perparum discrepare a motu in parabola, cui eadem verticis a foco distantia, differentiamque eo leuiorem euadere, quo maior fuerit illa ratio axis ad parametrum; porro quum experientia docuisset, inter motum obseruatum motumque in orbita parabolica computatum vix vmquam maiores differentias remanere, quam quae ipsis obseruationum erroribus (hic plerumque satis notabilibus) tuto tribui poterant: astronomi apud parabolam subsistendum esse rati sunt. Recte sane, quum omnino deessent subsidia, e quibus, num vllae quantaeue differentiae a parabola adsint, satis certo colligi potuisset. Excipere oportet cometam celebrem Halleyanum, qui ellipsem valde oblongam describens in reditu ad perihelium pluries obseruatus tempus periodicum nobis patefecit: tunc autem axi maiori inde cognito computus reliquorum elementorum vix pro difficiliori habendus est, quam determinatio orbitae parabolicae. Silentio quidem praeterire non possumus, astronomos etiam in nonnullis aliis cometis per tempus aliquanto longius obseruatis determinationem aberrationis a parabola tentauisse: attamen omnes methodi ad hunc finem propositae vel adhibitae, innituntur suppositioni, discrepantiam a parabola haud considerabilem esse, quo pacto in illis tentaminibus ipsa parabola antea iam computata cognitionem approximatam singulorum elementorum (praeter axem maiorem vel tempus reuolutionis inde pendens) iam subministrauit, leuibus tantum mutationibus corrigendam. Praeterea fatendum est, omnia ista tentamina vix vnquam aliquid certi decidere valuisse, si forte cometam anni 1770 excipias

Quamprimum motum planetae noui anno 1781 detecti cum hypothesi parabolica conciliari non posse cognitum est, astronomi orbitam circularem illi adaptare inchoauerunt, quod negotium per calculum perfacilem ac simplicem absoluitur. Fausta quadam fortuna orbita huius planetae mediocriter tantum excentrica erat, quo pacto elementa per suppositionem illam eruta saltem approximationem qualemcunque suppeditabant, cui dein determinationem elementorum ellipticorum superstruere licuit. Accedebant plura alia peropportuna. Quippe tardus planetae motus, perparuaque orbitae ad planum eclipticae inclinatio non solum calculos longe simpliciores reddebant, methodosque speciales aliis casibus haud accommodandas in vsum vocare concedebant, sed metum quoque dissipabant, ne planeta radiis Solis immersus postea quaeritantium curas eluderet, (qui metus alias, praesertim si insuper lumen minus viuidum fuisset, vtique animos turbare potuisset), quo pacto accuratior orbitae determinatio tuto differri poterat, donec ex obseruationibus frequentioribus magisque remotis eligere liceret, quae ad propositum maxime commodae viderentur.

In omnibus itaque casibus, vbi corporum coelestium orbitas ex obseruationibus deducere oportuit, commoda aderant quaedam haud spernenda, methodorum specialium applicationem suadentia vel saltem permittentia, quorum commodorum potissimum id erat, quod per suppositiones hypotheticas cognitionem approximatam quorundam elementorum iamiam acquirere licuerat, antequam calculus elementorum ellipticorum susciperetur. Nihilominus satis mirum videtur, problema generale

Determinare orbitam corporis coelestis, absque omni suppositione

hypothetica, ex obseruationibus tempus haud magnum complectentibus neque adeo delectum, pro applicatione methodorum specialium, patientibus vsque ad initium huius saeculi penitus propemodum neglectum esse, vel saltem a nemine serio ac digne tractatum, quum certe theoreticis propter difficultatem atque elegantiam sese commendare potuisset, etiamsi apud practicos de summa eius vtilitate nondum constaret. Scilicet inualuerat apud omnes opinio, *impossibilem* esse talem determinationem completam ex obseruationibus breuiori temporis interuallo inclusis, male sane fundata, quum nunc quidem certissimo iam euictum sit, orbitam corporis coelestis ex obseruationibus bonis paucos tantummodo dies complectentibus absque vlla suppositione hypothetica satis approximate iam determinari posse.

Incideram in quasdam ideas, quae ad solutionem problematis magni de quo dixi facere videbantur, mense Septembri a. 1801, tunc in labore plane diuerso occupatus. Haud raro in tali casu, ne nimis a grata inuestigatione distrahamur, neglectas interire sinimus idearum associationes, quae attentius examinatae vberrimos fructus ferre potuissent. Forsan et illis ideolis eadem fortuna instabat, nisi peropportune incidissent in tempus, quo nullum sane faustius ad illas conseruandas atque fouendas eligi potuisset. Scilicet eodem circiter tempore rumor de planeta nouo Ian. 1 istius anni in specula Panormitana detecto per omnium ora volitabat, moxque ipsae obseruationes inde ab epocha illa vsque ad 11 Febr. ab astronomo praestantissimo Piazzi institutae ad notitiam publicam peruenerunt. Nullibi sane in annalibus astronomiae occasionem tam grauem reperimus, vixque grauior excogitari posset, ad dignitatem istius problematis luculentissime ostendendam, quam tunc in tanto discrimine vrgenteque necessitate, vbi omnis spes, atomum planetariam post annum fere elapsum in coelis inter innumeras stellulas reinueniendi, vnice pendebat ab orbitae cognitione satis approximata, solis illis pauculis obseruationibus superstruenda. Vmquamne opportunius experiri potuissem, ecquid valeant ideolae meae ad vsum practicum, quam si tunc istis ad determinationem orbitae Cereris vterer, qui planeta inter 41 illos dies geocentrice arcum trium tantummodo graduum descripserat, et post annum elapsum in coeli plaga longissime illinc remota indagari debebat? Prima haecce methodi applicatio facta est mense Oct. 1801, primaque nox serena, vbi planeta ad normam numerorum inde deductorum quaesitus est*), transfugam obseruationibus reddidit. Tres alii planetae noui inde ab illo tempore detecti, occasiones nouas suppeditauerunt, methodi efficaciam ac generalitatem examinandi et comprobandi.

Optabant plures astronomi, statim post reinuentionem Cereris, vt methodos ad istos calculos adhibitas publici iuris facerem; verum obstabant plura, quominus amicis hisce sollicitationibus tunc morem gererem: negotia alia, desiderium rem aliquando copiosius pertractandi, imprimisque expectatio, continuatam in hac disquisitione occupationem varias solutionis partes ad maius generalitatis, simplicitatis et elegantiae fastigium euecturam esse. Quae spes quum me haud fefellerit, non esse arbitror, cur me huius morae poeniteat. Methodi enim ab initio adhibitae identidem tot tantasque mutationes passae sunt, vt inter modum, quo olim orbita Cereris calculata est, institutionemque in hoc opere traditam vix vllum

*) Dec. 7, 1801 a clar. de Zach.

similitudinis vestigium remanserit. Quamquam vero a proposito meo alienum esset, de cunctis his disquisitionibus paullatim magis magisque perfectis narrationem completam perscribere, tamen in pluribus occasionibus, praesertim quoties de problemate quodam grauiori agebatur, methodos anteriores quoque haud omnino supprimendas esse censui. Quin potius praeter problematum principalium solutiones plurima, quae in occupatione satis longa circa motus corporum coelestium in sectionibus conicis vel propter elegantiam analyticam vel imprimis propter vsum practicum attentione digniora se mihi obtulerunt, in hoc opere exsequutus sum. Semper tamen vel rebus vel methodis mihi propriis maiorem curam dicaui, nota leuiter tantum, quatenusque rerum nexus postulare videbatur, attingens.

Totum itaque opus in duas partes diuiditur. In Libro primo euoluuntur relationes inter quantitates, a quibus motus corporum coelestium circa Solem secundum Kepleri leges pendet, et quidem in duabus primis Sectionibus relationes eae, vbi vnicus tantum locus per se consideratur, in Sectione tertia et quarta vero eae, vbi plures loci inter se conferuntur. Illae continent expositionem methodorum tum vulgo vsitatarum, tum potissimum aliarum illis ni fallor ad vsum practicum longe praeferendarum, per quas ab elementis cognitis ad phaenomena descenditur; hae problemata multa grauissima tractant, quae viam ad operationes inuersas sternunt. Scilicet quum ipsa phaenomena ex artificiosa intricataque quadam complicatione elementorum componantur, hanc texturae rationem penitius perspexisse oportet, antequam filorum explicationem operisque in elementa sua resolutionem cum spe successus suscipere liceat. Comparantur itaque in Libro primo instrumenta atque subsidia, per quae dein in Libro altero arduum hoc negotium ipsum perficitur: maxima laboris pars tunc iam in eo consistit, vt illa subsidia rite colligantur, ordine apto disponantur et in scopum propositum dirigantur.

Problemata grauiora ad maximam partem per exempla idonea illustrata sunt, semper quoties quidem licuit ab obseruationibus non fictis desumta. Ita non solum methodorum efficaciae maior fiducia conciliabitur, vsusque clarius ob oculos ponetur, sed id quoque cautum iri spero, vt nec minus exercitati a studio harum rerum deterreantur, quae procul dubio partem foecundissimam et pulcherrimam astronomiae theoricae constituunt.

Scripsi Gottingae d. 28 Martii 1809.

CONTENTA

LIBER PRIMVS

RELATIONES GENERALES INTER QVANTITATES PER QVAS CORPORVM COELESTIVM MOTVS CIRCA SOLEM DEFINIVNTVR.

SECTIO PRIMA

Relationes ad locum simplicem in orbita spectantes.

1.

Corporum coelestium motus in hoc opere eatenus tantum considerabimus, quatenus a Solis vi attractiua gubernantur. Excluduntur itaque ab instituto nostro omnes planetae secundarii, excluduntur perturbationes, quas primarii in se inuicem exercent, excluditur omnis motus rotatorius. Corpora mota ipsa vt puncta mathematica spectamus, motusque omnes ad normam legum sequentium fieri supponimus, quae igitur pro basi omnium disquisitionum in hoc opere sunt habendae.

I. Motus cuiusuis corporis coelestis perpetuo fit in eodem plano, in quo simul centrum Solis est situm.

II. Traiectoria a corpore descripta est sectio conica focum in centro Solis habens.

III. Motus in ista traiectoria fit ita, vt areae spatiorum in diuersis temporum interuallis circa Solem descriptorum hisce interuallis ipsis sint proportionales. Temporibus igitur et spatiis per numeros expressis, spatium quoduis per tempus intra quod describitur diuisum quotientem inuariabilem suppeditat.

IV. Pro corporibus diuersis circa Solem se mouentibus horum quotientium quadrata sunt in ratione inuersa parametrorum orbitis respondentium, atque aggregatorum massae Solis cum massis corporum motorum.

Designando itaque per $2p$ parametrum orbitae, in qua corpus incedit, per μ quantitatem materiae huius corporis (posita massa Solis $=1$), per $\frac{1}{2}g$ aream quam tempore t circa Solem describit, erit $\frac{g}{t\sqrt{p}.\sqrt{(1+\mu)}}$ numerus pro omnibus corporibus coelestibus constans. Quum igitur nihil intersit, quonam córpore ad valorem huius numeri determinandum vtamur, e motu terrae eum depromemus, cuius distantiam mediam a Sole pro vnitate distantiarum adoptabimus: vnitas temporum semper nobis erit dies medius solaris. Denotando porro per π rationem circumferentiae circuli ad diametrum, area ellipsis integrae a terra descriptae manifesto erit $\pi\sqrt{p}$, quae igitur poni debet $=\frac{1}{2}g$, si pro t accipitur annus sideralis, quo pacto constans nostra fit $= \frac{2\pi}{t\sqrt{(1+\mu)}}$. Ad valorem numericum huius constantis, in sequentibus per k denotandae, explorandum, statuemus, secundum nouissimam determinationem, annum sideralem siue $t = 365,2563835$, massam terrae siue $\mu = \frac{1}{354710} = 0,0000028192$, vnde prodit

log 2π	0,7981798684
Compl. log t	7,4574021852
Compl. log $\sqrt{(1+\mu)}$	9,9999993878
log k	8,2355814414
$k =$	0,01720209895

2.

Leges modo expositae ab iis, quas Keplerus noster detexit, aliter non differunt, nisi quod in forma ad omnia sectionum conicarum genera patente exhibitae sunt, actionisque corporis moti in Solem, a qua pendet factor $\sqrt{(1+\mu)}$, ratio est habita. Si has leges tamquam phaenomena ex innumeris atque indubiis obseruationibus depromta consideramus, geometria docebit, qualis actio in corpora circa Solem mota ab hoc exerceri debeat, vt ista phaenomena perpetuo producantur. Hoc modo inuenitur, Solis actionem in corpora ambientia perinde se exerere, ac si vis attractiua, cuius intensitas quadrato distantiae reciproce proportionalis esset, corpora versus centrum Solis propelleret. Quodsi vero vice versa a suppositione talis vis attractiuae tamquam principio proficiscimur, phaenomena illa vt consequentiae necessariae inde deriuantur. Hic leges tantum enarrauisse sufficiat, quarum nexui cum principio grauitationis hoc loco eo minus opus erit immorari, quum post summum Newton auctores plures hoc argumentum tractauerint, interque eos ill.

Laplace in opere perfectissimo, Mecanique Celeste, tali modo, vt nihil amplius desiderandum reliquerit.

3.

Disquisitiones circa motus corporum coelestium, quatenus fiunt in sectionibus conicis, theoriam completam huius curuarum generis neutiquam postulant: quin adeo vnica aequatio generalis nobis sufficiet, cui omnia superstruantur. Et quidem maxime e re esse videtur, eam ipsam eligere, ad quam tamquam aequationem characteristicam deferimur, dum curuam secundum attractionis legem descriptam inuestigamus. Determinando scilicet quemuis corporis locum in orbita sua per distantias x, y a duabus rectis in plano orbitae ductis atque in centro Solis i. e. in altero curuae foco sub angulis rectis se secantibus, et denotando insuper corporis distantiam a Sole (positiue semper accipiendam) per r, habebimus inter r, x, y aequationem linearem $r+\alpha x+\beta y=\gamma$, in qua α, β, γ quantitates constantes expriment, et quidem γ quantitatem natura sua semper positiuam. Mutando rectarum, ad quas distantiae x, y referuntur, situm per se arbitrarium, si modo sub angulis rectis se intersecare perseuerent, manifesto forma aequationis valorque ipsius γ non mutabuntur, α et β autem alios aliosque valores nanciscentur, patetque, situm illum ita determinari posse, vt β euadat $=0$, α autem saltem non negatiua. Hoc modo scribendo pro α, γ resp. e, p, aequatio nostra induit formam $r+ex=p$. Recta, ad quam tunc distantiae y referuntur, *linea apsidum* vocatur, p *semiparameter*, e *excentricitas*; sectio conica denique *ellipsis*, *parabolae* vel *hyperbolae* nomine distinguitur, prout e vnitate minor, vnitati aequalis, vel vnitate maior est.

Ceterum facile intelligitur, situm lineae apsidum per conditiones traditas plene determinatum esse, vnico casu excepto, vbi tum α tum β iam per se erant $=0$; in hoc casu semper fit $r=p$, ad quascunque rectas distantiae x, y referantur. Quoniam itaque habetur $e=0$, curua (quae erit circulus) secundum definitionem nostram ellipsium generi annumeranda est, id vero singulare habet, quod apsidum positio prorsus arbitraria manet, siquidem istam notionem ad hunc quoque casum extendere placet.

4.

Pro distantia x iam angulum v introducamus, qui inter lineam apsidum et rectam a Sole ad corporis locum ductam (*radium vectorem*) continetur, et quidem hic angulus ab ea lineae apsidum parte vbi distantiae x sunt positiuae incipiat, versusque eam regionem, quorsum motus corporis dirigitur, crescere supponatur. Hoc modo fit $x = r\cos v$, adeoque formula nostra $r = \frac{p}{1 + e\cos v}$, vnde protinus deriuantur conclusiones sequentes:

I. Pro $v = 0$ valor radii vectoris r fit minimum, puta $= \frac{p}{1+e}$: hoc punctum *perihelium* dicitur.

II. Valoribus oppositis ipsius v respondent valores aequales ipsius r; quocirca linea apsidum sectionem conicam in duas partes aequales dirimit.

III. In *ellipsi* r inde a $v = 0$ continuo crescit, donec valorem maximum $\frac{p}{1-e}$ assequatur in *aphelio* pro $v = 180°$; post aphelium eodem modo rursus decrescit, quo ante increuerat, donec pro $v = 360°$ perihelium denuo attigerit. Lineae apsidum pars perihelio hinc aphelio illinc terminata *axis maior* dicitur; hinc semiaxis maior, qui etiam *distantia media* vocatur, fit $= \frac{p}{1-ee}$; distantia puncti in medio axe iacentis (*centri ellipsis*) a foco erit $\frac{ep}{1-ee} = ea$, denotando per a semiaxem maiorem.

IV. Contra in *parabola* proprie non datur aphelium, sed r vltra omnes limites augetur, quo propius v ad $+180°$ vel $-180°$ accedit. Pro $v = \pm 180°$ valor ipsius r fit infinitus, quod indicat, curuam a linea apsidum a parte perihelio opposita non secari. Quare proprie quidem loquendo de axi maiore vel centro curvae sermo esse nequit, sed secundum analyseos vsum consuetum per ampliationem formularum in ellipsi inuentarum axi maiori valor infinitus tribuitur, centrumque curuae in distantia infinita a foco collocatur.

V. In *hyperbola* denique v inter limites adhuc arctiores coërcetur, scilicet inter $v = -(180° - \psi)$ et $v = +(180° - \psi)$, denotando per ψ angulum, cuius cosinus $= \frac{1}{e}$. Dum enim v ad hosce limites appropinquat, r in infinitum crescit; si vero pro v alter horum limitum ipse acciperetur, valor ipsius r infinitus prodiret, quod indicat, hyperbolam a recta ad lineam apsidum angulo $180° - \psi$ supra vel infra inclinata omnino non secari. Pro valoribus hoc modo exclusis, puta a $180° - \psi$ vsque ad $180° + \psi$, formula nostra ipsi r valorem negatiuum assignat; recta scilicet sub tali angulo contra lineam apsidum inclinata ipsa quidem hyperbolam non secat, si vero retro producitur in alteram hyperbolae partem incidit, quam a prima parte omnino separatam versusque eum focum quem Sol occupat conuexam esse constat. Sed in disquisitione nostra, quae vt iam monuimus suppositioni innititur, r sumi positiue, ad hanc alteram hyperbolae partem non respiciemus, in qua corpus coeleste tale tantummodo incedere posset, in quod Sol vim non attractiuam sed secundum easdem leges repulsiuam exerceret. — Proprie itaque loquendo etiam in hyperbola non datur aphelium; pro aphelii analogo id partis auersae punctum quod in linea apsidum iacet, et quod respondet valoribus $v = 180^\circ$, $r = -\frac{p}{e-1}$, haberi poterit. Quodsi ad instar ellipsis valorem expressionis $\frac{p}{1-ee}$ etiam hic, vbi negatiuus euadit, semiaxem maiorem hyperbolae dicere lubet, haec quantitas puncti modo commemorati distantiam a perihelio simulque situm ei qui in ellipsi locum habet oppositum indicat. Perinde $\frac{ep}{1-ee}$, i. e. distantia puncti inter haec duo puncta medii (centri hyperbolae) a foco, hic obtinet valorem negatiuum propter situm oppositum.

5.

Angulum v, qui pro parabola intra terminos -180° et $+180^\circ$, pro hyperbola intra $-(180^\circ - \psi)$ et $+(180^\circ - \psi)$ coërcetur, pro ellipsi vero circulum integrum periodis perpetuo renouatis percurrit, corporis moti *anomaliam veram* nuncupamus. Hactenus quidem omnes fere astronomi anomaliam veram in ellipsi non a perihelio sed ab aphelio inchoare solebant, contra analogiam parabolae et hyperbolae, vbi aphelium non datur adeoque a perihelio incipere oportuit: nos analogiam inter omnia sectionum conicarum genera restituere eo minus dubitauimus, quod astronomi gallici recentissimi exemplo suo iam praeiuerunt.

Ceterum expressionis $r = \frac{p}{1 + e\cos v}$ formam saepius aliquantulum mutare conuenit; imprimis notentur formae sequentes:

$$r = \frac{p}{1 + e - 2e\sin\tfrac{1}{2}v^2} = \frac{p}{1 - e + 2e\cos\tfrac{1}{2}v^2}$$

$$r = \frac{p}{(1+e)\cos\tfrac{1}{2}v^2 + (1-e)\sin\tfrac{1}{2}v^2}$$

In parabola itaque habemus $r = \frac{p}{2\cos\frac{1}{2}v^2}$; in hyperbola expressio sequens imprimis est commoda $r = \frac{p\cos\psi}{2\cos\frac{1}{2}(v+\psi)\cos\frac{1}{2}(v-\psi)}$.

6.

Progredimur iam ad comparationem motus cum *tempore*. Statuendo vt in art. 1. spatium tempore t circa Solem descriptum $= \frac{1}{2}g$, massam corporis moti $= \mu$, posita massa Solis $= 1$, habemus $g = kt\sqrt{p}.\sqrt{(1+\mu)}$. Differentiale spatii autem fit $= \frac{1}{2}rrdv$, vnde prodit $kt\sqrt{p}.\sqrt{(1+\mu)} = \int rrdv$, hoc integrali ita sumto, vt pro $t=0$ euanescat. Haec integratio pro diuersis sectionum conicarum generibus diuerso modo tractari debet, quamobrem singula iam seorsim considerabimus, initiumque ab ELLIPSI faciemus.

Quum r ex v per fractionem determinetur, cuius denominator e duabus partibus constat, ante omnia hoc incommodum per introductionem quantitatis novae pro v auferemus. Ad hunc finem statuemus $\tang \frac{1}{2} v \sqrt{\frac{1-e}{1+e}} = \tang \frac{1}{2} E$, quo pacto formula vltima art. praec. pro r praebet

$$r = \frac{p\cos\frac{1}{2}E^2}{(1+e)\cos\frac{1}{2}v^2} = p\left(\frac{\cos\frac{1}{2}E^2}{1+e} + \frac{\sin\frac{1}{2}E^2}{1-e}\right) = \frac{p}{1-ee}(1-e\cos E).$$

Porro fit $\frac{\mathrm{d}E}{\cos\frac{1}{2}E^2} = \frac{\mathrm{d}v}{\cos\frac{1}{2}v^2}\sqrt{\frac{1-e}{1+e}}$, adeoque $\mathrm{d}v = \frac{p\,\mathrm{d}E}{r\sqrt{(1-ee)}}$; hinc

$$rr\,\mathrm{d}v = \frac{rp\,\mathrm{d}E}{\sqrt{(1-ee)}} = \frac{pp}{(1-ee)^{\frac{3}{2}}}(1-e\cos E)\,\mathrm{d}E,$$ atque integrando

$$kt\sqrt{p}.\sqrt{(1+\mu)} = \frac{pp}{(1-ee)^{\frac{3}{2}}}(E-e\sin E) + \text{Const.}$$

Quodsi itaque tempus a transitu per perihelium inchoamus, vbi $v=0$, $E=0$ adeoque Const. $=0$, habebimus, propter $\frac{p}{1-ee} = a$,

$$E - e\sin E = \frac{kt\sqrt{(1+\mu)}}{a^{\frac{3}{2}}}.$$

In hac aequatione angulus auxiliaris E, qui *anomalia excentrica* dicitur, in partibus radii exprimi debet. Manifesto autem hunc angulum in gradibus etc. retinere licet, si modo etiam $e\sin E$ atque $\frac{kt\sqrt{(1+\mu)}}{a^{\frac{3}{2}}}$ eodem modo exprimantur; in minutis secundis hae quantitates exprimentur, si per numerum 206264,67 multiplicantur. Multiplicatione quantitatis posterioris supersedere possumus, si statim quantitatem k in secundis expressam adhibemus, adeoque, loco valoris supra dati, statuimus $k = 3548'', 18761$, cuius logarithmus $= 3,5500065746$. — Hoc modo expressa quantitas $\frac{kt\sqrt{(1+\mu)}}{a^{\frac{3}{2}}}$ *anomalia media* vocatur, quae igitur in ratione temporis crescit, et quidem quotidie augmento $\frac{k\sqrt{(1+\mu)}}{a^{\frac{3}{2}}}$, quod *motus medius diurnus* dicitur. Anomaliam mediam per M denotabimus.

7.

In perihelio itaque anomalia vera, anomalia excentrica, et anomalia media sunt $=0$; crescente dein vera, etiam excentrica et media augentur, ita tamen, vt excentrica minor maneat quam vera, mediaque minor quam excentrica, vsque ad aphelium, vbi omnes tres simul fiunt $=180°$; hinc vero vsque ad perihelium excentrica perpetuo est maior quam vera, mediaque maior quam excentrica, donec in perihelio omnes tres fiant $=360°$, siue, quod eodem redit, omnes iterum $=0$. Generaliter vero patet, si anomaliae verae v respondeat excentrica E mediaque M, verae $360° - v$ respondere excentricam $360° - E$ atque mediam $360° - M$. Differentia inter anomaliam veram et mediam $v - M$ *aequatio centri* appellatur, quae itaque a perihelio ad aphelium positiua, ab aphelio ad perihelium negatiua est, in perihelio ipso autem et aphelio euanescit. Quum igitur v et M circulum integrum a 0 vsque ad 360° eodem tempore percurrant, tempus reuolutionis vnius, quod et *tempus periodicum* dicitur, in diebus expressum inuenitur, diuidendo 360° per motum diurnum $\frac{k\sqrt{(1+\mu)}}{a^{\frac{3}{2}}}$, vnde patet, pro corporibus diuersis circa Solem reuoluentibus quadrata temporum periodicorum cubis distantiarum mediarum proportionalia esse, quatenus ipsorum massas, aut potius massarum inaequalitatem negligere liceat.

8.

Eas iam inter anomalias atque radium vectorem relationes, quae imprimis attentione dignae sunt, colligamus, quarum deductio nemini in analysi trigonometrica vel mediocriter versato difficultates obiicere poterit. Pluribus harum formularum concinnitas maior conciliatur, introducto pro e angulo cuius sinus est $= e$. Quo per φ designato, habemus $\sqrt{(1-ee)} = \cos\varphi$, $\sqrt{(1+e)} = \cos(45° - \frac{1}{2}\varphi)\sqrt{2}$, $\sqrt{(1-e)} = \cos(45° + \frac{1}{2}\varphi)\sqrt{2}$, $\sqrt{\frac{1-e}{1+e}} = \text{tang}(45° - \frac{1}{2}\varphi)$, $\sqrt{(1+e)} + \sqrt{(1-e)} = 2\cos\frac{1}{2}\varphi$, $\sqrt{(1+e)} - \sqrt{(1-e)} = 2\sin\frac{1}{2}\varphi$. Ecce iam relationes praecipuas inter a, p, r, e, φ, v, E, M.

I. $p = a\cos\varphi^2$

II. $r = \frac{p}{1+e\cos v}$

III. $r = a(1 - e\cos E)$

IV. $\cos E = \frac{\cos v + e}{1+e\cos v}$, siue $\cos v = \frac{\cos E - e}{1 - e\cos E}$

V. $\sin\frac{1}{2}E = \sqrt{\tfrac{1}{2}(1-\cos E)} = \sin\frac{1}{2}v\sqrt{\frac{1-e}{1+e\cos v}} = \sin\frac{1}{2}v\sqrt{\frac{r(1-e)}{p}} =$
$\sin\frac{1}{2}v\sqrt{\frac{r}{a(1+e)}}$

VI. $\cos\frac{1}{2}E = \sqrt{\tfrac{1}{2}(1+\cos E)} = \cos\frac{1}{2}v\sqrt{\frac{1+e}{1+e\cos v}} = \cos\frac{1}{2}v\sqrt{\frac{r(1+e)}{p}} =$
$\cos\frac{1}{2}v\sqrt{\frac{r}{a(1-e)}}$

VII. $\operatorname{tang}\frac{1}{2}E = \operatorname{tang}\frac{1}{2}v \operatorname{tang}(45^\circ - \frac{1}{2}\varphi)$

VIII. $\sin E = \frac{r\sin v\cos\varphi}{p} = \frac{r\sin v}{a\cos\varphi}$

IX. $r\cos v = a(\cos E - e) = 2a\cos(\frac{1}{2}E + \frac{1}{2}\varphi + 45^\circ)\cos(\frac{1}{2}E - \frac{1}{2}\varphi - 45^\circ)$

X. $\sin\frac{1}{2}(v-E) = \sin\frac{1}{2}\varphi\sin v\sqrt{\frac{r}{p}} = \sin\frac{1}{2}\varphi\sin E\sqrt{\frac{a}{r}}$

XI. $\sin\frac{1}{2}(v+E) = \cos\frac{1}{2}\varphi\sin v\sqrt{\frac{r}{p}} = \cos\frac{1}{2}\varphi\sin E\sqrt{\frac{a}{r}}$

XII. $M = E - e\sin E$

9.

Si perpendiculum e puncto quocunque ellipsis in lineam apsidum demissum retro producitur, vsquedum circulo e centro ellipsis radio a descripto occurrat, inclinatio eius radii, qui puncto intersectionis respondet, contra lineam apsidum (simili modo intellecta vt supra pro anomalia vera) anomaliae excentricae aequalis erit, vt nullo negotio ex aequ. IX. art. praec. deducitur. Porro patet, $r\sin v$ esse distantiam cuiusque puncti ellipsis a linea apsidum; quae quum per aequ. VIII. fiat $= a\cos\varphi\sin E$, maxima erit pro $E = 90^\circ$, i. e. in centro ellipsis. Haecce distantia maxima, quae fit $= a\cos\varphi = \frac{p}{\cos\varphi} = \sqrt{ap}$, *semiaxis minor* appellatur. In foco ellipsis, i. e. pro $v = 90^\circ$, distantia ista manifesto fit $= p$, siue semiparametro aequalis.

10.

Aequationes art. 8. omnia continent, quae ad computum anomaliae excentricae et mediae e vera, vel excentricae et verae e media requiruntur. Pro deducenda excentrica e vera vulgo formula VII. adhibetur; plerumque tamen praestat ad hunc finem aequ. X. vti, praesertim quoties excentricitas non nimis magna est, in quo casu E per X. maiori praecisione computari potest, quam per VII. Praeterea adhibita aequatione X, logarithmus sinus E, qui in XII. requiritur, protinus per aequationem VIII. habetur, quem adhibita VII. e tabulis arcessere oporteret; si igitur in illa methodo hic logarithmus etiam e tabulis desumitur, simul calculi recte instituti confirmatio hinc obtinetur. Huiusmodi calculi examina et comprobationes magni semper sunt aestimanda, quibus igitur consulere in omnibus methodis in hoc opere tradendis, vbi quidem commode fieri potest, assiduae nobis vbique curae erit. — Ad maiorem illustrationem exemplum complete calculatum adiungimus.

Data sint $v = 310° 55' 29'' 64$, $\varphi = 14° 12' 1'' 87$, $\log r = 0{,}3307640$; quaeruntur p, a, E et M.

log sin φ 9,3897262
log cos v 9,8162877

9,2060139 vnde $e \cos v = 0{,}1606995$

log (1 + $e \cos v$) 0,0647197
log r 0,3307640

log p 0,3954837
log cos φ^2 9,9730448

log a 0,4224389

log sin v .... 9,8782740 n *)
log $\sqrt{\frac{p}{r}}$ .... 0,0323598 . 5

9,8459141 . 5 n
log sin $\frac{1}{2}\varphi$ 9,0920395

log sin $\frac{1}{2}(v - E)$ .... 8,9379536 . 5 n hinc $\frac{1}{2}(v-E) = -4° 58' 22'' 94$; $v - E = -9° 56' 45'' 88$; $E = 320° 52' 15'' 52$

*) Litera n logarithmo affixa indicat, numerum cui respondet negatiuum esse.

Porro fit

$\log e \ldots\ldots\ldots\ldots 9{,}3897262$
$\log 206264{,}7 \ldots 5{,}3144251$
$\log e$ in sec: $\ldots 4{,}7041513$
$\log \sin E \ldots\ldots 9{,}8000\ 67\,n$
$4{,}5042278\,n$

Calculus pro $\log\sin E$ per formulam VIII.

$\log \frac{r}{p} \sin v \ldots\ldots 9{,}8135543\ n$
$\log\cos\varphi \ldots\ldots 9{,}9865224$
$\log\sin E \ldots\ldots 9{,}8000767\ n$

hinc $e\sin E$ in secundis $= 31932''14 = 8°52'12''14$ atque $M = 329°44'27''66$. — Per formulam VII. calculus pro E ita se haberet:

$\frac{1}{2}v = 155°27'44''82$
$45° - \frac{1}{2}\varphi = 37°53'59''065$

$\log\tan\frac{1}{2}v \ldots\ldots 9{,}6594579\,n$
$\log\tan(45° - \frac{1}{2}\varphi) \ldots 9{,}8912427$
$\log\tan\frac{1}{2}E \ldots\ldots 9{,}5507006\,n$

vnde $\frac{1}{2}E = 160°26'7''76$ atque $E = 320°52'15''52$ vt supra.

11.

Problema inuersum, celebre sub nomine *problematis Kepleri*, scilicet ex anomalia media inuenire veram atque radium vectorem, longe frequentioris vsus est. Astronomi aequationem centri per seriem infinitam secundum sinus angulorum M, $2M$, $3M$ etc. progredientem exhibere solent, quorum sinuum coëfficientes singuli et ipsi sunt series secundum potestates excentricitatis in infinitum excurrentes. Huic formulae pro aequatione centri, quam plures auctores euoluerunt, hic immorari eo minus necessarium duximus, quod, nostro quidem iudicio, ad vsum practicum, praesertim si excentricitas perparua non fuerit, longe minus idonea est, quam methodus indirecta, quam itaque in ea forma, quae maxime commoda nobis videtur, aliquanto fusius explicabimus.

Aequatio XII, $E = M + e\sin E$, quae ad transcendentium genus referenda est solutionemque per operationes finitas directas non admittit, tentando soluenda est, incipiendo a valore quodam approximato ipsius E, qui per methodos idoneas toties repetitas corrigitur, vsque dum illi aequationi exacte satisfaciat, i. e. vel omni quam tabulae sinuum permittunt praecisione, vel ea saltem, quae ad scopum propositum sufficit. Quodsi hae correctiones haud temere sed per normam tutam atque certam instituuntur, vix vllum discrimen essentiale inter methodum talem indirectam atque solutionem per series adest, nisi quod in illa valor primus incognitae aliquatenus est arbitrarius, quod potius pro lucro habendum, quum valor apte electus correctiones insigniter accelerare permittat. Supponamus, ε esse valorem approximatum ipsius E, atque x correctionem illi adhuc adiiciendam (in secundis expressam), ita vt valor $E = \varepsilon + x$ aequationi nostrae exacte satisfaciat. Computetur $e \sin \varepsilon$ in secundis per logarithmos, quod dum perficitur, simul e tabulis notetur variatio ipsius log $\sin \varepsilon$ pro $1''$ variatione ipsius ε, atque variatio log $e \sin \varepsilon$ pro variatione vnius vnitatis in numero $e \sin \varepsilon$; sint hae variationes sine respectu signorum resp. λ, μ, vbi vix opus est monere, vtrumque logarithmum per aeque multas figuras decimales expressum supponi. Quodsi iam ε ad verum ipsius E valorem tam prope iam accedit, vt variationes logarithmi sinus ab ε vsque ad $\varepsilon + x$, variationesque logarithmi numeri ab $e \sin \varepsilon$ vsque ad $e \sin(\varepsilon + x)$ pro vniformibus habere liceat, manifesto statui poterit $e \sin(\varepsilon + x) = e \sin \varepsilon \pm \frac{\lambda x}{\mu}$, signo superiori pro quadrante primo et quarto, inferiori pro secundo et tertio valente. Quare quum sit $\varepsilon + x = M + e \sin(\varepsilon + x)$, fit $x = \frac{\mu}{\mu \mp \lambda}(M + e \sin \varepsilon - \varepsilon)$, valorque verus ipsius E siue $\varepsilon + x = M + e \sin \varepsilon \pm \frac{\lambda}{\mu \mp \lambda}(M + e \sin \varepsilon - \varepsilon)$, signis ea qua diximus ratione determinatis. Ceterum facile perspicitur, esse sine respectu signi $\mu : \lambda = 1 : e \cos \varepsilon$, adeoque semper $\mu > \lambda$, vnde concluditur, in quadrante primo et vltimo $M + e \sin \varepsilon$ iacere inter ε atque $\varepsilon + x$, in secundo ac tertio vero $\varepsilon + x$ inter ε atque $M + e \sin \varepsilon$, quae regula attentionem ad signa subleuare potest. Si valor suppositus ε nimis adhuc a vero aberrauerat, quam vt suppositionem supra traditam pro satis exacta habere liceret, certe per hanc methodum inuenietur valor multo propior, quo eadem operatio iterum adhuc, pluriesue si opus videtur, repetenda erit. Nullo vero negotio patet, si differentia valoris primi ε a vero tamquam quantitas ordinis primi spectetur, errorem valoris noui ad ordinem secundum referendum fore, et per operationem iteratam ad ordinem quartum, octauum etc. deprimi. Quo minor insuper fuerit excentricitas, eo velocius correctiones successiuae convergent.

12.

Valor approximatus ipsius E, a quo calculus incipi possit, plerumque satis obuius erit, praesertim vbi problema pro pluribus valoribus ipsius M soluendum est, e quibus quidam iam absoluti sunt. Deficientibus omnibus aliis subsidiis id saltem constat, quod E inter limites M et $M \pm e$ iacere debet (excentricitate e in secundis expressa, signoque superiori in quadrante primo et secundo, inferiori in tertio et quarto accepto); quocirca pro valore initiali ipsius E vel M vel valor secundum aestimationem qualemcunque auctus seu deminutus adoptari poterit. Vix opus est monere, calculum primum, quoties a valore parum accurato inchoetur, anxia praecisione haud indigere, tabulasque minores quales cel. Lalande curauit, abunde sufficere. Praeterea, vt calculi commoditati consulatur, tales semper valores pro ε eligentur, quorum sinus e tabulis ipsis absque interpolatione excerpere licet; puta in minutis seu secundorum denariis completis, prout tabulae per singula minuta seu per singulos secundorum denarios progredientes adhibentur. Ceterum modificationes, quas haec praecepta patiuntur, si anguli secundum diuisionem novam decimalem exprimantur, quisque sponte euoluere poterit.

15.

Exemplum. Sit excentricitas eadem quae in exemplo art. 10. $M = 332°28'54''77$. Hic igitur est log e in secundis 4,7041513, adeoque $e = 50600'' = 14°3'20''$. Quare quum hic E minor esse debeat quam M, statuemus ad calculum primum $\varepsilon = 326°$, vnde per tabulas minores fit

log sin ε...... 9,74756 n, mutatio pro 1'.....19, vnde $\lambda = 0,32$
log e in sec... 4,70415

4,45171 n

hinc $e \sin \varepsilon = -28295'' = -7°51'35''$.
$M + e \sin \varepsilon$ 324 37 20

Mutatio logarithmi pro vnitate tabulae, quae hic 10 secundis aequiualet, ...16; vnde $\mu = 1,6$

Differt ab ε .... 1 22 40 = 4960''. Hinc $\frac{0,32}{1,28} \times 4960'' = 1240''$ $= 20'40''$. Quare valor correctus ipsius E fit $= 324°37'20'' - 20'40'' = 324°16'40''$, cum quo calculum secundum tabulas maiores repetemus.

log sin ε......... 9,7665058 n $\lambda = 29,25$
log e............. 4,7041513

4,4704571 n $\mu = 147$
$e \sin \varepsilon = -29545'',18 = -8°12'25''18$
$M + e \sin \varepsilon$........................ 324 16 31,59
Differt ab ε.................................... 8,41. Multiplicata hac differentia per $\frac{\lambda}{\mu - \lambda} = \frac{29,25}{117,75}$, prodit 2''09, vnde valor denuo correctus ipsius $E =$ $324°16'31''59 - 2''09 = 324°16'29''50$, intra 0''01 exactus.

14.

Pro deriuatione anomaliae verae radiique vectoris ex anomalia excentrica aequationes art. 8. plures methodos suppeditant, e quibus praestantissimas explicabimus.

I. Secundum methodum vulgarem v per aequationem VII, atque tunc r per aequationem II. determinantur; hoc modo exemplum art. praec. ita se habet, retinendo pro p valorem in art. 10. traditum:

$\frac{1}{2}E = 162° 8' 14''75.$

log tang $\frac{1}{2}E$ .... 9,5082198 n

log tang$(45° - \frac{1}{2}\varphi)$ ... 9,8912427

log tang $\frac{1}{2}v$ .... 9,6169771 n

$\frac{1}{2}v = 157° 30' 41''50$

$v = 315\ \ 1\ \ 23,00$

log e 9,3897262

log cos v 9,8496597

9,2393859

$e \cos v$ = 0,1735345

log p 0,3954837

log $(1 + e \cos v)$ .. 0,0694959

log r 0,3259878

II. Breuior est methodus sequens, siquidem plures loci calculandi sunt, pro quibus logarithmos constantes quantitatum $\sqrt{a(1+e)}$, $\sqrt{a(1-e)}$ semel tantum computare oportet. Ex aequationibus V et VI habetur

$\sin\frac{1}{2}v\sqrt{r} = \sin\frac{1}{2}E\sqrt{a(1+e)}$

$\cos\frac{1}{2}v\sqrt{r} = \cos\frac{1}{2}E\sqrt{a(1-e)}$

vnde $\frac{1}{2}v$ atque $\log\sqrt{r}$ expedite determinantur. Generaliter nimirum, quoties habetur $P\sin Q = A$, $P\cos Q = B$, inuenitur Q per formulam $\tang Q = \frac{A}{B}$, atque tunc P per hanc $P = \frac{A}{\sin Q}$, vel per $P = \frac{B}{\cos Q}$: priorem adhibere praestat, quando $\sin Q$ est maior quam $\cos Q$; posteriorem, quando $\cos Q$ maior est quam $\sin Q$. Plerumque problemata, in quibus ad tales aequationes peruenitur (qualia in hoc opere frequentissime occurrent), conditionem implicant, quod P esse debet quantitas positiua; tunc dubium, vtrum Q inter 0 et 180° an inter 180° et 360° accipere oporteat, sponte hinc tollitur. Si vero talis conditio non adest, haec determinatio arbitrio nostro relinquitur.

In exemplo nostro habemus $e = 0,2453162$,

log sin $\frac{1}{2}E$ 9,4867632

log $\sqrt{a(1+e)}$ 0,2588593

log cos $\frac{1}{2}E$ .... 9,9785434 n

log $\sqrt{a(1-e)}$ 0,1501020

Hinc

$\log \sin \frac{1}{2}v\sqrt{r} \ldots 9{,}7456225$ | vnde $\log \operatorname{tang} \frac{1}{2}v = 9{,}6169771\, n$

$\log \cos \frac{1}{2}v\sqrt{r} \ldots 0{,}1286454\, n$ | $\frac{1}{2}v = 157° 30' 41'' 50$

$\log \cos \frac{1}{2}v \ldots\ldots 9{,}9656515\, n$ | $v = 315 \quad 1 \quad 23{,}00$

$\log \sqrt{r} \ldots\ldots\ldots\ldots 0{,}1629939$

$\log r \ldots\ldots\ldots\ldots 0{,}3259878$

III. His methodis tertiam adiicimus, quae aeque fere expedita est ac secunda, sed praecisione, si vltima desideretur, isti plerumque praeferenda. Scilicet primo determinatur r per aequationem III, ac dein v per X. Ecce exemplum nostrum hoc modo tractatum:

$\log e \ldots\ldots\ldots\ldots 9{,}3897262$	$\log \sin E \ldots\ldots\ldots 9{,}7663366\, n$
$\log \cos E \ldots\ldots\ldots 9{,}9094637$	$\log \sqrt{(1 - e\cos E)} \ldots 9{,}9517744$
$9{,}2991899$	$9{,}8145622\, n$
$e\cos E = 0{,}1991544$	$\log \sin \frac{1}{2}\varphi \ldots\ldots\ldots 9{,}0920395$
$\log a \ldots\ldots\ldots\ldots 0{,}4224389$	$\log \sin \frac{1}{2}(v - E) \ldots\ldots 8{,}9066017\, n$
$\log(1 - e\cos E) \ldots 9{,}9035488$	$\frac{1}{2}(v - E) = -4° 37' 33'' 24$
$\log r \ldots\ldots\ldots\ldots 0{,}3259877$	$v - E = -9 \quad 15 \quad 6{,}48$
	$v = 315 \quad 1 \quad 23{,}02$

Ad calculum confirmandum formula VIII vel IX percommoda est, praesertim, si v et r per methodum tertiam determinatae sunt. Ecce calculum:

$\log \frac{a}{r} \sin E \ldots 9{,}8627878\, n$	$\log \sin E \sqrt{\frac{a}{r}} \ldots\ldots 9{,}8145622\, n$
$\log \cos \varphi \ldots\ldots 9{,}9865224$	$\log \cos \frac{1}{2}\varphi \ldots\ldots\ldots 9{,}9966567$
$9{,}8493102\, n$	$9{,}8112189\, n$
$\log \sin v \ldots\ldots 9{,}8493102\, n$	$\log \sin \frac{1}{2}(v + E) \ldots 9{,}8112189\, n$

15.

Quum anomalia media M, vt vidimus, per v et φ complete determinata sit, sicuti v per M et φ, patet, si omnes tres quantitates simul vt variabiles spectentur, inter ipsarum variationes differentiales aequationem conditionalem locum habere debere, cuius inuestigatio haud superflua erit. Differentiando primo aequationem VII art. 8, prodit $\frac{\mathrm{d}E}{\sin E} = \frac{\mathrm{d}v}{\sin v} - \frac{\mathrm{d}\varphi}{\cos \varphi}$; differentiando perinde aequationem XII, fit $\mathrm{d}M = (1 - e\cos E)\,\mathrm{d}E - \sin E \cos\varphi\, \mathrm{d}\varphi$. Eliminando ex his aequationibus differentialibus $\mathrm{d}E$, obtinemus

14.

Pro deriuatione anomaliae verae radiique vectoris ex anomalia excentrica aequationes art. 8. plures methodos suppeditant, e quibus praestantissimas explicabimus.

I. Secundum methodum vulgarem v per aequationem VII, atque tunc r per aequationem II. determinantur; hoc modo exemplum art. praec. ita se habet, retinendo pro p valorem in art. 10. traditum:

$\frac{1}{2}E = 162^\circ\, 8'\, 14''75.$

log tang $\frac{1}{2}E$ .... 9,5082198 n	log e 9,3897262
log tang$(45^\circ - \frac{1}{2}\varphi)$ ... 9,8912427	log cos v 9,8496597
log tang $\frac{1}{2}v$ .... 9,6169771 n	9,2393859
$\frac{1}{2}v = 157^\circ 30' 41'' 50$	$e\cos v$ = 0,1735345
$v = 315\ \ 1\ \ 23,00$	log p 0,3954837
	log $(1 + e\cos v)$ .. 0,0694959
	log r 0,3259878

II. Breuior est methodus sequens, siquidem plures loci calculandi sunt, pro quibus logarithmos constantes quantitatum $\sqrt{a(1+e)}$, $\sqrt{a(1-e)}$ semel tantum computare oportet. Ex aequationibus V et VI habetur

$\sin\frac{1}{2}v\sqrt{r} = \sin\frac{1}{2}E\sqrt{a(1+e)}$

$\cos\frac{1}{2}v\sqrt{r} = \cos\frac{1}{2}E\sqrt{a(1-e)}$

vnde $\frac{1}{2}v$ atque $\log\sqrt{r}$ expedite determinantur. Generaliter nimirum, quoties habetur $P\sin Q = A$, $P\cos Q = B$, inuenitur Q per formulam $\tan Q = \frac{A}{B}$, atque tunc P per hanc $P = \frac{A}{\sin Q}$, vel per $P = \frac{B}{\cos Q}$: priorem adhibere praestat, quando $\sin Q$ est maior quam $\cos Q$; posteriorem, quando $\cos Q$ maior est quam $\sin Q$. Plerumque problemata, in quibus ad tales aequationes peruenitur (qualia in hoc opere frequentissime occurrent), conditionem implicant, quod P esse debet quantitas positiua; tunc dubium, vtrum Q inter 0 et 180° an inter 180° et 360° accipere oporteat, sponte hinc tollitur. Si vero talis conditio non adest, haec determinatio arbitrio nostro relinquitur.

In exemplo nostro habemus $e = 0,2453162$,

log sin $\frac{1}{2}E$ 9,4867632	log cos $\frac{1}{2}E$ .... 9,9785434 n
log$\sqrt{a(1+e)}$ 0,2588593	log$\sqrt{a(1-e)}$ 0,1501020

17.

De indagatione *aequationis centri maximae* pauca adiecisse haud poenitebit. Primo sponte obuium est, differentiam inter anomaliam excentricam et mediam maximum esse pro $E = 90°$, vbi fit $= e$ (in gradibus etc. exprimenda); radius vector in hoc puncto est $= a$, vnde $v = 90° + \varphi$, adeoque aequatio centri tota $= \varphi + e$, quae tamen hic non est maximum, quoniam differentia inter v et E adhuc vltra φ crescere potest. *Haecce* differentia fit maximum pro $\mathrm{d}(v - E) = 0$ siue pro $\mathrm{d}v = \mathrm{d}E$, vbi excentricitas manifesto vt constans spectanda est. Qua suppositione quum generaliter fiat $\frac{\mathrm{d}v}{\sin v} = \frac{\mathrm{d}E}{\sin E}$, patet, in eo puncto vbi differentia inter v et E maximum est, esse debere $\sin v = \sin E$; vnde erit, per aequatt. VIII, III, $r = a\cos\varphi$, $e\cos E = 1 - \cos\varphi$, siue $\cos E = + \operatorname{tang}\frac{1}{2}\varphi$. Perinde inuenitur $\cos v = -\operatorname{tang}\frac{1}{2}\varphi$, quapropter erit *) $v = 90° + \text{arc.}\sin\operatorname{tang}\frac{1}{2}\varphi$, $E = 90° - \text{arc.}\sin\operatorname{tang}\frac{1}{2}\varphi$; hinc porro $\sin E = \sqrt{(1 - \operatorname{tang}\frac{1}{2}\varphi^2)} = \frac{\sqrt{\cos\varphi}}{\cos\frac{1}{2}\varphi}$, ita vt aequatio centri tota in hoc puncto fiat $= 2\,\text{arc}\sin\operatorname{tang}\frac{1}{2}\varphi + 2\sin\frac{1}{2}\varphi\sqrt{\cos\varphi}$, parte secunda in gradibus etc. expressa. — In eo denique puncto, vbi tota aequatio centri ipsa maximum est, fieri debet $\mathrm{d}v = \mathrm{d}M$, adeoque secundum art. 15, $r = a\sqrt{\cos\varphi}$; hinc fit $\cos v = -\frac{1 - \cos\varphi^{\frac{3}{2}}}{e}$, $\cos E = \frac{1 - \sqrt{\cos\varphi}}{e} = \frac{1 - \cos\varphi}{e(1 + \sqrt{\cos\varphi})} = \frac{\operatorname{tang}\frac{1}{2}\varphi}{1 + \sqrt{\cos\varphi}}$, per quam formulam E vltima praecisione determinare licet. Inuenta E, erit per aequ. X, XII aequatio centri $= 2\,\text{arc}\sin\frac{\sin\frac{1}{2}\varphi\sin E}{\sqrt[4]{\cos\varphi}} + e\sin E$. Expressioni aequationis centri maximae per seriem secundum potestates excentricitatis progredientem, quam plures auctores tradiderunt, hic non immoramur. Vt exemplum habeatur, conspectum trium maximorum, quae hic contemplati sumus, pro Iunone adiungimus, vbi excentricitas secundum elementa nouissima $= 0{,}2554996$ supposita est.

Maximum	E	$E - M$	$v - E$	$v - M$
$E - M$	90° 0′ 0″	14° 58′ 20″ 57	14° 48′ 11″ 48	29° 26′ 52″ 05
$v - E$	82 32 9	14 50 54, 01	14 55 41, 79	29 26 55, 80
$v - M$	86 14 40	14 36 27, 39	14 55 49, 57	29 50 16, 96

*) Ad ea maxima, quae inter aphelium et perihelium iacent, non opus est respicere, quum manifesto ab iis, quae inter perihelium et aphelium sita sunt, in signis tantum differant.

18.

In PARABOLA anomalia excentrica, anomalia media atque motus medius fierent $=0$; hic igitur istae notiones comparationi motus cum tempore inseruire nequeunt. Attamen in parabola angulo auxiliari ad integrandum $rr\,\mathrm{d}v$ omnino opus non habemus; fit enim $rr\,\mathrm{d}v = \frac{pp\,\mathrm{d}v}{4\cos\frac{1}{2}v^4} = \frac{pp\,\mathrm{d}\operatorname{tang}\frac{1}{2}v}{2\cos\frac{1}{2}v^2} =$ $\frac{1}{2}pp(1+\operatorname{tang}\frac{1}{2}v^2)\,\mathrm{d}\operatorname{tang}\frac{1}{2}v$, adeoque $\int rr\,\mathrm{d}v = \frac{1}{2}pp(\operatorname{tang}\frac{1}{2}v + \frac{1}{3}\operatorname{tang}\frac{1}{2}v^3) + \text{Const.}$ Si tempus a transitu per perihelium incipere supponitur, Constans fit $=0$; habetur itaque

$$\operatorname{tang}\tfrac{1}{2}v + \tfrac{1}{3}\operatorname{tang}\tfrac{1}{2}v^3 = \frac{2tk\sqrt{(1+\mu)}}{p^{\frac{3}{2}}}$$

per quam formulam t ex v, atque v ex t deriuare licet, simulac p et μ sunt cognitae. Pro p inter elementa parabolica radius vector in perihelio qui est $\frac{1}{2}p$ exhiberi, massaque μ omnino negligi solet. Vix certe vmquam possibile erit, massam corporis talis cuius orbita tamquam parabola computatur, determinare, reueraque omnes cometae per optimas recentissimasque obseruationes densitatem atque massam tam exiguam habere videntur, vt haec insensibilis censeri tutoque negligi possit.

19.

Solutio problematis, ex anomalia vera deducere tempus, multoque adhuc magis solutio problematis inuersi, magnopere abbreuiari potest per tabulam auxiliarem, qualis in pluribus libris astronomicis reperitur. Longe vero commodissima est tabula Barkeriana, quae etiam operi egregio cel. Olbers (*Abhandlung über die leichteste und bequemste Methode die Bahn eines Cometen zu berechnen*, Weimar 1797.) annexa est. Continet ea pro omnibus anomaliis veris a 0 vsque ad 180° per singula 5 minuta valorem expressionis $75\operatorname{tang}\frac{1}{2}v + 25\operatorname{tang}\frac{1}{2}v^3$ sub nomine *motus medii.* Si itaque tempus desideratur anomaliae verae v respondens, diuidere oportebit motum medium e tabula argumento v excerptum per $\frac{150k}{p^{\frac{3}{2}}}$, quae quantitas *motus medius diurnus* dicitur; contra si e tempore anomalia vera computanda est, illud in diebus expressum per $\frac{150k}{p^{\frac{3}{2}}}$ multiplicabitur, vt motus medius prodeat, quo anomaliam respondentem e tabula sumere licebit. Ceterum manifesto valori negatiuo ipsius v motus medius tempusque idem sed negatiue sumtum respondet: eadem igitur tabula anomaliis negatiuis et positiuis perinde inseruit. Si pro p

distantia in perihelio $\frac{1}{2}p = q$ vti malumus, motus medius diurnus exprimitur per $\frac{k\sqrt{2812{,}5}}{q^{\frac{3}{2}}}$, vbi factor constans $k\sqrt{2812{,}5}$ fit $= 0{,}912279061$, ipsiusque logarithmus $9{,}9601277069$. — Inuenta anomalia v radius vector determinabitur per formulam iam supra traditam $r = \frac{q}{\cos\frac{1}{2}v^2}$.

20.

Per differentiationem aequationis $\tang\frac{1}{2}v + \frac{1}{3}\tang\frac{1}{2}v^3 = 2\,tkp^{-\frac{3}{2}}$, si omnes quantitates v, t, p ceu variabiles tractantur, prodit

$$\frac{dv}{2\cos\frac{1}{2}v^4} = 2kp^{-\frac{3}{2}}dt - 3tkp^{-\frac{5}{2}}dp, \text{ siue}$$

$$dv = \frac{k\sqrt{p}}{rr}\,dt - \frac{3tk}{2rr\sqrt{p}}\,dp$$

Si variationes anomaliae v in secundis expressae desiderantur, etiam ambae partes ipsius dv hoc modo exprimendae sunt, i. e. pro k valorem in art. 6. traditum $3548''188$ accipere oportet. Quodsi insuper pro p introducatur $\frac{1}{2}p = q$, formula ita se habebit

$$dv = \frac{k\sqrt{2q}}{rr}\,dt - \frac{3kt}{rr\sqrt{2q}}\,dq$$

vbi logarithmi constantes adhibendi sunt $\log k\sqrt{2} = 5{,}7005215724$, $\log 3k\sqrt{\frac{1}{2}} = 3{,}8766128315$.

Porro differentiatio aequationis $r = \frac{p}{2\cos\frac{1}{2}v^2}$ suppeditat

$$\frac{dr}{r} = \frac{dp}{p} + \tang\tfrac{1}{2}v\,dv, \text{ siue exprimendo } dv \text{ per } dt \text{ et } dp$$

$$\frac{dr}{r} = \left(\frac{1}{p} - \frac{3kt\tang\frac{1}{2}v}{2rr\sqrt{p}}\right)dp + \frac{k\sqrt{p}\tang\frac{1}{2}v}{rr}\,dt$$

Coëfficiens ipsius dp, substituendo pro t valorem suum per v transit in

$$\frac{1}{p} - \frac{3p\tang\frac{1}{2}v^2}{4rr} - \frac{p\tang\frac{1}{2}v^4}{4rr} = \frac{1}{r}\left(\tfrac{1}{2} + \tfrac{1}{2}\tang\tfrac{1}{2}v^2 - \tfrac{3}{2}\sin\tfrac{1}{2}v^2 - \tfrac{1}{2}\sin\tfrac{1}{2}v^2\tang\tfrac{1}{2}v^2\right)$$

$= \frac{\cos v}{2r}$; coëfficiens ipsius dt autem fit $= \frac{k\sin v}{r\sqrt{p}}$. Hinc prodit $dr = \frac{1}{2}\cos v\,dp + \frac{k\sin v}{\sqrt{p}}\,dt$, siue introducendo q pro p,

$$\mathrm{d}r = \cos v\,\mathrm{d}q + \frac{k \sin v}{\sqrt{2q}}\,\mathrm{d}t$$

Logarithmus constans hic adhibendus est $\log k\sqrt{\tfrac{1}{2}} = 8{,}0850664436$.

21.

In HYPERBOLA φ atque E quantitates imaginariae fierent, quales si auersamur, illarum loco aliae quantitates auxiliares sunt introducendae. Angulum cuius cosinus $= \frac{1}{e}$ iam supra per ψ designauimus, radiumque vectorem $= \frac{p}{2e\cos\frac{1}{2}(v-\psi)\cos\frac{1}{2}(v+\psi)}$ inuenimus. Factores in denominatore huius fractionis, $\cos\frac{1}{2}(v-\psi)$ et $\cos\frac{1}{2}(v+\psi)$, aequales fiunt pro $v=0$, secundus euanescit pro valore maximo positiuo ipsius v, primus vero pro valore maximo negatiuo. Statuendo igitur $\frac{\cos\frac{1}{2}(v-\psi)}{\cos\frac{1}{2}(v+\psi)} = u$, erit $u=1$ in perihelio; crescet in infinitum, dum v ad limitem suum $180°-\psi$ appropinquat; contra decrescet in infinitum, dum v ad limitem alterum $-(180°-\psi)$ regredi supponitur: quod fiet ita, vt valoribus oppositis ipsius v valores reciproci ipsius u, vel quod idem est valores tales quorum logarithmi oppositi sunt, respondeant.

Hic quotiens u percommode in hyperbola vt quantitas auxiliaris adhibetur; aequali fere concinnitate istius vice fungi potest angulus cuius tangens $= \tan\frac{1}{2}v\sqrt{\frac{e-1}{e+1}}$, quem vt analogiam cum ellipsi sequamur, per $\frac{1}{2}F$ denotabimus. Hoc modo facile sequentes relationes inter quantitates v, r, u, F colliguntur, vbi $a=-b$ statuimus, ita vt b euadat quantitas positiua.

I. $b = p\,\mathrm{cotang}\,\psi^2$

II. $r = \frac{p}{1+e\cos v} = \frac{p\cos\psi}{2\cos\frac{1}{2}(v-\psi)\cos\frac{1}{2}(v+\psi)}$

III. $\mathrm{tang}\,\frac{1}{2}F = \mathrm{tang}\,\frac{1}{2}v\sqrt{\frac{e-1}{e+1}} = \mathrm{tang}\,\frac{1}{2}v\,\mathrm{tang}\,\frac{1}{2}\psi = \frac{u-1}{u+1}$

IV. $u = \frac{\cos\frac{1}{2}(v-\psi)}{\cos\frac{1}{2}(v+\psi)} = \frac{1+\mathrm{tang}\,\frac{1}{2}F}{1-\mathrm{tang}\,\frac{1}{2}F} = \mathrm{tang}\,(45°+\frac{1}{2}F)$

V. $\frac{1}{\cos F} = \frac{1}{2}(u+\frac{1}{u}) = \frac{1+\cos\psi\cos v}{2\cos\frac{1}{2}(v-\psi)\cos\frac{1}{2}(v+\psi)} = \frac{e+\cos v}{1+e\cos v}$

Subtrahendo ab aequ. V. vtrimque 1, prodit

$$\text{VI.}\quad \sin\tfrac{1}{2}v.\sqrt{r} = \sin\tfrac{1}{2}F\sqrt{\frac{p}{(e-1)\cos F}} = \sin\tfrac{1}{2}F\sqrt{\frac{(e+1)b}{\cos F}}$$

$$= \tfrac{1}{2}(u-1)\sqrt{\frac{p}{(e-1)u}} = \tfrac{1}{2}(u-1)\sqrt{\frac{(e+1)b}{u}}$$

Simili modo addendo vtrimque 1 fit

$$\text{VII.}\quad \cos\tfrac{1}{2}v.\sqrt{r} = \cos\tfrac{1}{2}F\sqrt{\frac{p}{(e+1)\cos F}} = \cos\tfrac{1}{2}F\sqrt{\frac{(e-1)b}{\cos F}}$$

$$= \tfrac{1}{2}(u+1)\sqrt{\frac{p}{(e+1)u}} = \tfrac{1}{2}(u+1)\sqrt{\frac{(e-1)b}{u}}$$

Diuidendo VI per VII ad III reueniremus; multiplicatio producit

$$\text{VIII.}\quad r\sin v = p\,\text{cotang}\,\psi\,\text{tang}\,F = b\,\text{tang}\,\psi\,\text{tang}\,F$$

$$= \tfrac{1}{2}p\,\text{cotang}\,\psi\left(u-\frac{1}{u}\right) = \tfrac{1}{2}b\,\text{tang}\,\psi\left(u-\frac{1}{u}\right)$$

E combinatione aequatt. II, V porro facile deducitur

$$\text{IX.}\quad r\cos v = b\left(e-\frac{1}{\cos F}\right) = \tfrac{1}{2}b\left(2e-u-\frac{1}{u}\right)$$

$$\text{X.}\quad r = b\left(\frac{e}{\cos F}-1\right) = \tfrac{1}{2}b\left(e\left(u+\frac{1}{u}\right)-2\right)$$

22.

Per differentiationem formulae IV prodit (spectando ψ vt quantitatem constantem) $\frac{du}{u} = \tfrac{1}{2}\left(\text{tang}\,\tfrac{1}{2}(v+\psi) - \text{tang}\,\tfrac{1}{2}(v-\psi)\right)dv = \frac{r\,\text{tang}\,\psi}{p}dv$; hinc

$rr\,dv = \frac{pr}{u\,\text{tang}\,\psi}du$, siue substituendo pro r valorem ex X,

$$rr\,dv = bb\,\text{tang}\,\psi\left(\tfrac{1}{2}e\left(1+\frac{1}{uu}\right)-\frac{1}{u}\right)du$$

Integrando deinde ita, vt integrale in perihelio euanescat, fit

$$\int rr\,dv = bb\,\text{tang}\,\psi\left(\tfrac{1}{2}e\left(u-\frac{1}{u}\right)-\log u\right) = kt\sqrt{p}.\sqrt{(1+\mu)} = kt\,\text{tang}\,\psi\sqrt{b}.\sqrt{(1+\mu)}$$

Logarithmus hic est hyperbolicus; quodsi logarithmos e systemate Briggico vel generaliter e systemate cuius modulus $=\lambda$ adhibere placet, massaque μ (quam pro corpore in hyperbola incedente haud determinabilem esse supponere possumus) negligitur, aequatio hancce formam induit:

$$\text{XI.}\quad \tfrac{1}{2}\lambda e\,\frac{uu-1}{u} - \log u = \frac{\lambda kt}{b^{\frac{3}{2}}}$$

siue introducendo F

$$\lambda e \tang F - \log \tang(45° + \tfrac{1}{2} F) = \frac{\lambda k t}{b^{\frac{3}{2}}}$$

Si logarithmos Briggicos adhiberi supponimus, habemus $\log \lambda = 9{,}6377843113$, $\log \lambda k = 7{,}8733657527$, sed praecisionem aliquantulum maiorem attingere licet, si logarithmi hyperbolici immediate applicantur. Tangentium logarithmi hyperbolici in pluribus tabularum collectionibus reperiuntur, e. g. in iis quas Schulze curauit, maiorique adhuc extensione in Beni. Ursini Magno Canone Triangulorum logarithmico, Colon. 1624. vbi per singula 10″ progrediuntur. — Ceterum formula XI ostendit, valoribus reciprocis ipsius u, siue valoribus oppositis ipsius F et v respondere valores oppositos ipsius t, quapropter partes hyperbolae aequales a perihelioque vtrimque aequidistantes temporibus aequalibus describentur.

23.

Si pro inueniendo tempore ex anomalia vera quantitate auxiliari u vti placuerit, huius valor commodissime per aequ. IV determinatur; formula dein II absque nouo calculo statim dat p per r, vel r per p. Inuenta u formula XI dabit quantitatem $\frac{\lambda k t}{b^{\frac{3}{2}}}$, quae analoga est anomaliae mediae in ellipsi et per N denotabitur, vnde demanabit tempus post transitum per perihelium elapsum. Quum pars prior ipsius N puta $\frac{\lambda e(uu-1)}{2u}$ per formulam VIII fiat $= \frac{\lambda r \sin v}{b \sin \psi}$, calculus duplex huius quantitatis ipsius praecisioni examinandae inseruire, aut si mauis, N absque u ita exhiberi potest

$$\text{XII.} \quad N = \frac{\lambda \tang \psi \sin v}{2 \cos \frac{1}{2}(v+\psi) \cos \frac{1}{2}(v-\psi)} - \log \frac{\cos \frac{1}{2}(v-\psi)}{\cos \frac{1}{2}(v+\psi)}$$

Exemplum. Sit $e = 1{,}2618820$ siue $\psi = 37° 35' 0''$, $v = 18° 51' 0''$, $\log r = 0{,}0333585$. Tum calculus pro u, p, b, N, t ita se habet:

$\log \cos \frac{1}{2}(v-\psi)$	9,9941706	hinc $\log u$ 0,0491129
$\log \cos \frac{1}{2}(v+\psi)$	9,9450577	$u =$ 1,1197289
$\log r$	0,0333585	$uu =$ 1,2537928
$\log 2e$	0,4020488	
$\log p$	0,3746356	
$\log \cotang \psi^2$	0,2274244	
$\log b$	0,6020600	

		Calculus alter	
$\log \frac{r}{b}$	9,4312985	$\log(uu-1)$	9,4044793
log sin v	9,5093258	Compl. log u	9,9508871
log λ	9,6377843	log λ	9,6377843
Compl. log sin ψ	0,2147509	log $\frac{1}{2}e$	9,7999888
	8,7931395		8,7931395
Pars prima ipsius N =	0,0621069		
log u =	0,0491129		
N =	0,0129940	log N	8,1137429
log λk	7,8755658	Differentia	6,9702758
$\frac{1}{2}$ log b	0,9030900		
		log t	1,1434671
		t =	13,91448

24.

Si calculum per logarithmos hyperbolicos exsequi constitutum est, quantitate auxiliari F vti praestat, quae per aequ. III determinabitur, atque inde N per XI; semiparameter e radio vectore, vel vicissim hic ex illo per formulam VIII computabitur; pars secunda ipsius N duplici si lubet modo erui potest, scilicet per formulam log hyp tang $(45° + \frac{1}{2}F)$, et per hanc log hyp cos $\frac{1}{2}(v-\psi)$ − log hyp cos $\frac{1}{2}(v+\psi)$. Ceterum patet, quantitatem N hic vbi $\lambda = 1$ in ratione $1:\lambda$ maiorem euadere, quam si logarithmi Briggici adhibeantur. Ecce exemplum nostrum hoc modo tractatum:

log tang $\frac{1}{2}\psi$	9,5318179		
log tang $\frac{1}{2}v$	9,2201009		
log tang $\frac{1}{2}F$	8,7519188	$\frac{1}{2}F$ =	3° 15′ 58″ 12
log e	0,1010188		
log tang F	9,0543366		
	9,1553554	C. log hyp cos $\frac{1}{2}(v-\psi)$ =	0,01542266
e tang F =	0,14300658	C. log hyp cos $\frac{1}{2}(v+\psi)$ =	0,12650930
log hyp tang $45° + \frac{1}{2}F$ =	0,11508666	Differ. =	0,11508664
N =	0,02991972	log N	8,4759575
log k	8,2355814	Differ.	7,5524914
$\frac{1}{2}$ log b	0,9030900	log t	1,1454661
		t =	13,91445

25.

Ad solutionem problematis inuersi, e tempore anomaliam veram radiumque vectorem determinare, primo ex $N = \lambda k b^{-\frac{3}{2}} t$ per aequationem XI elicienda est quantitas auxiliaris u vel F. Solutio huius aequationis transscendentis tentando perficienda erit, et per artificia iis quae in art. 11 exposuimus analoga abbreuiari poterit. Haec autem fusius explicare supersedemus: neque enim operae pretium esse videtur, praecepta pro motu hyperbolico in coelis vix vmquam fortasse se oblaturo aeque anxie expolire ac pro motu elliptico, praetereaque omnes casus qui forte occurrere possent per methodum aliam infra tradendam absoluere licebit. Postquam F vel u inuenta erit, v inde per formulam III, ac dein r vel per II vel per VIII determinabitur; commodius adhuc per formulas VI et VII v et r simul eruentur; e formulis reliquis vna alteraue pro confirmatione calculi, si lubet, in vsum vocari poterit.

26.

Exemplum. Manentibus e et b vt in exemplo praecedente, sit $t = 65{,}41256$: quaeruntur v et r. Vtendo logarithmis Briggicis habemus

log t..............1,8156598

log $\lambda k b^{-\frac{3}{2}}$......6,9702758

log N............8,7859356, vnde $N = 0{,}06108514$. Hinc aequationi $N = \lambda e \operatorname{tang} F - \log \operatorname{tang}(45° + \frac{1}{2} F)$ satisfieri inuenitur per $F = 25° 24' 27'' 66$, vnde fit per formulam III

log tang $\frac{1}{2} F$......9,3530120

log tang $\frac{1}{2} \psi$......9,5318179

log tang $\frac{1}{2} v$......9,8211941 adeoque $\frac{1}{2} v = 33° 31' 29'' 89$ atque $v = 67° 2' 59'' 78$. Hinc porro habetur

C. log cos $\frac{1}{2}(v+\psi)$.....0,2137476
C. log cos $\frac{1}{2}(v-\psi)$...0,0145197
differentia.......................0,1992279
log tang $(45° + \frac{1}{2} F)$....0,1992280

log $\frac{p}{2e}$ 9,9725868

log r.........................0,2008541

27.

Si aequatio IV ita differentiatur, vt u, v, ψ simul vt variabiles tractentur, prodit

$$\frac{\mathrm{d}u}{u} = \frac{\sin\psi\,\mathrm{d}v + \sin v\,\mathrm{d}\psi}{2\cos\frac{1}{2}(v-\psi)\cos\frac{1}{2}(v+\psi)} = \frac{r\,\mathrm{tang}\,\psi}{p}\,\mathrm{d}v + \frac{r\sin v}{p\cos\psi}\,\mathrm{d}\psi$$

Differentiando perinde aequationem XI, inter variationes differentiales quantitatum u, ψ, N emergit relatio

$$\frac{\mathrm{d}N}{\lambda} = \left(\tfrac{1}{2}e\left(1+\frac{1}{uu}\right) - \frac{1}{u}\right)\mathrm{d}u + \frac{(uu-1)\sin\psi}{2u\cos\psi^2}\,\mathrm{d}\psi, \text{ siue}$$

$$\frac{\mathrm{d}N}{\lambda} = \frac{r}{bu}\,\mathrm{d}u + \frac{r\sin v}{b\cos\psi}\,\mathrm{d}\psi$$

Hinc eliminando $\mathrm{d}u$ adiumento aequationis praecedentis obtinemus

$$\frac{\mathrm{d}N}{\lambda} = \frac{rr}{bb\,\mathrm{tang}\,\psi}\,\mathrm{d}v + \left(1+\frac{r}{p}\right)\frac{r\sin v}{b\cos\psi}\,\mathrm{d}\psi, \text{ siue}$$

$$\mathrm{d}v = \frac{bb\,\mathrm{tang}\,\psi}{\lambda rr}\,\mathrm{d}N - \left(\frac{b}{r}+\frac{b}{p}\right)\frac{\sin v\,\mathrm{tang}\,\psi}{\cos\psi}\,\mathrm{d}\psi$$

$$= \frac{bb\,\mathrm{tang}\,\psi}{\lambda rr}\,\mathrm{d}N - \left(1+\frac{p}{r}\right)\frac{\sin v}{\sin\psi}\,\mathrm{d}\psi$$

28.

Differentiando aequationem X, omnibus r, b, e, u pro variabilibus habitis, substituendo $\mathrm{d}e = \frac{\sin\psi}{\cos\psi^2}\,\mathrm{d}\psi$, eliminandoque $\mathrm{d}u$ adiumento aequationis inter $\mathrm{d}N$, $\mathrm{d}u$, $\mathrm{d}\psi$ in art. praec. traditae, prodit

$$\mathrm{d}r = \frac{r}{b}\,\mathrm{d}b + \frac{bbe(uu-1)}{2\lambda ur}\,\mathrm{d}N$$

$$+ \frac{b}{2\cos\psi^2}\left\{\left(u+\frac{1}{u}\right)\sin\psi - \left(u-\frac{1}{u}\right)\sin v\right\}\mathrm{d}\psi$$

Coëfficiens ipsius $\mathrm{d}N$ per aequ. VIII transit in $\frac{b\sin v}{\lambda\sin\psi}$; coëfficiens ipsius $\mathrm{d}\psi$ autem, substituendo per aequ. IV, $u(\sin\psi - \sin v) = \sin(\psi - v)$, $\frac{1}{u}(\sin\psi + \sin v) = \sin(\psi + v)$, mutatur in $\frac{b\sin\psi\cos v}{\cos\psi^2} = \frac{p\cos v}{\sin\psi}$, ita vt habeatur

$$\mathrm{d}r = \frac{r}{b}\,\mathrm{d}b + \frac{b\sin v}{\lambda\sin\psi}\,\mathrm{d}N + \frac{p\cos v}{\sin\psi}\,\mathrm{d}\psi$$

Quatenus porro N vt functio ipsarum b et t spectatur, fit $\mathrm{d}N = \frac{N}{t}\,\mathrm{d}t - \frac{3}{2}.\frac{N}{b}\,\mathrm{d}b$, quo valore substituto, $\mathrm{d}r$, ac perinde in art. praec. $\mathrm{d}v$, per $\mathrm{d}t$, $\mathrm{d}b$, $\mathrm{d}\psi$ expressae habebuntur. Ceterum quod supra monuimus etiam hic repetendum est, scilicet si angulorum v et ψ variationes non in partibus radii sed in secundis expressae concipiantur, vel omnes terminos qui $\mathrm{d}v$, $\mathrm{d}\psi$ continent per 206264,7 diuidi, vel omnes reliquos per hunc numerum multiplicari debere.

29.

Quum quantitates auxiliares in ellipsi adhibitae φ, E, M, in hyperbola valores imaginarios obtineant, haud abs re erit, horum nexum cum quantitatibus realibus, quibus hic vsi sumus, inuestigare: apponimus itaque relationes praecipuas, vbi quantitatem imaginariam $\sqrt{-1}$ per i denotamus.

$$\sin\varphi = e = \frac{1}{\cos\psi}$$

$$\operatorname{tang}(45^\circ - \tfrac{1}{2}\varphi) = \sqrt{\frac{1-e}{1+e}} = i\sqrt{\frac{e-1}{e+1}} = i\operatorname{tang}\tfrac{1}{2}\psi$$

$$\operatorname{tang}\varphi = \tfrac{1}{2}\operatorname{cotang}(45^\circ - \tfrac{1}{2}\varphi) - \tfrac{1}{2}\operatorname{tang}(45^\circ - \tfrac{1}{2}\varphi) = -\frac{i}{\sin\psi}$$

$$\cos\varphi = i\operatorname{tang}\psi$$

$$\varphi = 90^\circ + i\log(\sin\varphi + i\cos\varphi) = 90^\circ - i\log\operatorname{tang}(45^\circ + \tfrac{1}{2}\psi)$$

$$\operatorname{tang}\tfrac{1}{2}E = i\operatorname{tang}\tfrac{1}{2}F = \frac{i(u-1)}{u+1}$$

$$\frac{1}{\sin E} = \tfrac{1}{2}\operatorname{cotang}\tfrac{1}{2}E + \tfrac{1}{2}\operatorname{tang}\tfrac{1}{2}E = -i\operatorname{cotang}F \quad \text{siue}$$

$$\sin E = i\operatorname{tang}F = \frac{i(uu-1)}{2u}$$

$$\cot E = \tfrac{1}{2}\operatorname{cotang}\tfrac{1}{2}E - \tfrac{1}{2}\operatorname{tang}\tfrac{1}{2}E = -\frac{i}{\sin F} \quad \text{siue}$$

$$\operatorname{tang}E = i\sin F = \frac{i(uu-1)}{uu+1}$$

$$\cos E = \frac{1}{\cos F} = \frac{uu+1}{2u}$$

$$iE = \log(\cos E + i\sin E) = \log\frac{1}{u} \quad \text{siue}$$

$$E = i\log u = i\log(45^\circ + \tfrac{1}{2}F)$$

$$M = E - e\sin E = i\log u - \frac{ie(uu-1)}{2u} = -\frac{iN}{\lambda}$$

Logarithmi in his formulis sunt hyperbolici.

30.

Quum omnes quos e tabulis logarithmicis et trigonometricis depromimus numeri praecisionem absolutam non admittant, sed ad certum tantummodo gradum sint approximati, ex omnibus calculis illarum adiumento perfectis proxime tantum vera resultare possunt. In plerisque quidem casibus tabulae vulgares ad septimam figuram decimalem vsque exactae, i. e. vltra dimidiam vnitatem in figura septima excessu seu defectu numquam aberrantes a vero, praecisionem plus quam sufficientem suppeditant, ita vt errores ineuitabiles nullius plane sint momenti: nihilominus vtique fieri potest, vt errores tabularum in casibus specialibus effectum suum exserant augmentatione tanta, vt methodum alias optimam plane abdicare aliamque ei substituere cogamur. Huiusmodi casus in iis quoque calculis, quos hactenus explicauimus, occurrere potest; quamobrem ab instituto nostro haud alienum erit, disquisitiones quasdam circa gradum praecisionis, quam tabulae vulgares in illis permittunt, hic instituere. Etsi vero ad hoc argumentum calculatori practico grauissimum exhauriendum hic non sit locus, inuestigationem eo perducemus, vt ad propositum nostrum sufficiat, et a quolibet, cuius interest, vlterius expoliri et ad quasuis alias operationes extendi possit.

31.

Quilibet logarithmus, sinus, tangens etc. (aut generaliter quaelibet quantitas irrationalis e tabulis excerpta) errori obnoxius est, qui ad dimidiam vnitatem in figura vltima ascendere potest: designabimus hunc erroris limitem per ω, qui itaque in tabulis vulgaribus fit $= 0{,}00000005$. Quodsi logarithmus etc. e tabulis immediate desumi non potuit, sed per interpolationem erui debuit, error duplici caussa aliquantulum adhuc maior esse potest. *Primo* enim pro parte proportionali, quoties (figuram vltimam tamquam vnitatem spectando) non est integer, adoptari solet integer proxime maior vel minor: hac ratione errorem tantum non vsque ad duplum augeri posse facile perspicitur. Ad hanc vero erroris augmentationem omnino hic non respicimus, quum nihil obstet, quominus vnam alteramue figuram decimalem parti illi proportionali affigamus, nulloque negotio pateat, logarithmum interpolatum, si pars proportionalis absolute exacta esset, errori maiori obnoxium non esse quam logarithmos in tabulis immediate expressos, quatenus quidem horum variationes tamquam vniformes considerare liceat. Erroris augmentatio *altera* inde nascitur, quod suppositio ista omni rigore non est vera: sed hanc quoque negligimus, quoniam effectus differentiarum secundarum altiorumque in omnibus propemodum casibus nullius plane momenti est (praesertim si pro quantitatibus trigonometricis tabulae excellentissimae quas Taylor curauit adhibentur), facilique negotio ipsius ratio haberi possit, vbi forte paullo maior euaderet. Statuemus itaque pro omnibus casibus tabularum errorem maximum ineuitabilem $=\omega$, siquidem argumentum (i. e. numerus cuius logarithmus, seu angulus cuius sinus etc. quaeritur) praecisione absoluta habetur. Si vero argumentum ipsum proxime tantum innotuit, errorique maximo, cui obnoxium esse potest, respondere supponitur logarithmi etc. variatio ω' (quam per rationem differentialium definire licet), error maximus logarithmi per tabulas computati vsque ad $\omega+\omega'$ ascendere potest.

Vice versa, si adiumento tabularum argumentum logarithmo dato respondens computatur, error maximus ei eius variationi aequalis est, quae respondet variatiom ω in logarithmo, si hic exacte datur, vel quae respondet variationi logarithmi $\omega+\omega'$, si logarithmus ipse vsque ad ω' erroneus esse potest. Vix opus erit monere, ω et ω' eodem signo affici debere.

Si plures quantitates intra certos tantum limites exactae adduntur, aggregati error maximus aequalis erit aggregato singulorum errorum maximorum, iisdem signis affectorum; quare etiam in subtractione quantitatum proxime exactarum differentiae error maximus summae errorum singulorum maximorum aequalis erit. In multiplicatione vel diuisione quantitatis non absolute exactae error maximus in eadem ratione augetur vel diminuitur vt quantitas ipsa.

32.

Progredimur iam ad applicationem horum principiorum ad vtilissimas operationum supra explicatarum.

I. Adhibendo ad computum anomaliae verae ex anomalia excentrica in motu elliptico formulam VII art. 8, si φ et E exacte haberi supponuntur, in log tang $(45°-\frac{1}{2}\varphi)$ et log tang $\frac{1}{2}E$ committi potest error ω, adeoque in differentia $=$ log tang $\frac{1}{2}v$ error 2ω; error maximus itaque in determinatione anguli $\frac{1}{2}v$ erit $\frac{3\omega\,\mathrm{d}\frac{1}{2}v}{\mathrm{d}\log\tan\!g\frac{1}{2}v}=$ $\frac{3\omega\sin v}{2\lambda}$, designante λ modulum logarithmorum ad hunc calculum adhibitorum. Error itaque, cui anomalia vera v obnoxia est, in secundis expressus fit $=$ $\frac{3\omega\sin v}{\lambda}206265=0''0712\sin v$, si logarithmi Briggici ad septem figuras decimales adhibentur, ita vt semper intra 0″07 de valore ipsius v certi esse possimus: si tabulae minores ad quinque tantum figuras adhibentur, error vsque ad 7″12 ascendere posset.

II. Si $e \cos E$ adiumento logarithmorum computatur, error committi potest vsque ad $\frac{3\omega e \cos E}{\lambda}$; eidem itaque errori obnoxia erit quantitas $1 - e\cos E$ siue $\frac{r}{a}$. In computando ergo logarithmo huius quantitatis error vsque ad $(1+\delta)\omega$ ascendere potest, designando per δ quantitatem $\frac{3e\cos E}{1-e\cos E}$ positiue sumtam: ad eundem limitem $(1+\delta)\omega$ ascendit error in $\log r$ possibilis, siquidem $\log a$ exacte datus supponitur. Quoties excentricitas parua est, quantitas δ arctis semper limitibus coërcetur: quando vero e parum differt ab 1, $1 - e\cos E$ perparua manet, quamdiu E parua est; tunc igitur δ ad magnitudinem haud contemnendam increscere potest, quocirca in hoc casu formula III art. 8. minus idonea esset. Quantitas δ ita etiam exprimi potest $\frac{3(a-r)}{r} = \frac{3e(\cos v + e)}{1-ee}$, quae formula adhuc clarius ostendit, quando errorem $(1+\delta)\omega$ contemnere liceat.

III. Adhibendo formulam X art. 8. ad computum anomaliae verae ex excentrica, $\log\sqrt{\frac{a}{r}}$ obnoxius erit errori $(\frac{1}{2}+\frac{1}{2}\delta)\omega$, adeoque $\log \sin\frac{1}{2}\varphi \sin E\sqrt{\frac{a}{r}}$ huic $(\frac{5}{2}+\frac{1}{2}\delta)\omega$; hinc error maximus in determinatione anguli $v-E$ vel v possibilis eruitur $=\frac{\omega}{\lambda}(7+\delta)\,\mathrm{tang}\,\frac{1}{2}(v-E)$, siue in secundis expressus, si septem figurae decimales adhibentur, $=(0''166+0''024\delta)\,\mathrm{tang}\,\frac{1}{2}(v-E)$. Quoties excentricitas modica est, δ et $\mathrm{tang}\,\frac{1}{2}(v-E)$ quantitates paruae erunt, quapropter haec methodus praecisionem maiorem permittet, quam ea quam in I contemplati sumus: haecce contra methodus tunc praeferenda erit, quando excentricitas valde magna est propeque ad vnitatem accedit, vbi δ et $\mathrm{tang}\,\frac{1}{2}(v-E)$ valores valde considerabiles nancisci possunt. Per formulas nostras, vtra methodus alteri praeferenda sit, facile semper decidi poterit.

IV. In determinatione anomaliae mediae ex excentrica per formulam XII art. 8. error quantitatis $e\sin E$, adiumento logarithmorum computatae, adeoque etiam ipsius anomaliae M, vsque ad $\frac{3\omega e \sin E}{\lambda}$ ascendere potest, qui erroris limes si in secundis expressus desideratur per 206265″ est multiplicandus. Hinc facile concluditur, in problemate inuerso, vbi E ex M tentando determinatur, E quantitate

$\frac{3\omega e \sin E}{\lambda} \cdot \frac{dE}{dM} \cdot 206265'' = \frac{3\omega ea \sin E}{\lambda r} \cdot 206265''$ erroneam esse posse, etsi aequationi $E - e\sin E = M$ omni quam tabulae permittunt praecisione satisfactum fuerit.

Anomalia vera itaque e media computata duabus rationibus erronea esse potest, siquidem mediam tamquam exacte datam consideramus, primo propter errorem in computo ipsius v ex E commissum, qui vt vidimus leuis semper momenti est, secundo ideo quod valor anomaliae excentricae ipse iam erroneus esse potuit. Effectus rationis posterioris definietur per productum erroris in E commissi per $\frac{dv}{dE}$, quod productum fit $= \frac{3\omega e \sin E}{\lambda} \cdot \frac{dv}{dM} \cdot 206265'' = \frac{3\omega ea \sin v}{\lambda r} \cdot 206265''$ $= \left(\frac{e\sin v + \frac{1}{2} ee \sin 2v}{1 - ee}\right) 0''0712$, si septem figurae adhibentur. Hic error, pro valoribus paruis ipsius e semper modicus, permagnus euadere potest, quoties e ab vnitate parum differt, vti tabella sequens ostendit, quae pro quibusdam valoribus ipsius e valorem maximum illius expressionis exhibet.

e	error maximus	e	error maximus	e	error maximus
0,90	0″42	0,94	0″73	0,98	2″28
0,91	0,48	0,95	0,89	0,99	4,59
0,92	0,54	0,96	1,12	0,999	46,23
0,93	0,62	0,97	1,50		

V. In motu hyperbolico, si v per formulam III art. 21 ex F et ψ exacte notis determinatur, error vsque ad $\frac{3\omega \sin v}{\lambda} \cdot 206265''$ ascendere potest; si vero per formulam $\tang \frac{1}{2} v = \frac{(u-1)\tang \frac{1}{2}\psi}{u+1}$ computatur, u et ψ exacte notis, erroris limes triente maior erit, puta $= \frac{4\omega \sin v}{\lambda} \cdot 206265'' = 0''09 \sin v$ pro septem figuris.

VI. Si per formulam XI art. 22 quantitas $\frac{\lambda k t}{b^{\frac{3}{2}}} = N$ adiumento logarithmorum Briggicorum computatur, e et u vel e et F tamquam exacte notas supponendo, pars prima obnoxia erit errori $\frac{5(uu-1)e\omega}{2u}$, si computata est in forma $\frac{\lambda e(u-1)(u+1)}{2u}$, vel errori $\frac{3(uu+1)e\omega}{2u}$, si computata est in forma $\frac{1}{2}\lambda eu$

$-\frac{\lambda e}{2u}$, vel errori $3e\omega \operatorname{tang} F$, si computata est in forma $\lambda e \operatorname{tang} F$, siquidem errorem in $\log \lambda$ vel $\log \frac{1}{2}\lambda$ commissum contemnimus. In casu primo error etiam per $5e\omega \operatorname{tang} F$, in secundo per $\frac{3e\omega}{\cos F}$ exprimi potest, vnde patet, in casu tertio errorem omnium semper minimum esse, in primo autem vel secundo maior erit, prout u aut $\frac{1}{u} > 2$ vel < 2, siue prout $\pm F > 36^\circ 52'$ vel $< 36^\circ 52'$. — Pars secunda ipsius N autem semper obnoxia erit errori ω.

VII. Vice versa patet, si u vel F ex N tentando eruatur, u obnoxiam fore errori $(1 \pm 5e\omega \operatorname{tang} F)\frac{du}{dN}$, vel huic $(1 + \frac{5e\omega}{\cos F})\frac{du}{dN}$, prout membrum primum in valore ipsius N vel in factores vel in partes resolutum adhibeatur; F autem errori huic $(1 \pm 3e\omega \operatorname{tang} F)\frac{dF}{dN}$. Signa superiora post perihelium, inferiora ante perihelium valent. Quodsi hic pro $\frac{du}{dN}$ vel pro $\frac{dF}{dN}$ substituitur $\frac{dv}{dN}$, emerget effectus huius erroris in determinationem ipsius v, qui igitur erit $\frac{bb \operatorname{tang}\psi(1 \pm 5e \operatorname{tang} F)\omega}{\lambda rr}$ aut $\frac{bb \operatorname{tang}\psi(1 + 5e \sec F)\omega}{\lambda rr}$, si quantitas auxiliaris u adhibita est; contra, si adhibita est F, ille effectus fit $=$

$$\frac{bb \operatorname{tang}\psi(1 \pm 3e \operatorname{tang} F)\omega}{\lambda rr} = \frac{\omega}{\lambda}\left\{\frac{(1 + e\cos v)^2}{\operatorname{tang}\psi^3} \pm \frac{3e \sin v (1 + e\cos v)}{\operatorname{tang}\psi^2}\right\}.$$

Adiicere oportet factorem $206265''$, si error in secundis exprimendus est. Manifesto hic error tunc tantum considerabilis euadere potest, quando ψ est angulus paruus, siue e paullo maior quam 1; ecce valores maximos huius tertiae expressionis pro quibusdam valoribus ipsius e, si septem figurae decimales adhibentur:

e	error maximus
1,3	0″34
1,2	0,54
1,1	1,31
1,05	3,03
1,01	34,41
1,001	1064,65

Huic errori ex erroneo valore ipsius F vel u orto adiicere oportet errorem in V determinatum, vt incertitudo totalis ipsius v habeatur.

VIII. Si aequatio XI art. 22. adiumento logarithmorum hyperbolicorum solvitur, F pro quantitate auxiliari adhibita, effectus erroris in hac operatione possibilis in determinationem ipsius v per similia ratiocinia inuenitur =

$$\frac{(1+e\cos v)^2\omega'}{\operatorname{tang}\psi^3} \pm \frac{3e\sin v(1+e\cos v)\omega}{\lambda\operatorname{tang}\psi^2}$$

vbi per ω' incertitudinem maximam in tabulis logarithmorum hyperbolicorum designamus. Pars secunda huius expressionis identica est cum parte secunda expressionis in VII traditae, prima vero in ratione $\lambda\omega':\omega$ minor quam prima in illa expressione, i. e. in ratione $1:23$, si tabulam Vrsini ad octo vbique figuras exactam siue $\omega' = 0{,}000000005$ supponere liceret.

33.

In iis igitur sectionibus conicis, quarum excentricitas ab vnitate parum differt, i. e. in ellipsibus et hyperbolis, quae ad parabolam proxime accedunt, methodi supra expositae tum pro determinatione anomaliae verae e tempore, tum pro determinatione temporis ex anomalia vera *), omnem quae desiderari posset praecisionem non patiuntur: quin adeo errores ineuitabiles, crescentes dum orbita magis ad parabolae similitudinem vergit, tandem omnes limites egrederentur. Tabulae maiores ad plures quam septem figuras constructae hanc incertitudinem diminuerent quidem, sed non tollerent, nec impedirent, quominus omnes limites superaret, simulac orbita ad parabolam nimis prope accederet. Praeterea methodi supra traditae in hocce casu satis molestae fiunt, quoniam pars earum indirecta tentamina saepius repetita requirit: cuius incommodi taedium vel grauius est, si tabulis maioribus operamur. Haud sane igitur superfluum erit, methodum peculiarem excolere, per quam in hoc casu incertitudinem illam euitare, soloque tabularum vulgarium adminiculo praecisionem sufficientem assequi liceat.

---

*) Quoniam tempus implicat factorem $a^{\frac{3}{2}}$ vel $b^{\frac{3}{2}}$, error in M vel N commissus eo magis augetur, quo maior fuerit $a = \frac{p}{1-ee}$, vel $b = \frac{p}{ee-1}$.

34.

Methodus vulgaris, per quam istis incommodis remedium afferri solet, sequentibus principiis innititur. Respondeat in ellipsi vel hyperbola, cuius excentricitas e, semiparameter p adeoque distantia in perihelio $= \frac{p}{1+e} = q$, tempori post perihelium t anomalia vera v; respondeat porro eidem tempori in parabola, cuius semiparameter $= 2q$, siue distantia in perihelio $= q$, anomalia vera w, massa μ vel vtrimque neglecta vel vtrimque aequali supposita. Tunc patet haberi

$$\int \frac{pp\,\mathrm{d}v}{(1+e\cos v)^2} : \int \frac{4qq\,\mathrm{d}w}{(1+\cos w)^2} = \sqrt{p} : \sqrt{2q}$$

integralibus a $v=0$ et $w=0$ incipientibus, siue

$$\int \frac{(1+e)^{\frac{3}{2}}\mathrm{d}v}{(1+e\cos v)^2\sqrt{2}} = \int \frac{2\,\mathrm{d}w}{(1+\cos w)^2}$$

Designando $\frac{1-e}{1+e}$ per α, $\tang\frac{1}{2}v$ per θ, integrale prius inuenitur $=$

$$\sqrt{(1+\alpha)}.\left(\theta + \tfrac{1}{3}\theta^3(1-2\alpha) - \tfrac{1}{5}\theta^5(2\alpha - 3\alpha\alpha) + \tfrac{1}{7}\theta^7(3\alpha\alpha - 4\alpha^3) - \text{etc.}\right)$$

posterius $= \tang\frac{1}{2}w + \frac{1}{3}\tang\frac{1}{2}w^3$. Ex hac aequatione facile est determinare w per α et v, atque v per α et w, adiumento serierum infinitarum: pro α si magis placet introduci potest $1-e = \frac{2\alpha}{1+\alpha} = \delta$. Quum manifesto pro $\alpha=0$ vel $\delta=0$ fiat $v=w$, hae series sequentem formam habebunt:

$$w = v + \delta v' + \delta\delta v'' + \delta^3 v''' + \text{etc.}$$

$$v = w + \delta w' + \delta\delta w'' + \delta^3 w''' + \text{etc.}$$

vbi v', v'', v''' etc. erunt functiones ipsius v, atque w', w'', w''' etc. functiones ipsius w. Quoties δ est quantitas perparua, hae series celeriter conuergent, paucique termini sufficient ad determinandum w ex v, vel v ex w. Ex w inuenitur t, vel w ex t eo quem supra pro motu parabolico explicauimus modo.

35.

Expressiones analyticas trium coëfficientium primorum seriei secundae w', w'', w''' Bessel noster euoluit, simulque pro valoribus numericis duorum primorum w', w'' tabulam ad singulos argumenti w gradus constructam addidit (Von Zach Monatliche Correspondenz, vol. XII. p. 197.). Pro coëfficiente primo w' tabula iam ante habebatur a Simpson computata, quae operi clar. Olbers supra laudato annexa est. In plerisque casibus hacce methodo adiumento tabulae Besselianae anomaliam veram e tempore praecisione sufficiente determinare licet: quod adhuc desiderandum relinquitur, ad haecce fere momenta reducitur:

I. In problemate inuerso, temporis puta ex anomalia vera determinatione ad methodum quasi indirectam confugere atque w ex v tentando deriuare oportet. Cui incommodo vt obueniretur, series prior eodem modo tractata esse deberet ac secunda: et quum facile perspiciatur, $-v'$ esse eandem functionem ipsius v, qualis w' est ipsius w, ita vt tabula pro w' signo tantum mutato pro v' inseruire possit, nihil iam requireretur nisi tabula pro v'', quo vtrumque problema aequali praecisione soluere liceat.

II. Interdum vtique occurrere possunt casus, vbi excentricitas ab vnitate parum quidem differt, ita vt methodi generales supra expositae praecisionem haud sufficientem dare videantur, nimis tamen etiamnum, quam vt in methodo peculiari modo adumbrata effectum potestatis tertiae ipsius δ altiorumque tuto contemnere liceat. In motu imprimis hyperbolico eiusmodi casus sunt possibiles, vbi, siue illas methodis adoptes siue hanc, errorem plurium secundorum euitare non possis, siquidem tabulis vulgaribus tantum ad septem figuras constructis vtaris. Etiamsi vero huiusmodi casus in praxi raro occurrant, aliquid certe deesse videri posset, si in *omnibus* casibus anomaliam veram intra $0''1$ aut saltem $0''2$ determinare non liceret, nisi tabulae maiores consulerentur, quas tamen ad libros rariores referendas esse constat. Haud igitur prorsus superfluam visum iri speramus expositionem methodi peculiaris, qua iamdudum vsi sumus, quaeque eo etiam nomine se commendabit, quod ad excentricitates ab vnitate parum diuersas haud limitata est, sed hocce saltem respectu applicationem generalem patitur.

36.

Antequam hanc methodum exponere aggrediamur, obseruare conueniet, incertitudinem methodorum generalium supra traditarum in orbitis ad parabolae similitudinem vergentibus sponte desinere, simulac E vel F ad magnitudinem considerabilem increuerint, quod quidem in magnis demum a Sole distantiis fiet. Quod vt ostendamus, errorem maximum in ellipsi possibilem, quem in art. 32, IV invenimus $\frac{3\,\omega\, ea \sin v}{\lambda r} . 206265''$ ita exhibemus $\frac{3\,\omega\, e\sqrt{(1-ee)}.\sin E}{\lambda(1-e\cos E)^2} . 206265''$, vnde sponte patet, errorem arctis semper limitibus circumscriptum esse, simulac E valorem considerabilem acquisiuerit, siue simulac $\cos E$ ab vnitate magis recesserit, quantumuis magna sit excentricitas. Quod adhuc luculentius apparebit per tabulam sequentem, in qua valorem numericum maximum istius formulae pro quibusdam valoribus determinatis computauimus (pro septem figuris decimalibus):

E	error maximus
$= 10°$	$= 5''04$
20	0,76
30	0,34
40	0,19
50	0,12
60	0,08

Simili modo res se habet in hyperbola, vt statim apparet, si expressio in art. 32. VII eruta sub hanc formam ponitur $\frac{\omega \cos F(\cos F + 3e\sin F)\sqrt{(ee-1)}}{\lambda(e-\cos F)^2} 206265''$.
Valores maximos huius expressionis pro quibusdam valoribus determinatis ipsius F tabula sequens exhibet:

F	u		error maximus
10°	1,192	0,839	8''66
20	1,428	0,700	1,38
30	1,732	0,577	0,47
40	2,144	0,466	0,22
50	2,747	0,364	0,11
60	3,732	0,268	0,06
70	5,671	0,176	0,02

Quoties itaque E vel F vltra 40° vel 50° egreditur (qui tamen casus in orbitis a parabola parum discrepantibus haud facile occurret, quum corpora coelestia in talibus orbitis incedentia in tantis a Sole distantiis oculis nostris plerumque se subducant), nulla aderit ratio, cur methodum generalem deseramus. Ceterum in tali casu etiam series de quibus in art. 34. egimus nimis lente conuergerent: neutiquam igitur pro defectu methodi nunc explicandae haberi potest, quod iis imprimis casibus adaptata est, vbi E vel F vltra valores modicos nondum excreuit.

37.

Resumamus in motu elliptico aequationem inter anomaliam excentricam et tempus

$$E - e\sin E = \frac{kt\surd(1+\mu)}{a^{\frac{3}{2}}}$$

vbi E in partibus radii expressam supponimus. Factorem $\surd(1+\mu)$ abhinc omittemus; si vmquam casus occurreret, vbi eius rationem habere in potestate operaeque pretium esset, signum t non tempus ipsum post perihelium, sed hoc tempus per $\surd(1+\mu)$ multiplicatum exprimere deberet. Designamus porro per q distantiam in perihelio, et pro E et $\sin E$ introducimus quantitates $E - \sin E$ et $E - \frac{1}{10}(E - \sin E) = \frac{9}{10}E + \frac{1}{10}\sin E$: rationem cur has potissimum eligamus lector attentus ex sequentibus sponte deprehendet. Hoc modo aequatio nostra formam sequentem induit:

$$(1-e)(\tfrac{9}{10}E + \tfrac{1}{10}\sin E) + (\tfrac{1}{10} + \tfrac{9}{10}e)(E - \sin E) = kt\left(\frac{1-e}{q}\right)^{\frac{3}{2}}$$

Quatenus E vt quantitas parua ordinis primi spectatur, erit $\frac{9}{10}E + \frac{1}{10}\sin E = E - \frac{1}{60}E^3 + \frac{1}{1200}E^5 -$ etc. quantitas ordinis primi, contra $E - \sin E = \frac{1}{6}E^3 - \frac{1}{120}E^5 + \frac{1}{5040}E^7 -$ etc. quantitas ordinis tertii. Statuendo itaque

$$\frac{6(E - \sin E)}{\frac{9}{10}E + \frac{1}{10}\sin E} = 4A,\quad \frac{\frac{9}{10}E + \frac{1}{10}\sin E}{2\surd A} = B$$

erit $4A = E^2 - \frac{1}{30}E^4 - \frac{1}{1050}E^6 -$ etc. quantitas ordinis secundi, atque $B = 1 + \frac{3}{2800}E^4 -$ etc. ab vnitate quantitate quarti ordinis diuersa. Aequatio nostra autem hinc fit

$$B\left(2(1-e)A^{\frac{1}{2}} + \tfrac{2}{15}(1+9e)A^{\frac{3}{2}}\right) = kt\left(\frac{1-e}{q}\right)^{\frac{3}{2}} \quad \ldots\ldots\ldots [1]$$

Per tabulas vulgares trigonometricas $\frac{9}{10}E + \frac{1}{10}\sin E$ quidem praecisione sufficiente calculari potest, non tamen $E - \sin E$, quoties E est angulus paruus: hacce igitur via quantitates A et B satis exacte determinare non liceret. Huic autem difficultati remedium afferret tabula peculiaris, ex qua cum argumento E aut ipsum B aut logarithmum ipsius B excerpere possemus: subsidia ad constructionem talis tabulae necessaria cuique in analysi vel mediocriter versato facile se offerent. Adiumento aequationis

$$\frac{9E + \sin E}{20B} = \surd A$$

etiam $\surd A$, atque hinc t per formulam [1] omni quae desiderari potest praecisione determinare liceret.

Ecce specimen talis tabulae, quod saltem lentam augmentationem ipsius $\log B$ manifestabit: superfluum esset, hanc tabulam maiori extensione elaborare, infra enim tabulas formae multo commodioris descripturi sumus:

E	$\log B$	E	$\log B$	E	$\log B$
0°	0,0000000	25°	0,0000168	50°	0,0002675
5	00	30	0349	55	3910
10	04	35	0645	60	5526
15	22	40	1099		
20	69	45	1758		

38.

Haud inutile erit, ea quae in art. praec. sunt tradita exemplo illustrare. Proposita sit anomalia vera $=100°$, excentricitas $=0{,}96764567$, $\log q = 9{,}7656500$. Ecce iam calculum pro E, B, A et t:

$\log \tan \frac{1}{2}v$ 0,0761865

$\log \sqrt{\frac{1-e}{1+e}}$ 9,1079927

$\log \tan \frac{1}{2}E$ .... 9,1841792, vnde $\frac{1}{2}E = 8°\,41'\,19''\,32$, atque $E = 17°\,22'\,38''\,64$.

Huic valori ipsius E respondet $\log B = 0{,}0000040$; porro inuenitur in partibus radii $E = 0{,}3032928$, $\sin E = 0{,}2986643$, vnde $\frac{9}{20}E + \frac{1}{20}\sin E = 0{,}1514150$, cuius logarithmus $= 9{,}1801689$, adeoque $\log A^{\frac{1}{2}} = 9{,}1801649$. Hinc deducitur per formulam [1] art. praec.

$\log \frac{2Bq^{\frac{3}{2}}}{k\sqrt{(1-e)}}$ .... 2,4589614 | $\log \frac{2B(1+9e)}{15k}\left(\frac{q}{1-e}\right)^{\frac{3}{2}}$ 3,7601038

$\log A^{\frac{1}{2}}$ .... 9,1801649 | $\log A^{\frac{3}{2}}$ 7,5404947

$\log 43{,}56586 \quad = 1{,}6391263$ | $\log 19{,}98014 \quad = 1{,}3005985$

19,98014

63,54400 $= t$

Tractando idem exemplum secundum methodum vulgarem, inuenitur $e \sin E$ in secundis $= 59610''\,79 = 16°\,33'\,30''\,79$, vnde anomalia media $= 49'\,7''\,85 = 2947''\,85$. Hinc et ex $\log k \left(\frac{1-e}{q}\right)^{\frac{3}{2}} = 1{,}6664302$ deriuatur $t = 63{,}54410$. Differentia, quae hic tantum est $\frac{1}{10000}$ pars vnius diei, conspirantibus erroribus facile triplo vel quadruplo maior euadere potuisset.

Ceterum patet, solo adiumento talis tabulae pro log B etiam problema inversum omni praecisione solui posse, determinando E per tentamina repetita, ita vt valor ipsius t inde calculatus cum proposito congruat. Sed haec operatio satis molesta foret: quamobrem iam ostendemus, quomodo tabulam auxiliarem multo commodius adornare, tentamina vaga omnino euitare, totumque calculum ad algorithmum maxime concinnum atque expeditum reducere liceat, qui nihil desiderandum relinquere videtur.

39.

Dimidiam fere partem laboris quem illa tentamina requirerent abscindi posse statim obuium est, si tabula ita adornata habeatur, ex qua log B immediate argumento A desumere liceat. Tres tunc superessent operationes; prima indirecta, puta determinatio ipsius A, vt aequationi [1] art. 37 satisfiat; secunda, determinatio ipsius E ex A et B, quae fit directe vel per aequationem $E = 2B(A^{\frac{1}{2}} + \frac{1}{15}A^{\frac{3}{2}})$, vel per hanc $\sin E = 2B(A^{\frac{1}{2}} - \frac{3}{5}A^{\frac{3}{2}})$; tertia, determinatio ipsius v ex E per aequ. VII. art. 8. Operationem primam ad algorithmum expeditum et a tentaminibus vagis liberum reducemus; secundam et tertiam vero in vnicam contrahemus, tabulae nostrae quantitatem nouam C inserendo, quo pacto ipsa E omnino opus non habebimus, simulque pro radio vectore formulam elegantem et commodam nanciscemur. Quae singula ordine suo iam persequemur.

Primo aequationem [1] ita transformabimus, vt tabulam Barkerianam ad eius solutionem adhibere liceat. Statuemus ad hunc finem $A^{\frac{1}{2}} = \tang \frac{1}{2}w\sqrt{\frac{5-5e}{1+9e}}$, vnde fit $75 \tang \frac{1}{2}w + 25 \tang \frac{1}{2}w^3 = \frac{75kt\sqrt{(\frac{1}{5}+\frac{9}{5}e)}}{2Bq^{\frac{3}{2}}} = \frac{\alpha t}{B}$ designando constantem $\frac{75k\sqrt{(\frac{1}{5}+\frac{9}{5}e)}}{2q^{\frac{3}{2}}}$ per α. Si itaque B esset cognita, w illico e tabula Barkeriana desumi posset, vbi est anomalia vera, cui respondet motus medius $\frac{\alpha t}{B}$; ex w deriuabitur A per formulam $A = \beta \tang \frac{1}{2}w^2$, designando constantem $\frac{5-5e}{1+9e}$ per β. Iam etsi B demum ex A per tabulam nostram auxiliarem innotescat, tamen propter perparuam ipsius ab vnitate differentiam praeuidere licet, w et A leui tantum errore affectas prouenire posse, si ab initio diuisor B omnino negligatur. Determinabimus itaque primo, leui tantum calamo, w et A, statuendo $B = 1$; cum valore approximato ipsius A e tabula nostra auxiliari inueniemus ipsam B, cum qua eundem calculum exactius repetemus; plerumque respondebit valori sic correcto ipsius A prorsus idem valor ipsius B, qui ex approximato inuentus erat, itá vt noua operationis repetitio superflua sit, talibus casibus exceptis, vbi valor ipsius E iam valde considerabilis fuerit. Ceterum vix opus erit monere, si forte iam ab initio valor ipsius B quomodocunque approximatus aliunde innotuerit (quod semper fiet, quoties e pluribus locis haud multum ab inuicem distantibus computandis, vnus aut alter iam sunt absoluti) praestare, hoc sta im in prima approximatione vti: hoc modo calculator scitus saepissime ne vna quidem calculi repetitione opus habebit. Hanc celerrimam approximationem inde assecuti sumus, quod B ab 1 differentia ordinis quarti tantum distat, in coëfficientem perparuum numericum insuper multiplicata, quod commodum praeparatum esse iam perspicietur per introductionem quantitatum $E - \sin E$, $\frac{9}{10}E + \frac{1}{10}\sin E$ loco ipsarum E, $\sin E$.

40.

Quum ad operationem tertiam, puta determinationem anomaliae verae, angulus E ipse non requiratur, sed tantum $\operatorname{tang}\frac{1}{2}E$ siue potius $\log\operatorname{tang}\frac{1}{2}E$, operatio illa cum secunda commode iungi posset, si tabula nostra immediate suppeditaret logarithmum quantitatis $\frac{\operatorname{tang}\frac{1}{2}E}{\sqrt{A}}$, quae ab 1 quantitate ordinis secundi differt. Maluimus tamen tabulam nostram modo aliquantulum diuerso adornare, quo extensione minuta nihilominus interpolationem multo commodiorem assecuti sumus. Scribendo breuitatis gratia T pro $\operatorname{tang}\frac{1}{2}E^2$, valor ipsius A in art. 37 traditus $\frac{15(E - \sin E)}{9E + \sin E}$ facile transmutatur in

$$A = \frac{T - \frac{6}{5}T^2 + \frac{9}{7}T^3 - \frac{12}{9}T^4 + \frac{15}{11}T^5 - \text{etc.}}{1 - \frac{6}{15}T + \frac{7}{25}T^2 - \frac{8}{35}T^3 + \frac{9}{45}T^4 - \text{etc.}}$$

vbi lex progressionis obuia est. Hinc deducitur per conuersionem serierum

$$\frac{A}{T} = 1 - \frac{4}{5}A + \frac{8}{175}A^2 + \frac{8}{525}A^3 + \frac{1896}{336875}A^4 + \frac{28744}{13138125}A^5 + \text{etc.}$$

Statuendo igitur $\frac{A}{T}=1-\frac{4}{5}A+C$, erit C quantitas ordinis quarti, qua in tabulam nostram recepta, ab A protinus transire possumus ad v per formulam

$$\text{tang}\,\tfrac{1}{2}v=\sqrt{\frac{1+e}{1-e}}\cdot\sqrt{\frac{A}{1-\frac{4}{5}A+C}}=\frac{\gamma\,\text{tang}\,\frac{1}{2}w}{\sqrt{(1-\frac{4}{5}A+C)}}$$

designando per γ constantem $\sqrt{\frac{5+5e}{1+9e}}$. Hoc modo simul lucramur calculum percommodum pro radio vectore. Fit enim (art. 8, VI)

$$r=\frac{q\cos\frac{1}{2}E^2}{\cos\frac{1}{2}v^2}=\frac{q}{(1+T)\cos\frac{1}{2}v^2}=\frac{(1-\frac{4}{5}A+C)q}{(1+\frac{1}{5}A+C)\cos\frac{1}{2}v^2}$$

41.

Nihil iam superest, nisi vt etiam problema inuersum, puta determinationem temporis ex anomalia vera, ad algorithmum expeditiorem reducamus: ad hunc finem tabulae nostrae columnam nouam pro T adiecimus. Computabitur itaque primo T ex v per formulam $T=\frac{1-e}{1+e}\text{tang}\,\frac{1}{2}v^2$; dein ex tabula nostra argumento T desumetur A et $\log B$, siue (quod exactius, imo etiam commodius est) C et $\log B$, atque hinc A per formulam $A=\frac{(1+C)T}{1+\frac{4}{5}T}$; tandem ex A et B eruetur t per formulam [1] art. 37. Quodsi hic quoque tabulam Barkerianam in vsum vocare placet, quod tamen in hoc problemate inuerso calculum minus subleuat, non opus est ad A respicere, sed statim habetur

$$\text{tang}\,\tfrac{1}{2}w=\text{tang}\,\tfrac{1}{2}v\sqrt{\frac{1+C}{\gamma(1+\frac{4}{5}T)}}$$

atque hinc tempus t, multiplicando motum medium anomaliae verae w in tabula Barkeriana respondentem per $\frac{B}{\alpha}$.

42.

Tabulam, qualem hactenus descripsimus, extensione idonea construximus, operique huic adiecimus (Tab. I.). Ad ellipsin sola pars prior spectat; partem alteram, quae motum hyperbolicum complectitur, infra explicabimus. Argumentum tabulae, quod est quantitas A, per singulas partes millesimas a 0 vsque ad 0,300 progreditur; sequuntur $\log B$ et C, quas quantitates in partibus 10000000^{mis}, siue ad septem figuras decimales expressas subintelligere oportet cifrae enim primae, figuris significatiuis praeeuntes, suppressae sunt; columna denique quarta exhibet quantitatem T primo ad 5 dein ad 6 figuras computatam, quae praecisio abunde sufficit, quum haec columna ad eum tantummodo vsum requiratur, vt argumento T valores respondentes ipsius $\log B$ et C habeantur, quoties ad normam art. praec. t ex v determinare lubet. Quum problema inuersum, quod longe frequentioris vsus est, puta determinatio ipsius v et r ex t, omnino absque quantitatis T subsidio absoluatur, quantitatem A pro argumento tabulae nostrae eligere maluimus quam T, quae alioquin argumentum aeque fere idoneum fuisset, imo tabulae constructionem aliquantulum facilitauisset. Haud superfluum erit monere, omnes tabulae numeros ad decem figuras ab origine calculatos fuisse, septemque adeo figuris, quas hic damus, vbique tuto confidere licere; methodis autem analyticis ad hunc laborem in vsum vocatis hoc loco immorari non possumus, quarum explicatione copiosa nimium ab instituto nostro distraheremur. Ceterum tabulae extensio omnibus casibus, vbi methodum hactenus expositam sequi prodest, abunde sufficit, quum vltra limitem $A = 0{,}3$, cui respondet $T = 0{,}392374$ siue $E = 64°7'$, methodis artificialibus commode vt supra ostensum est abstinere liceat.

43.

Ad maiorem disquisitionum praecedentium illustrationem exemplum calculi completi pro anomalia vera et radio vectore ex tempore adiicimus, ad quem finem numeros art. 38. resumemus. Statuimus itaque $e = 0{,}96764567$, $\log q = 9{,}7656500$, $t = 63{,}54400$, vnde primo deducimus constantes $\log\alpha = 0{,}5052357$, $\log\beta = 8{,}2217564$, $\log\gamma = 0{,}0028755$.

Hinc fit $\log\alpha t = 2{,}1083102$, cui respondet in tabula Barkeri valor approximatus ipsius $w = 99°6'$, vnde deriuatur $A = 0{,}22926$, et ex tabula nostra $\log B = 0{,}0000040$. Hinc argumentum correctum quo tabulam Barkeri intrare oportet fit $= \log\frac{\alpha t}{B} = 2{,}1083062$, cui respondet $w = 99°6'13''14$; dein calculus vlterior ita se habet:

$\log\tang\frac{1}{2}w^2$...... 0,1385934	$\log\tang\frac{1}{2}w$........................0,0692967
$\log\beta$.............. 8,2217364	$\log\gamma$................................0,0028755
$\log A$.............. 8,3603298	$\frac{1}{2}$ Comp. $\log 1-\frac{4}{5}A+C$......0,0040143
$A =$ 0,02292608	$\log\tang\frac{1}{2}v$........................ 0,0761865
hinc $\log B$ perinde vt ante;	$\frac{1}{2}v$ = 50° 0′ 0″
$C =$ 0,0000242	v = 100 0 0
$1-\frac{4}{5}A+C =$ 0,9816833	$\log q$................................9,7656500
$1+\frac{1}{5}A+C =$ 1,0046094	2 Comp. $\log\cos\frac{1}{2}v$.............. 0,3838650
	$\log 1-\frac{4}{5}A+C$..................9,9919714
	C. $\log 1+\frac{1}{5}A+C$...............9,9980028
	$\log r$................................0,1394892

Si in hoc calculo factor B omnino esset neglectus, anomalia vera errorusculo 0″1 tantum (in excessu) prodiisset affecta.

44.

Motum *hyperbolicum* eo breuius absoluere licebit, quoniam methodo ei quam hactenus pro motu elliptico exposuimus prorsus analoga tractandus est. Aequationem inter tempus t atque quantitatem auxiliarem u forma sequente exhibemus:

$$(e-1)\left(\tfrac{1}{20}(u-\frac{1}{u})+\tfrac{9}{10}\log u\right)+(\tfrac{1}{10}+\tfrac{9}{10}e)\left(\tfrac{1}{2}(u-\frac{1}{u})-\log u\right)=kt\left(\frac{e-1}{q}\right)^{\frac{3}{2}}$$

vbi logarithmi sunt hyperbolici, atque $\frac{1}{20}(u-\frac{1}{u})+\frac{9}{10}\log u$ quantitas ordinis primi, $\frac{1}{2}(u-\frac{1}{u})-\log u$ quantitas ordinis tertii, simulac $\log u$ tamquam quantitas parua ordinis primi spectatur. Statuendo itaque

$$\frac{6\left(\frac{1}{2}(u-\frac{1}{u})-\log u\right)}{\frac{1}{20}(u-\frac{1}{u})+\frac{9}{10}\log u}=4A,\qquad \frac{\frac{1}{20}(u-\frac{1}{u})+\frac{9}{10}\log u}{2\sqrt{A}}=B$$

erit A quantitas ordinis secundi, B autem ab vnitate differentia ordinis quarti discrepabit. Aequatio nostra tunc formam sequentem induet:

$$B\left(2(e-1)A^{\frac{1}{2}}+\tfrac{2}{15}(1+9e)A^{\frac{3}{2}}\right)=kt\left(\frac{e-1}{q}\right)^{\frac{3}{2}}\ldots\ldots\ldots\ldots[2]$$

quae aequationi [1] art. 37 prorsus analoga est. Statuendo porro $\left(\frac{u-1}{u+1}\right)^2=T$, erit T ordinis secundi, et per methodum serierum infinitarum inuenietur $\frac{A}{T} = 1 + \frac{4}{5}A + \frac{8}{175}A^2 - \frac{8}{525}A^3 + \frac{1896}{336875}A^4 - \frac{28744}{13138125}A^5 +$ etc. Quamobrem ponendo $\frac{A}{T} = 1 + \frac{4}{5}A + C$, erit C quantitas ordinis quarti, atque $A = \frac{(1+C)T}{1-\frac{4}{5}T}$. Denique pro radio vectore ex aequ. VII art. 21 facile sequitur

$$r = \frac{q}{(1-T)\cos\frac{1}{2}v^2} = \frac{(1+\frac{4}{5}A+C)q}{(1-\frac{1}{5}A+C)\cos\frac{1}{2}v^2}.$$

45.

Pars posterior tabulae primae operi huic annexae ad motum hyperbolicum spectat, vt iam supra monuimus, et pro argumento A (vtrique tabulae parti communi) logarithmum ipsius B atque quantitatem C ad septem figuras decimales (cifris praecedentibus omissis), quantitatem T vero ad quinque dein ad sex figuras sistit. Extensa est haec pars, perinde vt prior, vsque ad $A = 0{,}300$, cui respondet $T = 0{,}241207$, $u = 2{,}930$ vel $= 0{,}341$, $F = \pm 52^\circ 19'$; vlterior extensio superflua fuisset (art. 36.)

Ecce iam ordinem calculi tum pro determinatione temporis ex anomalia vera tum pro determinatione anomaliae verae ex tempore. In problemate priori habebitur T per formulam $T = \frac{e-1}{e+1}\operatorname{tang}\frac{1}{2}v^2$; ex T tabula nostra dabit $\log B$ et C, vnde erit $A = \frac{(1+C)T}{1-\frac{4}{5}T}$; hinc tandem per formulam [2] art. praec. inuenietur t. In problemate posteriori computabuntur primo logarithmi constantium

$$\alpha = \frac{75k\sqrt{(\frac{1}{5}+\frac{9}{5}e)}}{2q^{\frac{3}{2}}}$$

$$\beta = \frac{5e-5}{1+9e}$$

$$\gamma = \sqrt{\frac{5e+5}{1+9e}}$$

Tunc determinabitur A ex t prorsus eodem modo vt in motu elliptico, ita scilicet vt motui medio $\frac{\alpha t}{B}$ in tabula Barkeri respondeat anomalia vera w atque fiat $A = \beta\operatorname{tang}\frac{1}{2}w^2$; eruetur scilicet primo valor approximatus ipsius A neglecto vel si subsidia adsunt aestimato factore B; hinc tabula nostra suppeditabit valorem approximatum ipsius B, cum quo operatio repetetur; valor nouus ipsius B hoc modo prodiens vix vmquam correctionem sensibilem passus, neque adeo noua calculi iteratio necessaria erit. Correcto valore ipsius A e tabula desumetur C, quo facto habebitur

$$\text{tang}\,\tfrac{1}{2}v = \frac{\gamma\,\text{tang}\,\tfrac{1}{2}w}{\sqrt{(1+\tfrac{4}{5}A+C)}},\quad r = \frac{(1+\tfrac{4}{5}A+C)q}{(1-\tfrac{1}{5}A+C)\cos\tfrac{1}{2}v^2}$$

Patet hinc, inter formulas pro motu elliptico et hyperbolico nullam omnino differentiam reperiri, si modo β, A et T in motu hyperbolico tamquam quantitates negatiuas tractemus.

46.

Motum hyperbolicum quoque aliquot exemplis illustrauisse haud inutile erit, ad quem finem numeros artt. 23, 26 resumemus.

I. Data sunt $e = 1{,}2618820$, $\log q = 0{,}0201657$, $v = 18°51'0''$: quaeritur t. Habemus

$2\log\text{tang}\,\tfrac{1}{2}v$ 8,4402018
$\log\dfrac{e-1}{e+1}$ 9,0636357
$\log T$ 7,5038375
$T = 0{,}0031903{4}$
$\log B = 0{,}0000001$
$C = 0{,}0000005$

$\log T$ 7,5038375
$\log 1+C$ 0,0000002
$C.\log 1-\tfrac{4}{5}T$ 0,0011099
$\log A$ 7,5049476

$\log\dfrac{2Bq^{\frac{3}{2}}}{k\sqrt{(e-1)}}$ 2,3866444
$\log A^{\frac{1}{2}}$ 8,7524738
$\log 13{,}77584 = 1{,}1391182$
$0{,}13861$
$13{,}91445 = t$

$\log\dfrac{2B(1+9e)}{15k}\left(\dfrac{q}{e-1}\right)^{\frac{3}{2}}$ 2,8843582
$\log A^{\frac{3}{2}}$ 6,2574214
$\log 0{,}138605 = 9{,}1417796$

II. Manentibus e et q vt ante, datur $t = 65{,}41236$, quaeruntur v et r. Inuenimus logarithmos constantium

$\log\alpha = 9{,}9758345$
$\log\beta = 9{,}0251649$
$\log\gamma = 9{,}9807646$

Porro prodit $\log\alpha t = 1{,}7914943$, vnde per tabulam Barkeri valor approximatus ipsius $w = 70°31'44''$, atque hinc $A = 0{,}052983$. Huic A in tabula nostra respondet $\log B = 0{,}0000207$; vnde $\log\dfrac{\alpha t}{B} = 1{,}7914736$, valor correctus ipsius $w = 70°51'56''86$. Calculi operationes reliquae ita se habent:

$2 \log \tan \frac{1}{2} w \ldots\ldots 9{,}6989398$
$\log \beta \ldots\ldots 9{,}0251649$
$\log A \ldots\ldots 8{,}7241047$
$A = 0{,}05297911$
$\log B$ vt ante
$C = 0{,}0001252$
$1 + \frac{4}{5} A + C = 1{,}0125085$
$1 - \frac{1}{5} A + C = 0{,}9895294$

$\log \tan \frac{1}{2} w \ldots\ldots 9{,}8494699$
$\log \gamma \ldots\ldots 9{,}9807646$
$\frac{1}{2} \mathrm{C.} \log 1 + \frac{4}{5} A + C \ldots\ldots 9{,}9909602$
$\log \tan \frac{1}{2} v \ldots\ldots 9{,}8211947$
$\frac{1}{2} v = 33^\circ 31' 30'' 02$
$v = 67 \quad 3 \quad 0{,}04$
$\log q \ldots\ldots 0{,}0201657$
$2 \mathrm{C.} \log \cos \frac{1}{2} v \ldots\ldots 0{,}1580378$
$\log 1 + \frac{4}{5} A + C \ldots\ldots 0{,}0180796$
$\mathrm{C.} \log 1 - \frac{1}{5} A + C \ldots\ldots 0{,}0045713$
$\log r \ldots\ldots 0{,}2008544$

Quae supra (art. 26.) inueneramus $v = 67^\circ 2' 59'' 78$, $\log r = 0{,}2008541$, minus exacta sunt, proprieque euadere debuisset $v = 67^\circ 3' 0'' 00$, quo valore supposito valor ipsius t per tabulas maiores fuerat computatus.

SECTIO SECVNDA

Relationes ad locum simplicem in spatio spectantes.

47.

In sectione prima de motu corporum coelestium in orbitis suis actum est, nulla situs, quem hae orbitae in spatio occupant, ratione habita. Ad hunc situm determinandum, quo relationem locorum corporis coelestis ad quaeuis alia spatii puncta assignare liceat, manifesto requiritur tum situs plani in quo orbita iacet respectu cuiusdam plani cogniti (e. g. plani orbitae telluris, *eclipticae*), tum situs apsidum in illo plano. Quae quum commodissime ad trigonometriam sphaericam referantur, superficiem sphaericam radio arbitrario circa Solem vt centrum descriptam fingimus, in qua quoduis planum per Solem transiens circulum maximum, quaeuis autem recta e Sole ducta punctum depinget. Planis aut rectis per Solem ipsum non transeuntibus plana rectasque parallelas per Solem ducimus, circulosque maximos et puncta in sphaerae superficie his respondentia etiam illa repraesentare concipimus: potest quoque sphaera radio vt vocant infinito magno descripta supponi, in qua plana rectaeque parallelae perinde repraesentantur.

Nisi itaque planum orbitae cum plano eclipticae coincidit, circuli maximi illis planis respondentes (quos etiam simpliciter orbitam et eclipticam vocabimus) duobus punctis se intersecant, quae *nodi* dicuntur; in nodorum altero corpus e Sole visum e regione australi per eclipticam in borealem transibit, in altero ex hac in illam reuertet; nodus prior *ascendens*, posterior *descendens* appellatur. Nodorum situs in ecliptica per eorum distantiam ab aequinoctio vernali medio (*longitudinem*) secundum ordinem signorum numeratam assignamus. Sit, in Fig. 1, ☊ nodus ascendens, A☊B pars eclipticae, C☊D pars orbitae; motus terrae et corporis coelestis fiant in directionibus ab A versus B et a C versus D, patetque angulum sphaericum, quem ☊D facit cum ☊B, a 0 vsque ad $180°$ crescere posse, neque tamen vltra, quin ☊ nodus ascendens esse desinat: hunc angulum *inclinationem orbitae* ad eclipticam dicimus. Situ plani orbitae per longitudinem nodi atque inclinationem orbitae determinato, nihil aliud iam requiritur, nisi distantia perihelii a nodo ascendente, quam secundum ipsam directionem motus numeramus, adeoque negatiuam siue inter $180°$ et $360°$ assumimus, quoties perihelium ab ecliptica ad austrum situm est. Notentur adhuc expressiones sequentes. Longitudo cuiusuis puncti in circulo orbitae numeratur ab eo puncto, quod retrorsum a nodo ascendente in orbita tantundem distat, quantum aequinoctium vernale ab eodem puncto retrorsum in ecliptica: hinc *longitudo perihelii* erit summa longitudinis nodi et distantiae perihelii a nodo; *longitudo vera* corporis *in orbita* autem summa anomaliae verae et longitudinis perihelii. Denique *longitudo media* vocatur summa anomaliae mediae et longitudinis perihelii: haec postrema expressio manifesto in orbitis ellipticis tantum locum habere potest.

48.

Vt igitur corporis coelestis locum in spatio pro quouis temporis momento assignare liceat, sequentia in orbita elliptica nota esse oportebit.

I. Longitudo media pro quodam temporis momento arbitrario, quod *epocha* vocatur: eodem nomine interdum ipsa quoque longitudo designatur. Plerumque pro epocha eligitur initium alicuius anni, scilicet meridies 1. Ianuarii in anno bissextili, siue meridies 31. Decembris anno communi praecedentis.

II. Motus medius inter certum temporis interuallum, e. g. in vno die solari medio, siue in diebus 365, $365\frac{1}{4}$ aut 36525.

III. Semiaxis maior, qui quidem omitti posset, quoties corporis massa aut nota est aut negligi potest, quum per motum medium iam detur (art. 7): commoditatis tamen gratia vterque semper proferri solet.

IV. Excentricitas. V. Longitudo perihelii. VI. Longitudo nodi ascendentis. VII. Inclinatio orbitae.

Haec septem momenta vocantur *elementa* motus corporis.

In parabola et hyperbola tempus transitus per perihelium elementi primi vice fungetur; pro II tradentur quae in his sectionum conicarum generibus motui medio diurno analoga sunt (v. art. 19; in motu hyperbolico quantitas $\lambda k b^{-\frac{3}{2}}$ art. 23). In hyperbola elementa reliqua perinde retineri poterunt, in parabola vero, vbi axis maior infinitus atque excentricitas $=1$, loco elementi III et IV sola distantia in perihelio proferetur.

49.

Secundum vulgarem loquendi morem inclinatio orbitae, quam nos a 0 vsque ad 180° numeramus, ad 90° tantum extenditur, atque si angulus orbitae cum arcu ☊B (Fig. 1) angulum rectum egreditur, angulus orbitae cum arcu ☊A (qui est illius complementum ad 180° tamquam inclinatio orbitae spectatur; in tali tunc casu addere oportebit, motum esse *retrogradum* (veluti si in figura nostra $E☊F$ partem orbitae repraesentat), vt a casu altero vbi motus *directus* dicitur distinguatur. Longitudo in orbita tunc ita numerari solet, vt in ☊ cum longitudine huius puncti in ecliptica conueniat, in directione $☊F$ autem *decrescat;* punctum initiale itaque a quo longitudines contra ordinem motus numerantur in directione $☊F$ tantundem a ☊ distat, quantum aequinoctium vernale ab eodem ☊ in directione $☊A$. Quare in hoc casu longitudo perihelii erit longitudo nodi deminuta distantia perihelii a nodo. Hoc modo alteruter loquendi vsus facile in alterum conuertitur, nostrum autem ideo praetulimus, vt distinctione inter motum directum et retrogradum supersedere, et pro vtroque semper formulas easdem adhibere possemus, quum vsus vulgaris saepenumero praecepta duplicia requirat.

50.

Ratio simplicissima, puncti cuiusuis in superficie sphaerae coelestis situm respectu eclipticae determinandi, fit per ipsius distantiam ab ecliptica (*latitudinem*), atque distantiam puncti, vbi ecliptica a perpendiculo demisso secatur, ab aequinoctio (*longitudinem*). Latitudo, ab vtraque eclipticae parte vsque ad 90° numerata, in regione boreali vt positiua, in australi vt negatiua spectatur. Respondeant corporis coelestis loco heliocentrico, i. e. proiectioni rectae a Sole ad corpus ductae in sphaeram coelestem, longitudo λ, latitudo β; sit porro u distantia loci heliocentrici a nodo ascendente (quae *argumentum latitudinis* dicitur), i inclinatio orbitae, ☊ longitudo nodi ascendentis, habebunturque inter i, u, β, $\lambda - ☊$, quae quantitates erunt partes trianguli sphaerici rectanguli, relationes sequentes, quas sine vlla restrictione valere facile euincitur:

I. $\operatorname{tang}(\lambda - ☊) = \cos i \operatorname{tang} u$

II. $\operatorname{tang} \beta = \operatorname{tang} i \sin(\lambda - ☊)$

III. $\sin \beta = \sin i \sin u$

IV. $\cos u = \cos \beta \cos(\lambda - ☊)$

Quando i et u sunt quantitates datae, $\lambda - ☊$ inde per aequ. I determinabitur, ac dein β per II vel per III, siquidem β non nimis ad $\pm 90°$ appropinquat; formula IV si placet ad calculi confirmationem adhiberi potest. Ceterum formulae I et IV docent, $\lambda - ☊$ et u semper in eodem quadrante iacere, quoties i est inter 0 et 90°; contra $\lambda - ☊$ et $360° - u$ ad eundem quadrantem pertinebunt, quoties i est inter 90° et 180°, siue, secundum vsum vulgarem, quoties motus est retrogradus: hinc ambiguitas, quam determinatio ipsius $\lambda - \Omega$ per tangentem secundum formulam I relinquit, sponte tollitur.

Formulae sequentes e praecedentium combinatione facile deriuantur:

V. $\sin(u - \lambda + \Omega) = 2 \sin \tfrac{1}{2} i^2 \sin u \cos(\lambda - \Omega)$

VI. $\sin(u - \lambda + \Omega) = \operatorname{tang} \tfrac{1}{2} i \sin \beta \cos(\lambda - \Omega)$

VII. $\sin(u - \lambda + \Omega) = \operatorname{tang} \tfrac{1}{2} i \operatorname{tang} \beta \cos u$

VIII. $\sin(u + \lambda - \Omega) = 2 \cos \tfrac{1}{2} i^2 \sin u \cos(\lambda - \Omega)$

IX. $\sin(u + \lambda - \Omega) = \operatorname{cotang} \tfrac{1}{2} i \sin \beta \cos(\lambda - \Omega)$

X. $\sin(u + \lambda - \Omega) = \operatorname{cotang} \tfrac{1}{2} i \operatorname{tang} \beta \cos u$

Angulus $u - \lambda + \Omega$, quoties i est infra 90°, aut $u + \lambda - \Omega$, quoties i est vltra 90°, secundum vsum vulgarem *reductio ad eclipticam* dicitur, est scilicet differentia inter longitudinem heliocentricam λ atque longitudinem in orbita quae secundum illum vsum est $\Omega \pm u$, (secundum nostrum $\Omega + u$). Quoties inclinatio vel parua est vel a 180° parum diuersa, ista reductio tamquam quantitas secundi ordinis spectari potest, et in hoc quidem casu praestabit, β primo per formulam III ac dein λ per VII aut X computare, quo pacto praecisionem maiorem quam per formulam I assequi licebit.

Demisso perpendiculo a loco corporis coelestis in spatio ad planum eclipticae, distantia puncti intersectionis a Sole *distantia curtata* appellatur. Quam per r', radium vectorem autem per r designando, habebimus XI. $r' = r \cos \beta$

51.

Exempli caussa calculum in artt. 13, 14 inchoatum, cuius numeros planeta Iunonis suppeditauerat, vlterius continuabimus. Supra inueneramus anomaliam veram 315° 1′ 23″ 02, logarithmum radii vectoris 0,3259877: sit iam i = 13° 6′ 44″ 10, distantia perihelii a nodo = 241° 10′ 20″ 57, adeoque u = 196° 11′ 45″ 59; denique sit Ω = 171° 7′ 48″ 73. Hinc habemus:

log tang u 9,4630573	log sin ($\lambda - \Omega$) ...... 9,4348691 n
log cos i 9,9885266	log tang i 9,5672305
log tang ($\lambda - \Omega$) 9,4515839	log tang β .... 8,8020996 n
$\lambda - \Omega$ = 195° 47′ 40″ 25	β = — 3° 57′ 40″ 02
λ = 6 55 28,98	log cos β 9,9991289
log r 0,3259877	log cos ($\lambda - \Omega$ ...... 9,9852852 n
log cos β 9,9991289	9,9824141 n
log r' 0,3251166	log cos u .... 9,9824141 n

Calculus secundum formulas III, VII ita se haberet:

$\log \sin u$	9,4454714 n	$\log \tan \frac{1}{2} i$	9,0604259
$\log \sin i$	9,3557570	$\log \tan \beta$	8,8020995 n
$\log \sin \beta$	8,8012284 n	$\log \cos u$	9,9824141 n
$\beta = -3° 37' 40'' 02$		$\log \sin (u - \lambda + \Omega)$	7,8449395
		$u - \lambda + \Omega =$	$0° 24' 3'' 34$
		$\lambda - \Omega =$	195 47 40,25

52.

Spectando i et u tamquam quantitates variabiles, differentiatio aequationis III art. 50 suggerit:

$$\text{cotang}\, \beta\, d\beta = \text{cotang}\, i\, di + \text{cotang}\, u\, du$$

siue

$$\text{XII.}\quad d\beta = \sin(\lambda - \Omega)\, di + \sin i \cos(\lambda - \Omega)\, du$$

Perinde per differentiationem aequationis I obtinemus

$$\text{XIII.}\quad d(\lambda - \Omega) = -\,\text{tang}\, \beta \cos(\lambda - \Omega)\, di + \frac{\cos i}{\cos \beta^2}\, du$$

Denique e differentiatione aequationis XI prodit

$$dr' = \cos\beta\, dr - r \sin\beta\, d\beta, \text{ siue}$$

$$\text{XIV.}\quad dr' = \cos\beta\, dr - r \sin\beta \sin(\lambda - \Omega)\, di - r \sin\beta \sin i \cos(\lambda - \Omega)\, du$$

In hac vltima aequatione vel partes quae continent di et du per 206265" sunt diuidendae, vel reliquae per hunc numerum multiplicandae, si mutationes ipsarum i et u in minutis secundis expressae supponuntur.

53.

Situs puncti cuiuscunque in spatio commodissime per distantias a tribus planis sub angulis rectis se secantibus determinatur. Assumendo pro planorum vno planum eclipticae, designandoque per z distantiam corporis coelestis ab hoc plano a parte boreali positiue, ab australi negatiue sumendam, manifesto habebimus $z = r' \text{tang}\, \beta = r \sin \beta = r \sin i \sin u$. Plana duo reliqua, quae per Solem quoque ducta supponemus, in sphaera coelesti circulos maximos proiicient, qui eclipticam sub angulis rectis secabunt, quorumque adeo poli in ipsa ecliptica iacebunt et 90° ab inuicem distabunt. Vtriusque plani polum istum, a cuius parte distantiae positiuae censentur, *polum positiuum* appellamus. Sint itaque N et $N + 90°$ longitudines polorum positiuorum, designenturque distantiae a planis quibus respondent respectiue per x, y. Tunc facile perspicietur haberi

$$x = r' \cos(\lambda - N) = r \cos\beta \cos(\lambda - \Omega) \cos(N - \Omega) + r \cos\beta \sin(\lambda - \Omega) \sin(N - \Omega)$$
$$y = r' \sin(\lambda - N) = r \cos\beta \sin(\lambda - \Omega) \cos(N - \Omega) - r \cos\beta \cos(\lambda - \Omega) \sin(N - \Omega)$$

qui valores transeunt in

$$x = r \cos(N - \Omega) \cos u + r \cos i \sin(N - \Omega) \sin u$$
$$y = r \cos i \cos(N - \Omega) \sin u - r \sin(N - \Omega) \cos u$$

Quodsi itaque polus positiuus plani ipsarum x in ipso nodo ascendente collocatur, vt sit $N = \Omega$, habebimus coordinatarum x, y, z expressiones simplicissimas

$$x = r \cos u$$
$$y = r \cos i \sin u$$
$$z = r \sin i \sin u$$

Si vero haec suppositio locum non habet, tamen formulae supra datae formam aeque fere commodam nanciscuntur per introductionem quatuor quantitatum auxiliarium a, b, A, B ita determinatarum vt habeatur

$$\cos(N - \Omega) = a \sin A$$
$$\cos i \sin(N - \Omega) = a \cos A$$
$$-\sin(N - \Omega) = b \sin B$$
$$\cos i \cos(N - \Omega) = b \cos B$$

(vid. art. 14, II). Manifesto tunc erit

$$x = r a \sin(u + A)$$
$$y = r b \sin(u + B)$$
$$z = r \sin i \sin u$$

54.

Relationes motus ad eclipticam in praecc. explicatae manifesto perinde valebunt, etiamsi pro ecliptica quoduis aliud planum substituatur, si modo situs plani orbitae ad hoc planum innotuerit; expressiones longitudo et latitudo autem tunc supprimendae erunt. Offert itaque se problema: *e situ cognito plani orbitae aliusque plani noui ad eclipticam deriuare situm plani orbitae ad hoc nouum planum.* Sint $n\Omega$, $\Omega\Omega'$, $n\Omega'$ partes circulorum maximorum, quos planum eclipticae, planum orbitae planumque nouum in sphaera coelesti proiiciunt (Fig. 2). Vt inclinatio circuli secundi ad tertium locusque nodi ascendentis absque ambiguitate assignari possit, in circulo tertio alterutra directio eligi debebit tamquam ei analoga, quae in ecliptica est secundum ordinem signorum; sit haec in fig. nostra directio ab n versus Ω'. Praeterea duorum hemisphaeriorum, quae circulus $n\Omega'$ separat, alterum censere oportebit analogum haemisphaerio boreali, alterum australi: haec vero haemisphaeria sponte iam sunt distincta, quatenus id semper quasi boreale spectatur, quod in circulo secundum ordinem signorum progredienti *) a dextra est. In figura igitur nostra sunt ☊, n, ☊′ nodi ascendentes circuli secundi in primo, tertii in primo, secundi in tertio; $180° - n$☊☊′, ☊n☊′, n☊′☊ inclinationes secundi ad primum, tertii ad primum, secundi ad tertium. Pendet itaque problema nostrum a solutione trianguli sphaerici, vbi e latere vno angulisque adiacentibus reliqua sunt deducenda. Praecepta vulgaria, quae in trigonometria sphaerica pro hoc casu traduntur, tamquam abunde nota supprimimus: commodius autem methodus alia in vsum vocatur ex aequationibus quibusdam petita, quae in libris nostris trignonometricis frustra quaeruntur. Ecce has aequationes, quibus in sequentibus frequenter vtemur: designant a, b, c latera trianguli sphaerici atque A, B, C angulos illis resp. oppositos:

$$\text{I.}\quad \frac{\sin\frac{1}{2}(b-c)}{\sin\frac{1}{2}a} = \frac{\sin\frac{1}{2}(B-C)}{\cos\frac{1}{2}A}$$

$$\text{II.}\quad \frac{\sin\frac{1}{2}(b+c)}{\sin\frac{1}{2}a} = \frac{\cos\frac{1}{2}(B-C)}{\sin\frac{1}{2}A}$$

$$\text{III.}\quad \frac{\cos\frac{1}{2}(b-c)}{\cos\frac{1}{2}a} = \frac{\sin\frac{1}{2}(B+C)}{\cos\frac{1}{2}A}$$

$$\text{IV.}\quad \frac{\cos\frac{1}{2}(b+c)}{\cos\frac{1}{2}a} = \frac{\cos\frac{1}{2}(B+C)}{\sin\frac{1}{2}A}$$

Quamquam demonstrationem harum propositionum breuitatis caussa hic praeterire oporteat, quisque tamen earum veritatem in triangulis, quorum nec latera nec anguli 180° excedunt, haud difficile confirmare poterit. Quodsi quidem idea trianguli sphaerici in maxima generalitate concipitur, vt nec latera nec anguli vllis limitibus restringantur (quod plurima commoda insignia praestat, attamen quibusdam dilucidationibus praeliminaribus indiget), casus existere possunt, vbi in cunctis aequationibus praecedentibus signum mutare oportet; quoniam vero signa priora manifesto restituuntur, simulac vnus angulorum vel vnum laterum 360° augetur vel diminuitur, signa, qualia tradidimus, semper tuto retinere licebit, siue e latere angulisque adiacentibus reliqua determinanda sint, siue ex angulo lateribusque adiacentibus; semper enim vel quaesitorum valores ipsi vel 360 a veris diuersi hisque adeo aequiualentes per formulas nostras elicientur. Dilucidationem copiosiorem huius argumenti ad aliam occasionem nobis reseruamus: quod vero praecepta, quae tum pro

*) Puta in *interiori* sphaerae superficie, quam figura nostra repraesentat.

solutione problematis nostri tum in aliis occasionibus formulis istis superstruemus, in omnibus casibus generaliter valent, tantisper adiumento inductionis rigorosae, i. e. completae omnium casuum enumerationis, haud difficile comprobari poterit.

55.

Designando vt supra longitudinem nodi ascendentis orbitae in ecliptica per ☊, inclinationem per i; porro longitudinem nodi ascendentis plani noui in ecliptica per n, inclinationem per ε; distantiam nodi ascendentis orbitae in plano nouo a nodo ascendente plani noui in ecliptica (arcum n☊$'$ in Fig. 2) per ☊$'$, inclinationem orbitae ad planum nouum per i'; denique arcum ab ☊ ad ☊$'$ secundum directionem motus per Δ: erunt trianguli sphaerici nostri latera ☊$-n$, ☊$'$, Δ, angulique oppositi i', $180^\circ - i$, ε. Hinc erit secundum formulas art. praec.

$$\sin\tfrac{1}{2}i'\sin\tfrac{1}{2}(☊'+\Delta) = \sin\tfrac{1}{2}(☊-n)\sin\tfrac{1}{2}(i+\varepsilon)$$
$$\sin\tfrac{1}{2}i'\cos\tfrac{1}{2}(☊'+\Delta) = \cos\tfrac{1}{2}(☊-n)\sin\tfrac{1}{2}(i-\varepsilon)$$
$$\cos\tfrac{1}{2}i'\sin\tfrac{1}{2}(☊'-\Delta) = \sin\tfrac{1}{2}(☊-n)\cos\tfrac{1}{2}(i+\varepsilon)$$
$$\cos\tfrac{1}{2}i'\cos\tfrac{1}{2}(☊'-\Delta) = \cos\tfrac{1}{2}(☊-n)\cos\tfrac{1}{2}(i-\varepsilon)$$

Duae primae aequationes suppeditabunt $\tfrac{1}{2}(☊'+\Delta)$ atque $\sin\tfrac{1}{2}i'$; duae reliquae $\tfrac{1}{2}(☊'-\Delta)$ atque $\cos\tfrac{1}{2}i'$; ex $\tfrac{1}{2}(☊'+\Delta)$ et $\tfrac{1}{2}(☊'-\Delta)$ demanabunt ☊$'$ et Δ; ex $\sin\tfrac{1}{2}i'$ aut $\cos\tfrac{1}{2}i'$ (quorum consensus calculo confirmando inseruiet) prodibit i'. Ambiguitas, vtrum $\tfrac{1}{2}(☊'+\Delta)$ et $\tfrac{1}{2}(☊'-\Delta)$ inter 0 et 180° vel inter 180° et 360° accipere oporteat, ita tolletur, vt tum $\sin\tfrac{1}{2}i'$ tum $\cos\tfrac{1}{2}i'$ fiant positiui, quoniam per rei naturam i' infra 180° cadere debet.

56.

Praecepta praecedentia exemplo illustrauisse haud inutile erit. Sit ☊ $= 172^\circ\, 28'\, 13''\,7$, $i = 34^\circ\, 38'\, 1''\,1$; porro sit planum nouum aequatori parallelum, adeoque $n = 180^\circ$; angulum ε, qui erit obliquitas eclipticae, statuimus $= 23^\circ\, 27'\, 55''\,8$. Habemus itaque

☊ $-n = -\,7^\circ\, 51'\, 46''\,3$	$\tfrac{1}{2}$(☊ $-n) = -\,3^\circ\, 45'\, 53''\,15$
$i+\varepsilon = 58\;\; 5\;\; 56,9$	$\tfrac{1}{2}(i+\varepsilon) = 29\;\; 2\;\; 58,45$
$i-\varepsilon = 11\;\; 10\;\; 5,3$	$\tfrac{1}{2}(i-\varepsilon) = 5\;\; 35\;\; 2,65$
$\log\sin\tfrac{1}{2}$(☊ $-n$)...8,8173026 n	$\log\cos\tfrac{1}{2}$(☊ $-n$)......9,9990618
$\log\sin\tfrac{1}{2}(i+\varepsilon)$......9,6862484	$\log\sin\tfrac{1}{2}(i-\varepsilon)$......8,9881405
$\log\cos\tfrac{1}{2}(i+\varepsilon)$......9,9416108	$\log\cos\tfrac{1}{2}(i-\varepsilon)$......9,9979342

Hinc fit

$\log \sin \frac{1}{2} i' \sin \frac{1}{2}(\Omega' + \Delta) \ldots 8{,}5035510\, n$

$\log \sin \frac{1}{2} i' \cos \frac{1}{2}(\Omega' + \Delta) \ldots 8{,}9872023$

vnde $\frac{1}{2}(\Omega + \Delta) = 341^\circ\, 49'\, 19''\, 01$

$\log \sin \frac{1}{2} i' \ldots\ldots 9{,}0094368$

$\log \cos \frac{1}{2} i' \sin \frac{1}{2}(\Omega - \Delta) \ldots 8{,}7589134\, n$

$\log \cos \frac{1}{2} i' \cos \frac{1}{2}(\Omega' - \Delta) \ldots 9{,}9969960$

vnde $\frac{1}{2}(\Omega' - \Delta) = 356^\circ\, 41'\, 31''\, 43$

$\log \cos \frac{1}{2} i' \ldots\ldots\ldots 9{,}9977202$

Obtinemus itaque $\frac{1}{2} i' = 5^\circ\, 51'\, 56''\, 445$, $i' = 11^\circ\, 43'\, 52''\, 89$, $\Omega' = 338^\circ\, 30'\, 50''\, 43$, $\Delta = -14^\circ\, 52'\, 12''\, 42$. Ceterum punctum n in sphaera coelesti manifesto respondet aequinoctio autumnali; quocirca distantia nodi ascendentis orbitae in aequatore ab aequinoctio vernali (eius *rectascensio*) erit $158^\circ\, 30'\, 50''\, 43$.

Ad illustrationem art. 53 hoc exemplum adhuc vlterius continuabimus, formulasque pro coordinatis respectu trium planorum per Solem transeuntium euoluemus, quorum vnum aequatori parallelum sit, duorumque reliquorum poli positiui in ascensione recta 0° et 90° sint siti: distantiae ab his planis sint resp. z, x, y. Iam si insuper distantia loci heliocentrici in sphaera coelesti a punctis Ω, Ω' resp. denotetur per u, u', fiet $u' = u - \Delta = u + 14^\circ\, 52'\, 12''\, 42$, et quae in art. 53 per i, $N - \Omega$, u exprimebantur, hic erunt i', $180^\circ - \Omega'$, u'. Sic per formulas illic datas prodit

$\log a \sin A \ldots\ldots 9{,}9687197\, n$

$\log a \cos A \ldots\ldots 9{,}5546380\, n$

vnde $A = 248^\circ\, 55'\, 22''\, 97$

$\log a \ldots\ldots\ldots\ldots 9{,}9987923$

$\log b \sin B \ldots\ldots 9{,}5638058$

$\log b \cos B \ldots\ldots 9{,}9595519\, n$

vnde $B = 158^\circ\, 5'\, 54''\, 97$

$\log b \ldots\ldots\ldots\ldots 9{,}9920848$

Habemus itaque

$$x = ar \sin(u' + 248^\circ\, 55'\, 22''\, 97) = ar \sin(u + 263^\circ\, 47'\, 35''\, 39)$$

$$y = br \sin(u' + 158\;\; 5\;\; 54{,}97) = br \sin(u + 172\;\; 58\;\; 7''\, 59)$$

$$z = cr \sin u' = cr \sin(u + \;\; 14\;\; 52\;\; 12{,}42)$$

vbi $\log c = \log \sin i' = 9{,}3081870$.

Alia solutio problematis hic tractati inuenitur in *Von Zach Monatliche Correspondenz* B. IX. S. 385.

57.

Corporis itaque coelestis distantia a quouis plano per Solem transeunte reduci poterit ad formam $kr \sin(v + K)$, designante v anomaliam veram, eritque k sinus inclinationis orbitae ad hoc planum, K distantia perihelii a nodo ascendente orbitae in eodem plano. Quatenus situs plani orbitae, lineaeque apsidum in eo, nec non situs plani ad quod distantiae referuntur pro constantibus haberi possunt, etiam k et K constantes erunt. Frequentius tamen illa methodus in tali casu in vsum vocabitur, vbi tertia saltem suppositio non permittitur, etiamsi perturbationes negligantur, quae primam atque secundam semper aliquatenus afficiunt. Illud euenit, quoties distantiae referuntur ad aequatorem, siue ad planum aequatorem sub angulo recto in rectascensione data secans: quum enim situs aequatoris propter praecessionem aequinoctiorum insuperque propter nutationem (siquidem de vero non de medio situ sermo fuerit) mutabilis sit, in hoc casu etiam k et K mutationibus, lentis vtique, obnoxiae erunt. Computus harum mutationum per formulas differentiales absque difficultate eruendas absolui potest: hic vero breuitatis caussa sufficiat, variationes differentiales ipsarum i, Ω', Δ apposuisse, quatenus a variationibus ipsarum $\Omega - n$ atque ε pendent.

$$\mathrm{d}i' = \sin\varepsilon \sin\Omega' \mathrm{d}(\Omega - n) - \cos\Omega' \mathrm{d}\varepsilon$$

$$\mathrm{d}\Omega' = \frac{\sin i \cos\Delta}{\sin i'} \mathrm{d}(\Omega - n) + \frac{\sin\Omega'}{\tan i'} \mathrm{d}\varepsilon$$

$$\mathrm{d}\Delta = \frac{\sin\varepsilon \cos\Omega'}{\sin i'} \mathrm{d}(\Omega - n) + \frac{\sin\Omega'}{\sin i'} \mathrm{d}\varepsilon$$

Ceterum quoties id tantum agitur, vt plures corporis coelestis loci respectu talium planorum mutabilium calculentur, qui temporis interuallum mediocre complectuntur (e. g. vnum annum), plerumque commodissimum erit, quantitates a, A, b, B, c, C pro duabus epochis intra quas illa cadunt reipsa calculare, ipsarumque mutationes pro singulis temporibus propositis ex illis per simplicem interpolationem eruere.

58.

Formulae nostrae pro distantiis a planis datis inuoluunt v et r: quoties has quantitates e tempore prius determinare oportet, partem operationum adhuc contrahere, atque sic laborem notabiliter alleuare licebit. Deriuari enim possunt illae distantiae per formulam persimplicem statim ex anomalia excentrica in ellipsi, vel e quantitate auxiliari F aut u in hyperbola, ita vt computo anomaliae verae radiique vectoris plane non sit opus. Mutatur scilicet expressio $kr\sin(v+K)$

I. *pro ellipsi*, retentis characteribus art. 8, in

$$ak\cos\varphi \cos K \sin E + ak\sin K(\cos E - e)$$

Determinando itaque l, L, λ per aequationes

$$ak \sin K = l \sin L$$
$$ak \cos\varphi \cos K = l \cos L$$
$$-eak \sin K = -el \sin L = \lambda$$

expressio nostra transit in $l \sin(E+L)+\lambda$, vbi l, L, λ constantes erunt, quatenus k, K, e pro constantibus habere licet; sin minus, de illarum mutationibus computandis eadem valebunt, quae in art. praec. monuimus.

Exempli caussa transformationem expressionis pro x in art. 56 inuenti apponimus, vbi longitudinem perihelii $= 121°17'34''4$, $\varphi = 14°13'31''97$, $\log a = 0,4423790$ statuimus. Fit igitur distantia perihelii a nodo ascendente in ecliptica $= 308°49'20''7 = u - v$; hinc $K = 212°36'56''09$. Habemus itaque

$\log ak$..............0,4411713	$\log l \sin L$......0,1727600 n
$\log \sin K$..........9,7315887 n	$\log l \cos L$......0,3531154 n
$\log ak \cos\varphi$......0,4276456	vnde $L = 213°25'51''30$
$\log \cos K$.........9,9254698 n	$\log l$ = 0,4316627
	$\log \lambda$ = 9,5632352
	λ = + 0,3657929

II. In hyperbola formula $kr \sin(v+K)$ secundum art. 21 transit in $\lambda + \mu \operatorname{tang} F + \nu \operatorname{secans} F$, si statuitur $ebk \sin K = \lambda$, $bk \operatorname{tang}\psi \cos K = \mu$, $-bk \sin K = \nu$; manifesto eandem expressionem etiam sub formam $\frac{n \sin(F+N)+\nu}{\cos F}$ reducere licet, Si loco ipsius F quantitas auxiliaris u adhibita est, expressio $kr \sin(v+K)$ per art. 21 transibit in $\alpha + \beta u + \frac{\gamma}{u}$, vbi α, β, γ determinantur per formulas

$$\alpha = \lambda = ebk \sin K$$
$$\beta = \tfrac{1}{2}(\nu+\mu) = -\tfrac{1}{2} ebk \sin(K-\psi)$$
$$\gamma = \tfrac{1}{2}(\nu-\mu) = -\tfrac{1}{2} ebk \sin(K+\psi)$$

III. In parabola, vbi anomalia vera e tempore immediate deriuatur, nihil aliud supererit, nisi vt pro radio vectore valor suus substituatur. Denotando itaque distantiam in perihelio per q, expressio $kr \sin(v+K)$ fit $= \frac{qk \sin(v+K)}{\cos \frac{1}{2} v^2}$.

59.

Praecepta pro determinandis distantiis a planis per Solem transeuntibus manifesto etiam ad distantias terrae applicare licet: hic vero simplicissimi tantum casus occurrere solent. Sit R distantia terrae a Sole, L longitudo heliocentrica terrae (quae 180° a longitudine geocentrica Solis differt), denique X, Y, Z distantiae terrae a tribus planis in Sole sub angulis rectis se secantibus. Iam si

I. Planum ipsarum Z est ipsa ecliptica, longitudinesque polorum planorum reliquorum, a quibus distantiae sunt X, Y, resp. N et $N+90°$: erit

$$X = R\cos(L-N),\quad Y = R\sin(L-N),\quad Z = 0.$$

II. Si planum ipsarum Z aequatori parallelum est, atque rectascensiones polorum planorum reliquorum, a quibus distantiae sunt X, Y, resp. 0 et 90°, habebimus, obliquitate eclipticae per ε designata

$$X = R\cos L,\quad Y = R\cos\varepsilon\sin L,\quad Z = R\sin\varepsilon\sin L.$$

Tabularum solarium recentissimarum editores, clarr. de Zach et de Lambre, latitudinis Solis rationem habere coeperunt, quae quantitas a perturbationibus reliquorum planetarum atque lunae producta vix vnum minutum secundum attingere potest. Designando latitudinem heliocentricam terrae, quae latitudini Solis semper aequalis sed signo opposito affecta erit, per B, habebimus:

in casu I.	in casu II.
$X = R\cos B\cos(L-N)$	$X = R\cos B\cos L$
$Y = R\cos B\sin(L-N)$	$Y = R\cos B\cos\varepsilon\sin L - R\sin B\sin\varepsilon$
$Z = R\sin B$	$Z = R\cos B\sin\varepsilon\sin L + R\sin B\cos\varepsilon$

Pro $\cos B$ hic semper tuto substitui poterit 1, angulusque B in partibus radii expressus pro $\sin B$.

Coordinatae ita inuentae ad *centrum* terrae referuntur: si ξ, η, ζ sunt distantiae puncti cuiuslibet in terrae *superficie* a tribus planis per centrum terrae ductis iisque quae per Solem ducta erant parallelis, distantiae illius puncti a planis per Solem transeuntibus manifesto erunt $X+\xi$, $Y+\eta$, $Z+\zeta$, valores coordinatarum ξ, η, ζ autem pro vtroque casu facile determinantur sequenti modo. Sit ϱ radius globi terrestris (siue sinus parallaxis horizontalis mediae Solis) λ longitudo puncti sphaerae coelestis, vbi recta a terrae centro ad punctum superficiei ductum proiicitur, β eiusdem latitudo, α ascensio recta, δ declinatio, eritque

in casu I.	in casu II.
$\xi = \varrho\cos\beta\cos(\lambda-N)$	$\xi = \varrho\cos\delta\cos\alpha$
$\eta = \varrho\cos\beta\sin(\lambda-N)$	$\eta = \varrho\cos\delta\sin\alpha$
$\zeta = \varrho\sin\beta$	$\zeta = \varrho\sin\delta$

Punctum illud sphaerae coelestis manifesto respondet ipsi zenith loci in superficie (siquidem terra tamquam sphaera spectatur), quocirca ipsius ascensio recta conueniet cum ascensione recta medii coeli siue cum tempore siderali in gradus conuerso, declinatio autem cum eleuatione poli; si operae pretium esset, figurae terrestris sphaeroidicae rationem habere, pro δ eleuationem poli *correctam*, atque pro ϱ distantiam veram loci a centro terrae accipere oporteret, quae per regulas notas eruuntur. Ex α et δ longitudo et latitudo λ et β per regulas notas infra quoque tradendas deducentur; ceterum patet, λ conuenire cum longitudine *nonagesimi*, atque $90° - \beta$ cum eiusdem altitudine.

60

Designantibus x, y, z distantias corporis coelestis a tribus planis in Sole sub angulis rectis se secantibus; X, Y, Z distantias terrae (siue centri siue puncti in superficie) ab iisdem planis: patet, $x - X$, $y - Y$, $z - Z$ fore distantias corporis coelestis a tribus planis illis parallele per terram ductis, hasque distantias ad distantiam corporis a terra ipsiusque *locum geocentricum* *), i. e. situm proiectionis rectae a terra ad ipsum ductae in sphaera coelesti, relationem eandem habituras, quam x, y, z habent ad distantiam a Sole locumque heliocentricum. Sit Δ distantia corporis coelestis a terra; concipiatur in sphaera coelesti perpendiculum a loco geocentrico ad circulum maximum, qui respondet plano distantiarum z, demissum, sitque a distantia intersectionis a polo positiuo circuli maximi, qui respondet plano ipsarum x, denique sit b longitudo ipsius perpendiculi siue distantia loci geocentrici a circulo maximo distantiis z respondente. Tunc erit b latitudo aut declinatio geocentrica, prout planum distantiarum z est ecliptica aut aequator contra $a + N$ longitudo seu ascensio recta geocentrica, si N designat in casu priori longitudinem in posteriori ascensionem rectam poli plani distantiarum x. Quamobrem erit

$$x - X = \Delta \cos b \cos a$$
$$y - Y = \Delta \cos b \sin a$$
$$z - Z = \Delta \sin b$$

Duae priores aequationes dabunt a atque $\Delta \cos b$; quantitas posterior (quam positiuam fieri oportet) cum aequatione tertia combinata dabit b atque Δ.

---

*) In sensu latiori: proprie enim haec expressio ad eum casum refertur, vbi recta e terrae *centro* ducitur.

61.

Tradidimus in praecedentibus methodum facillimam, corporis coelestis locum geocentricum respectu eclipticae seu aequatoris, a parallaxi liberum siue ea affectum, ac perinde a nutatione liberum seu ea affectum determinandi. Quod enim attinet ad nutationem, omnis differentia in eo versabitur, vtrum aequatoris positionem mediam adoptemus an veram, adeoque, in casu priori longitudines ab aequinoctio medio, in posteriori a vero numeremus, sicuti in casu illo eclipticae obliquitas media, in hoc vera adhibenda est. Ceterum sponte elucet, quo plures abbreuiationes in calculo coordinatarum introducantur, eo plures operationes praeliminares esse instituendas: quamobrem praestantia methodi supra explicatae, coordinatas immediate ex anomalia excentrica deducendi, tunc potissimum se manifestabit, vbi multos locos geocentricos determinare oportet: contra quoties vnus tantum locus computandus esset, aut perpauci, neutiquam operae pretium foret, laborem tot quantitates auxiliares calculandi suscipere. Quin potius in tali casu methodum vulgarem haud deserere praestabit, secundum quam ex anomalia excentrica deducitur vera atque radius vector; hinc locus heliocentricus respectu eclipticae; hinc longitudo et latitudo geocentrica, atque hinc tandem rectascensio et declinatio. Ne quid igitur hic deesse videatur, duas vltimas operationes adhuc breuiter explicabimus.

62.

Sit corporis coelestis longitudo heliocentrica λ, latitudo β; longitudo geocentrica l, latitudo b, distantia a Sole r, a terra Δ; denique terrae longitudo heliocentrica L, latitudo B, distantia a Sole R. Quum non statuamus $B = 0$, formulae nostrae ad eum quoque casum applicari poterunt, vbi loci heliocentrici et geocentricus non ad eclipticam sed ad quoduis aliud planum referuntur, modo denominationes longitudinis et latitudinis supprimere oportebit: praeterea parallaxeos ratio statim haberi potest, si modo locus heliocentricus terrae non ad centrum sed ad locum in superficie immediate refertur. Statuamus porro $r\cos\beta = r'$, $\Delta\cos b = \Delta'$, $R\cos B = R'$. Iam referendo locum corporis coelestis atque terrae in spatio ad tria plana, quorum vnum sit ecliptica, secundumque et tertium polos suos habeant in longitudine N et $N + 90°$, protinus emergent aequationes sequentes:

$$r'\cos(\lambda - N) - R'\cos(L - N) = \Delta'\cos(l - N)$$
$$r'\sin(\lambda - N) - R'\sin(L - N) = \Delta'\sin(l - N)$$
$$r'\tang\beta - R'\tang B = \Delta'\tang b$$

vbi angulus N omnino arbitrarius est. Aequatio prima et secunda statim determinabunt $l-N$ atque Δ', vnde et ex tertia demanabit b; ex b et Δ' habebis Δ. Iam vt labor calculi quam commodissimus euadat, angulum arbitrarium N tribus modis sequentibus determinamus:

I. Statuendo $N=L$, faciemus $\frac{r'}{R'}\sin(\lambda-L)=P$, $\frac{r'}{R'}\cos(\lambda-L)-1=Q$, inuenienturque $l-L$, $\frac{\Delta'}{R'}$ atque b per formulas

$$\tang(l-L)=\frac{P}{Q}$$

$$\frac{\Delta'}{R'}=\frac{P}{\sin(l-L)}=\frac{Q}{\cos(l-L)}$$

$$\tang b=\frac{\frac{r'}{R'}\tang\beta-\tang B}{\frac{\Delta'}{R'}}$$

II. Statuendo $N=\lambda$, faciemus $\frac{R'}{r'}\sin(\lambda-L)=P$, $1-\frac{R'}{r'}\cos(\lambda-L)=Q$, eritque

$$\tang(l-\lambda)=\frac{P}{Q}$$

$$\frac{\Delta'}{r'}=\frac{P}{\sin(l-\lambda)}=\frac{Q}{\cos(l-\lambda)}$$

$$\tang b=\frac{\tang\beta-\frac{R'}{r'}\tang B}{\frac{\Delta'}{r'}}$$

III. Statuendo $N=\frac{1}{2}(\lambda+L)$, inuenientur l atque Δ' per aequationes

$$\tang\left(l-\tfrac{1}{2}(\lambda+L)\right)=\frac{r'+R'}{r'-R'}\tang\tfrac{1}{2}(\lambda-L)$$

$$\Delta'=\frac{(r'+R')\sin\frac{1}{2}(\lambda-L)}{\sin\left(l-\frac{1}{2}(\lambda+L)\right)}=\frac{(r'-R')\cos\frac{1}{2}(\lambda-L)}{\cos\left(l-\frac{1}{2}(\lambda+L)\right)}$$

ac dein b per aequationem supra datam. Logarithmus fractionis $\frac{r'+R'}{r'-R'}$ commode calculatur, si statuitur $\frac{R'}{r'}=\tang\zeta$, vnde fit $\frac{r'+R'}{r-R'}=\tang(45°+\zeta)$. Hoc modo methodus III ad determinationem ipsius l aliquanto breuior est, quam I et II, ad operationes reliquas autem has illi praeferendas censemus.

63.

Exempli caussa calculum in art. 51 vsque ad locum heliocentricum productum vlterius continuamus. Respondeat illi loco longitudo heliocentrica terrae $24°19'49''05 = L$, atque $\log R = 9{,}9980979$; latitudinem B statuimus $= 0$. Habemus itaque $\lambda - L = -17°24'20''07$, $\log R' = \log R$, adeoque secundum methodum II,

$\log \frac{R'}{r'}$ .... 9,6729813 $\qquad$ $\log(1-Q)$ 9,6526258

$\log\sin(\lambda - L)$ ...... 9,4758653 n $\qquad$ $1 - Q = 0{,}4493925$

$\log\cos(\lambda - L)$ ...... 9,9796445 $\qquad$ $Q = 0{,}5506075$

$\log P$ .... 9,1488466 n

$\log Q$ 9,7408421

Hinc $l - \lambda = -14°21'6''75$ $\qquad$ vnde $l = 352°34'22''23$

$\log \frac{\Delta'}{r'}$ .... 9,7546117 $\qquad$ vnde $\log \Delta'$ ... 0,0797283

$\log\operatorname{tang}\beta$ .... 8,8020996 n $\qquad$ $\log\cos b$ 9,9973144

$\log\operatorname{tang} b$ .... 9,0474879 n $\qquad$ $\log \Delta$ 0,0824139

$b = -6°21'55''07$

Secundum methodum III ex $\log\operatorname{tang}\zeta = 9{,}6729813$ habetur $\zeta = 25°13'6''31$, adeoque

$\log\operatorname{tang}(45° + \zeta)$ 0,4441091

$\log\operatorname{tang}\frac{1}{2}(\lambda - L)$ .... 9,1848958 n

$\log\operatorname{tang}(l - \frac{1}{2}\lambda - \frac{1}{2}L)$ ... 8,6290029 n

$$\left.\begin{array}{l} l - \frac{1}{2}\lambda - \frac{1}{2}L = -23°3'16''79 \\ \frac{1}{2}\lambda + \frac{1}{2}L = \quad 15\;37\;39{,}015 \end{array}\right\} \text{ vnde } l = 352°34'22''225$$

64.

Circa problema art. 62 sequentes adhuc obseruationes adiicimus.

I. Statuendo in aequatione secunda illic tradita $N = \lambda$, $N = L$, $N = l$, prodit $R'\sin(\lambda - L) = \Delta'\sin(l - \lambda)$; $r'\sin(\lambda - L) = \Delta'\sin(l - L)$; $r'\sin(l - \lambda) = R'\sin(l - L)$; aequatio prima aut secunda commode ad calculi confirmationem applicatur, si methodus I aut II. art. 62 adhibita est. Ita habetur in exemplo nostro

$\log\sin(\lambda - L)$ ...... 9,4758653 n $\qquad$ $l - L = -31°45'26''82$

$\log \frac{\Delta'}{r'}$ 9,7546117

9,7212536 n

$\log\sin(l - L)$ .... 9,7212536 n

II. Sol duoque in plano eclipticae puncta, quae sunt proiectiones loci corporis coelestis atque loci terrae, triangulum planum formant, cuius latera sunt Δ', R', r', angulique oppositi vel $\lambda - L$, $l - \lambda$, $180° - l + L$, vel $L - \lambda$, $\lambda - l$, $180° - L + l$: ex hoc principio relationes in I traditae sponte sequuntur.

III. Sol, locus verus corporis coelestis in spatio, locusque verus terrae aliud triangulum formabunt, cuius latera erunt Δ, R, r: angulis itaque his resp. oppositis per S, T, $180° - S - T$ denotatis, erit $\frac{\sin S}{\Delta} = \frac{\sin T}{R} = \frac{\sin(S+T)}{r}$. Planum huius trianguli in sphaera coelesti circulum maximum proiiciet, in quo locus heliocentricus terrae, locus heliocentricus corporis coelestis eiusdemque locus geocentricus siti erunt, et quidem ita vt distantia secundi a primo, tertii a secundo, tertii a primo, secundum eandem directionem numeratae, resp. sint S, T, $S+T$.

IV. Vel ex notis variationibus differentialibus partium trianguli plani, vel aeque facile e formulis art. 62 sequentes aequationes differentiales deriuantur:

$$\mathrm{d}l = \frac{r'\cos(\lambda - l)}{\Delta'}\mathrm{d}\lambda + \frac{\sin(\lambda - l)}{\Delta'}\mathrm{d}r'$$

$$\mathrm{d}\Delta' = -r'\sin(\lambda - l)\,\mathrm{d}\lambda + \cos(\lambda - l)\,\mathrm{d}r'$$

$$\mathrm{d}b = \frac{r'\cos b \sin b \sin(\lambda - l)}{\Delta'}\mathrm{d}\lambda + \frac{r'\cos b^2}{\Delta'\cos\beta^2}\mathrm{d}\beta + \frac{\cos b^2}{\Delta'}(\operatorname{tang}\beta - \cos(\lambda - l)\operatorname{tang} b)\,\mathrm{d}r'$$

vbi partes quae continent $\mathrm{d}r'$, $\mathrm{d}\Delta'$ per 206265 sunt multiplicandae, vel reliquae per 206265 diuidendae, si mutationes angulorum in minutis secundis exprimuntur.

V. Problema inuersum, scilicet determinatio loci heliocentrici e geocentrico problemati supra euoluto prorsus analogum est, quamobrem superfluum foret, illi amplius inhaerere. Omnes enim formulae art. 62 etiam pro illo problemate valent, si modo omnibus quantitatibus quae ad locum corporis coelestis geocentricum spectant cum analogis iis quae ad geocentricum referuntur permutatis, pro L, B resp. substituitur $L + 180°$, $-B$, siue quod idem est pro loco heliocentrico terrae geocentricus solis accipitur.

65.

Etiamsi in eo casu, vbi ex elementis datis paucissimi tantum loci geocentrici sunt determinandi, omnia artificia supra tradita, per quae ab anomalia excentrica statim ad longitudinem et latitudinem geocentricam, vel adeo ad rectascensionem et declinationem, transire licet, in vsum vocare vix operae pretium sit, quoniam compendia inde demanantia a multitudine quantitatum auxiliarium antea computandarum absorberentur: semper tamen contractio reductionis ad eclipticam cum calculo longitudinis et latitudinis geocentricae lucrum haud spernendum praestabit. Si enim pro plano coordinatarum z assumitur ipsa ecliptica, poli antem planorum coordinatarum x, y collocantur in longitudine Ω, $90°+\Omega$, coordinatae facillime absque vlla quantitatum auxiliarium necessitate determinantur. Habetur scilicet

$x = r\cos u$	$X = R'\cos(L-\Omega)$	$x - X = \Delta'\cos(l-\Omega)$
$y = r\cos i\sin u$	$Y = R'\sin(L-\Omega)$	$y - Y = \Delta'\sin(l-\Omega)$
$z = r\sin i\sin u$	$Z = R'\operatorname{tang} B$	$z - Z = \Delta'\operatorname{tang} b$

Quoties $B = 0$, est $R' = R$, $Z = 0$. Secundum has formulas exemplum nostrum numeris sequentibus absoluitur: $L - \Omega = 213° 12' 0'' 52$

$\log r$	0,3259877	$\log R'$	9,9980979
$\log\cos u$	9,9824141 n	$\log\cos(L-\Omega)$	9,9226027 n
$\log\sin u$	9,4454714 n	$\log\sin(L-\Omega)$	9,7384353 n
$\log x$	0,3084018 n	$\log X$	9,9207006 n
$\log r\sin u$	9,7714591 n		
$\log\cos i$	9,9885266		
$\log\sin i$	9,3557570		
$\log y$	9,7599857 n	$\log Y$	9,7365332 n
$\log z$	9,1272161 n	$Z =$	0

Hinc fit

$\log(x-X)$	0,0795906 n		
$\log(y-Y)$	8,4807165 n		
vnde $(l-\Omega) = 181°26'33''49$		$l =$	$352°54'22''22$
$\log\Delta'$	0,0797283		
$\log\operatorname{tang} b$	9,0474878 n	$b =$	$-6\ 21\ 55{,}06$

66.

E longitudine et latitudine puncti cuiusuis in sphaera coelesti eius rectascensio et declinatio deriuantur per solutionem trianguli sphaerici, quod ab illo puncto polisque arcticis eclipticae et aequatoris formatur. Sit ε obliquitas eclipticae, l longitudo, b latitudo, α ascensio recta, δ declinatio, eruntque trianguli latera ε, $90° - b$, $90° - \delta$; pro angulis lateri secundo et tertio oppositis accipere licebit $90° + \alpha$, $90° - l$ (siquidem trianguli sphaerici ideam maxima generalitate concipimus); angulum tertium lateri ε oppositum statuemus $= 90^\circ - E$. Habebimus itaque per formulas art. 54.

$$\sin(45^\circ - \tfrac{1}{2}\delta)\sin\tfrac{1}{2}(E+\alpha) = \sin(45^\circ + \tfrac{1}{2}l)\sin\left(45^\circ - \tfrac{1}{2}(\varepsilon + b)\right)$$

$$\sin(45^\circ - \tfrac{1}{2}\delta)\cos\tfrac{1}{2}(E+\alpha) = \cos(45^\circ + \tfrac{1}{2}l)\cos\left(45^\circ - \tfrac{1}{2}(\varepsilon - b)\right)$$

$$\cos(45^\circ - \tfrac{1}{2}\delta)\sin\tfrac{1}{2}(E-\alpha) = \cos(45^\circ + \tfrac{1}{2}l)\sin\left(45^\circ - \tfrac{1}{2}(\varepsilon - \quad)\right)$$

$$\cos(45^\circ - \tfrac{1}{2}\delta)\cos\tfrac{1}{2}(E-\alpha) = \sin(45^\circ + \tfrac{1}{2}l)\cos\left(45^\circ - \tfrac{1}{2}(\varepsilon + b)\right)$$

Aequationes duae primae dabunt $\tfrac{1}{2}(E+\alpha)$ atque $\sin(45^\circ - \tfrac{1}{2}\delta)$; duae vltimae $\tfrac{1}{2}(E-\alpha)$ atque $\cos(45^\circ - \tfrac{1}{2}\delta)$; ex $\tfrac{1}{2}(E+\alpha)$ et $\tfrac{1}{2}(E-\alpha)$ habebitur α simulque E; ex $\sin(45^\circ - \tfrac{1}{2}\delta)$ aut $\cos(45^\circ - \tfrac{1}{2}\delta)$, quorum consensus calculo confirmando inseruiet, determinabitur $45^\circ - \tfrac{1}{2}\delta$ atque hinc δ. Determinatio angulorum $\tfrac{1}{2}(E+\alpha)$, $\tfrac{1}{2}(E-\alpha)$ per tangentes suos ambiguitati non est obnoxia, quoniam tum sinus tum cosinus anguli $45^\circ - \tfrac{1}{2}\delta$ positiuus euadere debet.

Mutationes differentiales quantitatum α, δ e mutationibus ipsarum l, b secundum principia nota ita inueniuntur:

$$d\alpha = \frac{\sin E\cos b}{\cos\delta}dl - \frac{\cos E}{\cos\delta}db$$

$$d\delta = \cos E\cos b\, dl + \sin E\, db$$

67.

Methodus alia, problema art. praec. soluendi, ex aequationibus

$$\cos\varepsilon\sin l = \sin\varepsilon\,\mathrm{tang}\, b + \cos l\,\mathrm{tang}\,\alpha$$

$$\sin\delta = \cos\varepsilon\sin b + \sin\varepsilon\cos b\sin l$$

$$\cos b\cos l = \cos\alpha\cos\delta$$

petitur. Determinetur angulus auxiliaris θ per aequationem

$$\mathrm{tang}\,\theta = \frac{\mathrm{tang}\, b}{\sin l}, \text{ eritque}$$

$$\mathrm{tang}\,\alpha = \frac{\cos(\varepsilon+\theta)\,\mathrm{tang}\, l}{\cos\theta}$$

$$\mathrm{tang}\,\delta = \sin\alpha\,\mathrm{tang}(\varepsilon+\theta)$$

quibus aequationibus ad calculi confirmationem adiici potest

$$\cos\delta = \frac{\cos b\cos l}{\cos\alpha} \text{ siue } \cos\delta = \frac{\cos(\varepsilon+\theta)\cos b\sin l}{\cos\theta\sin\alpha}$$

Ambiguitas in determinatione ipsius α per aequ. secundam eo tollitur, quod $\cos\alpha$ et $\cos l$ eadem signa habere debent.

Haec methodus minus expedita est, si praeter α et δ etiam E desideratur: formula commodissima ad hunc angulum determinandum tunc erit $\cos E = \frac{\sin\varepsilon\cos\alpha}{\cos b}$ $= \frac{\sin\varepsilon\cos l}{\cos\delta}$. Sed per hanc formulam E accurate computari nequit, quoties $\pm\cos E$ parum ab vnitate differt; praeterea ambiguitas remanet, vtrum E inter 0 et 180° an inter 180° et 360° accipere oporteat. Incommodum prius raro vllius momenti est, praesertim, quum ad computandas rationes differentiales vltima praecisio in valore ipsius E non requiratur: ambiguitas vero illa adiumento aequationis $\cos b\cos\delta\sin E = \cos\varepsilon - \sin b\sin\delta$ facile tollitur, quae ostendit E inter 0 et 180°, vel inter 180° et 360° accipi debere, prout $\cos\varepsilon$ maior fuerit vel minor quam $\sin b\sin\delta$: manifesto hoc examen ne necessarium quidem est, quoties alteruter angulorum b, δ limitem 66° 32′ non egreditur: tunc enim $\sin E$ semper fiet positiuus. Ceterum eadem aequatio in casu supra addigitato ad determinationem exactiorem ipsius E, si operae pretium videtur, adhiberi poterit.

68.

Solutio problematis inuersi, puta determinatio longitudinis et latitudinis ex ascensione recta et declinatione, eidem triangulo sphaerico superstruitur: formulae itaque supra traditae huic fini accommodabuntur per solam permutationem ipsius b cum δ, ipsiusque l cum $-\alpha$. Etiam has formulas, propter vsum frequentem, hic apposuisse haud pigebit:

Secundum methodum art. 66 habemus

$$\sin(45° - \tfrac{1}{2}b)\sin\tfrac{1}{2}(E - l) = \cos(45° + \tfrac{1}{2}\alpha)\sin(45° - \tfrac{1}{2}(\varepsilon + \delta))$$

$$\sin(45° - \tfrac{1}{2}b)\cos\tfrac{1}{2}(E - l) = \sin(45° + \tfrac{1}{2}\alpha)\cos(45° - \tfrac{1}{2}(\varepsilon - \delta))$$

$$\cos(45° - \tfrac{1}{2}b)\sin\tfrac{1}{2}(E + l) = \sin(45° + \tfrac{1}{2}\alpha)\sin(45° - \tfrac{1}{2}(\varepsilon - \delta))$$

$$\cos(45° - \tfrac{1}{2}b)\cos\tfrac{1}{2}(E + l) = \cos(45° + \tfrac{1}{2}\alpha)\cos(45° - \tfrac{1}{2}(\varepsilon + \delta))$$

Contra ad instar methodi alterius art. 67 determinabimus angulum auxiliarem ζ per aequationem

$$\tang\zeta = \frac{\tang\delta}{\sin\alpha}, \text{ eritque}$$

$$\tang l = \frac{\cos(\zeta - \varepsilon)\tang\alpha}{\cos\zeta}$$

$$\tang b = \sin l\,\tang(\zeta - \varepsilon)$$

Ad calculi confirmationem adiungi poterit

$$\cos b = \frac{\cos\delta\cos\alpha}{\cos l} = \frac{\cos(\zeta-\varepsilon)\cos\delta\sin\alpha}{\cos\theta\sin l}$$

Pro determinatione ipsius E inseruient perinde vt in art. praec. aequationes

$$\cos E = \frac{\sin\varepsilon\cos\alpha}{\cos b} = \frac{\sin\varepsilon\cos l}{\cos\delta}$$

$$\cos b\cos\delta\sin E = \cos\varepsilon - \sin b\sin\delta$$

Variationes differentiales ipsarum l, b hisce formulis exhibebuntur:

$$\mathrm{d}l = \frac{\sin E\cos\delta}{\cos b}\mathrm{d}\alpha + \frac{\cos E}{\cos b}\mathrm{d}\delta$$

$$\mathrm{d}b = -\cos E\cos\delta\,\mathrm{d}\alpha + \sin E\,\mathrm{d}\delta$$

69.

Exempli caussa ex ascensione recta $355°\,43'\,45''\,30 = \alpha$, declinatione $-8°\,47'\,25'' = \delta$, obliquitate eclipticae $23°\,27'\,59''\,26 = \varepsilon$ longitudinem et latitudinem computabimus. Est igitur $45° + \frac{1}{2}\alpha = 222°\,51'\,52''\,65$, $45° - \frac{1}{2}(\varepsilon+\delta) = 37°\,39'\,42''\,87$, $45° - \frac{1}{2}(\varepsilon-\delta) = 28°\,52'\,17''\,87$; hinc porro

$\log\cos(45°+\frac{1}{2}\alpha)$ .... 9,8650820 n $\log\sin(45°+\frac{1}{2}\alpha)$ .... 9,8326803 n

$\log\sin(45°-\frac{1}{2}(\varepsilon+\delta))$ ...... 9,7860418 $\log\sin(45°-\frac{1}{2}(\varepsilon-\delta))$ 9,6838112

$\log\cos(45°-\frac{1}{2}(\varepsilon+\delta))$ ...... 9,8985222 $\log\cos(45°-\frac{1}{2}(\varepsilon-\delta))$ 9,9423572

$\log\sin(45°-\frac{1}{2}b)\sin\frac{1}{2}(E-l)$ .... 9,6511238 n

$\log\sin(45°-\frac{1}{2}b)\cos\frac{1}{2}(E-l)$ .... 9,7750375 n

vnde $\frac{1}{2}(E-l) = 216°\,56'\,5''\,39$; $\log\sin(45°-\frac{1}{2}b) = 9{,}8725171$

$\log\cos(45°-\frac{1}{2}b)\sin\frac{1}{2}(E+l)$ .... 9,5164915 n

$\log\cos(45°-\frac{1}{2}b)\cos\frac{1}{2}(E+l)$ .... 9,7636042 n

vnde $\frac{1}{2}(E+l) = 209°\,30'\,49''\,94$: $\log\cos(45°-\frac{1}{2}b) = 9{,}8239669$

Fit itaque $E = 426°\,26'\,55''\,33$, $l = -7°\,25'\,15''\,45$, siue quod eodem redit $E = 66°\,26'\,55''\,33$, $l = 352°\,34'\,44''\,55$; angulus $45° - \frac{1}{2}b$ e logarithmo sinus habetur $48°\,10'\,58''\,12$, e logarithmo cosinus $48°\,10'\,58''\,17$, e tangente, cuius logarithmus illorum differentia est, $48°\,10'\,58''\,14$; hinc $b = -6°\,21'\,56''\,28$.

Secundum methodum alteram calculus ita se habet:

log tang δ ...... 9,1893062 n
log sin α .... 8,8719792 n
log tang ζ 0,5175270
ζ = 64° 17′ 6″ 85
$\zeta - \varepsilon$ = 40 49 7, 57

C. log cos ζ 0,3626190
log cos $(\zeta - \varepsilon)$ 9,8789703
log tang α .... 8,8731869 n
log tang l .... 9,1147762 n
l = 552° 34′ 44″ 50
log sin l .... 9,1111232 n
log tang $(\zeta - \varepsilon)$ 9,9363874
log tang b .... 9,0475106 n
b = — 6° 21′ 56″ 26

Ad determinandum angulum E habemus calculum duplicem:

log sin ε 9,6001144
log cos α 9,9987924
C. log cos b 0,0026859
log cos E 9,6015927
vnde E = 66° 26′ 55″ 35

log sin ε 9,6001144
log cos l 9,9963470
C. log cos δ 0,0051313
log cos E 9,6015927

70.

Ne quid eorum, quae ad calculum locorum geocentricorum requiruntur, hic desideretur, quaedam adhuc de *parallaxi* atque *aberratione* adiicienda sunt. Methodum quidem supra iam descripsimus, secundum quam locus parallaxi affectus, i. e. cuilibet in superficie terrae puncto respondens, immediate maximaque facilitate determinari potest: sed quum in methodo vulgari in art. 62 et sequ. tradita locus geocentricus ad terrae centrum referri soleat, in quo casu a parallaxi liber dicitur, methodum peculiarem pro determinanda parallaxi, quae est inter vtrumque locum differentia, adiicere oportebit.

Sint corporis coelestis longitudo et latitudo geocentrica respectu centri terrae λ, β; eaedem respectu puncti cuiusuis in superficie terrae l, b; distantia corporis a terrae centro r, a puncto superficiei Δ; denique respondeat in sphaera coelesti ipsi zenith huius puncti longitudo L, latitudo B, designeturque radius terrae per R. Sponte iam patet, omnes aequationes art. 62 etiam hic locum esse habituras; sed notabiliter contrahi poterunt, quum R hic exprimat quantitatem prae r et Δ tantum non euanescentem. Ceterum eaedem aequationes manifesto etiamnum valebunt, si λ, l, L pro longitudinibus ascensiones rectas, atque β, b, B pro latitudinibus declinationes exprimunt. In hoc casu $l - \lambda$, $b - \beta$ erunt parallaxes ascensionis rectae et declinationis, in illo vero parallaxes longitudinis et latitudinis. Quodsi iam R vt quantitas primi ordinis tractatur, eiusdem ordinis erunt $l-\lambda$, $b-\beta$, $\Delta-r$, neglectisque ordinibus superioribus e formulis art. 62 facile derivabitur:

$$\text{I. } l-\lambda = \frac{R\cos B \sin(\lambda-L)}{r\cos\beta}$$

$$\text{II. } b-\beta = \frac{R\cos B\cos\beta}{r}\left(\operatorname{tang}\beta\cos(\lambda-L)-\operatorname{tang}B\right)$$

$$\text{III. } \Delta-r = -R\cos B\sin\beta\left(\operatorname{cotang}\beta\cos(\lambda-L)+\operatorname{tang}B\right)$$

Accipiendo angulum auxiliarem θ ita vt fiat $\operatorname{tang}\theta = \frac{\operatorname{tang}B}{\cos(\lambda-L)}$, aequationes II, III formam sequentem nanciscuntur:

$$\text{II. } b-\beta = \frac{R\cos B\cos(\lambda-L)\sin(\beta-\theta)}{r\cos\theta} = \frac{R\sin B\sin(\beta-\theta)}{r\sin\theta}$$

$$\text{III. } \Delta-r = -\frac{R\cos B\cos(\lambda-L)\cos(\beta-\theta)}{\cos\theta} = -\frac{R\sin B\cos(\beta-\theta)}{\sin\theta}$$

Ceterum patet, vt in I et II $l-\lambda$ et $b-\beta$ in minutis secundis obtineantur, pro R accipi debere parallaxem mediam solarem in minutis secundis expressam; in III vero pro R eadem parallaxis per 206265″ diuisa accipienda est. Tandem nullo praecisionis detrimento in valoribus parallaxium pro r, λ, β, adhibere licebit Δ, l, b, quoties in problemate inuerso e loco parallaxi affecto locum ab eadem liberum determinare oportet.

Exemplum. Sit ascensio recta Solis pro centro terrae 220°46′44″65 $=\lambda$, declinatio −15°49′43″94 $=\beta$, distantia 0,9904311 $=r$; porro tempus sidereum in aliquo loco in terrae superficie gradibus expressa 78°20′38″ $=L$, loci eleuatio poli 45°27′57″ $=B$, parallaxis media solaris 8″6 $=R$. Quaeritur locus Solis ex hoc loco visus, distantiaque ab eodem.

$\log R$	0,93450	$\log R$	0,93450
$\log\cos B$	9,84593	$\log\sin B$	9,85299
C. $\log r$	0,00418	C. $\log r$	0,00418
C. $\log\cos\beta$	0,01679	C. $\log\sin\theta$	0,10317
$\log\sin(\lambda-L)$	9,78508	$\log\sin(\beta-\theta)$	9,77152 n
$\log(l-\lambda)$	0,58648	$\log(b-\beta)$	0,66627 n
$l-\lambda =$	+ 3″86	$b-\beta =$	− 4″64
$l =$	220°46′48″51	$b =$	− 15°49′43″86

$\log \text{tang}\, B$ 0,00706	$\log(b - \beta)$ .... 0,66627 n
$\log\cos(\lambda - L)$ ...... 9,89909 n	$\log\cot(\beta - \theta)$ 0,13522
$\log \text{tang}\, \theta$ .... 0,10797 n	$\log r$ 9,99582
$\theta = 127^\circ 57' 0''$	$\log 1''$ 4,68557
$\beta - \theta = -145^\circ 46' 44''$	$\log(r - \Delta)$ .... 5,48288 n
	$r - \Delta = -0,0000304$
	$\Delta = 0,9904615$

71.

Aberratio fixarum, nec non pars ea aberrationis planetarum et cometarum quae soli motui terrae debetur, oritur inde, quod cum terra integra *tubus* mouetur, dum radius luminis ipsius axem opticum percurrit. Corporis coelestis locus obseruatus (qui et apparens seu aberratione affectus dicitur) determinatur per situm axis optici telescopii ita collocati, vt radius luminis ab illo egressus in via sua vtramque huius axis extremitatem attingat: hic autem situs diuersus est a situ vero radii luminis in spatio. Distinguamus duo temporis momenta t, t', vbi radius luminis extremitatem anteriorem (centrum vitri obiectiui), vbique posteriorem (focum vitri obiectiui) attingit; sint harum extremitatum loci in spatio pro momento priori a, b; pro posteriori a', b'. Tunc patet, rectam ab' esse situm verum radii in spatio, loco apparenti autem respondere rectam ab vel $a'b'$ (quas pro parallelis habere licet): nullo porro negotio perspicitur, locum apparentem a longitudine tubi non pendere. Differentia inter situm rectarum $b'a$, ba est aberratio qualis pro stellis fixis locum habet· modum eam calculandi hic tamquam notum silentio transimus. Pro stellis errantibus autem ista differentia nondum est aberratio completa: planeta scilicet, dum radius ex ipso egressus ad terram descendit, locum suum ipse mutat, quapropter situs huius radii non respondet loco geocentrico vero tempore obseruationis. Supponamus, radium luminis qui tempore t in tubum mpingit tempore T e planeta egressum esse; designeturque locus planetae in spatio tempore T per P, tempore t autem per p; denique sit A locus extremitatis antecedentis axis tubi pro tempore T. Tunc patet

1° rectam AP exhibere locum verum planetae tempore T.

2° rectam ap autem locum verum tempore t.

3° rectam ba vel $b'a'$ locum apparentem tempore t vel t' (quorum differentia ceu quantitas infinite parua spectari potest).

4° rectam $b'a$ eundem locum apparentem ab aberratione fixarum purgatum.

Iam puncta P, a, b' in linea recta iacent, eruntque partes Pa, ab' proportionales temporum interuallis $t - T$, $t' - t$, siquidem motus luminis celeritate vniformi peragitur. Temporis intervallum $t' - T$ propter immensam luminis velocitatem semper est perparuum, intra quod motum terrae tanquam rectilineum ac celeritate vniformi peractum supponere licet: sic etiam A, a, a' in directum iacebunt, partesque Aa, aa' quoque interuallis $t - T$, $t' - t$ proportionales erunt. Hinc facile concluditur, rectas AP, $b'a'$ esse parallelas, adeoque locum primum cum tertio identicum.

Tempus $t - T$ erit productum distantiae Pa in 493", intra quod lumen percurrit distantiam mediam terrae a Sole, quam pro vnitate accepimus. In hoc calculo pro distantia Pa etiam PA vel pa accipere licebit, quum differentia nullius momenti esse possit.

Ex his principiis tres demanant methodi, planetae vel cometae locum apparentem pro quouis tempore t determininandi, e quibus modo hanc modo illam praeferre conueniet.

I. Subtrahatur a tempore proposito tempus intra quod lumen a planeta ad terram descendit: sic prodibit tempus reductum T, pro quo locus verus more solito computatus cum apparente pro t identicus erit. Ad computum reductionis temporis $t - T$ distantiam a terra nouisse oportet: plerumque ad hunc finem subsidia commoda non deerunt e. g. per ephemeridem vel leui tantum calamo calculatam, alioquin distantiam veram pro tempore t more solito sed neglecta praecisione nimia per calculum praeliminarem determinare sufficiet.

II. Computetur pro tempore proposito t locus verus atque distantia, ex hac reductio temporis $t - T$, atque hinc adiumento motus diurni (in longitudine et latitudine vel in ascensione recta et declinatione) reductio loci veri ad tempus T.

III. Computetur locus heliocentricus terrae quidem pro tempore t: locus heliocentricus planetae autem pro tempore T: dein ex horum combinatione more solito locus geocentricus planetae, qui aberratione fixarum (per methodum notam eruenda siue e tabulis depromenda) auctus locum apparentem quaesitum suppeditabit.

Methodus secunda, quae vulgo in vsum vocari solet, eo quidem prae reliquis se commendat, quod ad distantiam determinandam numquam opus est calculo duplici, attamen eo laborat incommodo, quod adhiberi nequit, nisi plures loci vicini vel calculentur vel ex obseruationibus iam innotuerint; alioquin enim motum diurnum pro dato habere non liceret.

Incommodum, quo methodus prima et tertia premuntur, plane tollitur quoties plures loci sibi vicini calculandi sunt. Quam primum enim pro quibusdam distantiae iam innotuerunt, percommode et praecisione sufficiente distantias proxime sequentes per subsidia trita concludere licebit. Ceterum si distantia est nota, methodus prima tertiae ideo plerumque praeferenda erit, quod aberratione fixarum opus non habet; sin vero ad calculum duplicem refugiendum est, tertia eo se commendat, quod in calculo altero locus terrae saltem retinendus est.

Sponte iam se offerunt, quae ad problema inuersum requiruntur, puta si e loco apparente verus deriuandus est. Scilicet secundum methodum I retinebis locum ipsum immutatum, sed tempus t, cui locus propositus vt apparens respondet, conuertes in reductum T, cui idem tamquam verus respondebit. Secundum methodum II retinebis tempus t, sed loco proposito adiicies motum intra tempus $t-T$, quasi istum ad tempus $t+(t-T)$ reducere velles. Secundum methodum III locum propositum ab aberratione fixarum liberatum tamquam locum verum pro tempore T considerabis, sed terrae locus verus tempori t respondens retinendus est ac si ad istud pertineret. Vtilitas methodi tertiae in Libro secundo clarius elucebit.

Ceterum, ne quid desit, adhuc obseruamus, locum Solis ab aberratione perinde affici ac locum planetae: sed quoniam tum distantia a terra tum motus diurnus propemodum sunt constantes, aberratio ipsa semper valorem tantum non constantem obtinet motui medio solis in 493″ aequalem, adeoque $=20''25$, quae quantitas a longitudine vera subtrahenda est vt media prodeat. Valor aberrationis exactus est in ratione composita distantiae et motus diurni, siue quod eodem redit in ratione inuersa distantiae, vnde ille valor medius in apogeo $0''34$ diminuendus in perigeo tantumdem augendus esset. Ceterum tabulae nostrae solares aberrationem constantem $-20''25$ iam includunt; quapropter ad obtinendum longitudinem veram tabulari $20''25$ addere oportebit.

72.

Finem huic Sectioni imponent quaedam problemata, quae in determinatione orbitarum planetarum et cometarum vsum frequentem praestant. Ac primo quidem ad parallaxem reueniemus, a qua locum obseruatum liberare in art. 70 docuimus. Talis reductio ad centrum terrae, quum planetae distantiam a terra proxime saltem notam supponat, institui nequit, quoties planetae obseruati orbita omnino adhuc incognita est. Attamen in hoc quoque casu finem saltem eundem assequi licet, cuius caussa reductio ad centrum terrae suscipitur, ideo scilicet, quod hoc centro in plano eclipticae iacente vel iacere supposito plures formulae maiorem simplicitatem et concinnitatem nanciscuntur, quam si obseruatio ad punctum extra planum eclipticae referretur. Hoc itaque respectu nihil interest, vtrum obseruatio ad centrum terrae an ad quoduis aliud punctum in plano eclipticae reducatur. Iam patet, si ad hunc finem punctum intersectionis plani eclipticae cum recta a planeta ad locum verum obseruationis ducta eligatur, obseruationem ipsam nulla prorsus reductione opus habere, quum planeta ex omnibus punctis illius rectae perinde videatur *): quamobrem hoc punctum quasi locum fictum obseruationis pro vero substituere licebit. Situm illius puncti sequenti modo determinamus.

Sit corporis coelestis longitudo λ, latitudo β, distantia Δ, omnia respectu loci veri obseruationis in terrae superficie, cuius zenith respondeat longitudo l, latitudo b; porro sit π semidiameter terrae, L longitudo heliocentrica centri terrae, B eiusdem latitudo, R eiusdem distantia a Sole; denique L' longitudo heliocentrica loci ficti, R' ipsius distantia a Sole, $\Delta + \delta$ ipsius distantia a corpore coelesti. Tunc nullo negotio eruentur aequationes sequentes, denotante N angulum arbitrarium:

$$R'\cos(L'-N) + \delta\cos\beta\cos(\lambda - N) = R\cos B\cos(L-N) + \pi\cos b\cos(l-N)$$

$$R'\sin(L'-N) + \delta\cos\beta\sin(\lambda - N) = R\cos B\sin(L-N) + \pi\cos b\sin(l-N)$$

$$\delta\sin\beta = R\sin B + \pi\sin b$$

Statuendo itaque I. $(R\sin B + \pi\sin b)\operatorname{cotang}\beta = \mu$, erit

II. $R'\cos(L'-N) = R\cos B\cos(L-N) + \pi\cos b\cos(l-N) - \mu\cos(\lambda - N)$

III. $R'\sin(L'-N) = R\cos B\sin(L-N) + \pi\cos b\sin(l-N) - \mu\sin(\lambda - N)$

IV. $\delta = \dfrac{\mu}{\cos\beta}$

Ex aequationibus II, III determinari poterunt R' et L', ex IV interuallum temporis tempori obseruationis addendum quod erit minutis secundis $= 493\,\delta$.

Hae aequationes sunt exactae et generales, poteruntque tunc quoque adhiberi, vbi pro plano ecliptica aequatore substituto L, L', l, λ designant ascensiones rectas, B, b, β declinationes. Sed in casu de quo hic potissimum agimus, scilicet vbi locus fictus in ecliptica situs esse debet, exiguitas quantitatum B, π, $L'-L$ adhuc quandam formularum praecedentium contractionem permittit. Poterit enim pro π assumi parallaxis media solaris, B pro $\sin B$, 1 pro $\cos B$ et $\cos(L'-L)$,

*) Si vltima praecisio desideraretur, interuallum temporis, intra quod lumen a vero loco obseruationis ad fictum seu ab hoc ad illum delabitur, tempori proposito vel addere vel inde subducere oporteret, siquidem de locis aberratione affectis agitur: sed haec differentia vix vllius momenti esse potest, nisi latitudo perparua fuerit.

$L'-L$ pro $\sin(L'-L)$. Ita faciendo $N=L$, formulae praecedentes assumunt formam sequentem:

I. $\mu=(RB+\pi\sin b)\,\text{cotang}\,\beta$

II. $R'=R+\pi\cos b\cos(l-L)-\mu\cos(\lambda-L)$

III. $L'-L=\dfrac{\pi\cos b\sin(l-L)-\mu\sin(\lambda-L)}{R'}$

Proprie quidem hic B, π, $L'-L$ in partibus radii exprimendi sunt; sed patet, illi anguli in minutis secundis exprimantur, aequationes I, III sine mutatione retineri posse, pro II autem substitui debere

$$R'=R+\frac{\pi\cos b\cos(l-L)-\mu\cos(\lambda-L)}{206265''}$$

Ceterum in formula III pro denominatore R' absque errore sensibili semper adhibere licebit R. Reductio temporis autem, angulis in minutis secundis expressis, fiet

$$=\frac{493''.\mu}{206265''.\cos\beta}.$$

73.

Exemplum. Sit $\lambda=354°44'54''$, $\beta=-4°59'32''$, $l=24°29'$, $b=46°55'$, $L=12°28'54''$, $B=+0''49$, $R=0{,}9988839$, $\pi=8''60$. Ecce iam calculum:

log R............9,99951 | log π............0,93450
log B............9,69020 | log sin b........9,86330
log BR..........9,68971 | log π sin b...... 0,79780

Hinc log $(BR+\pi\sin b)$......0,83040
log cotang β..............1,05873 n
log μ.......................1,88913 n

log π.....................0,93450
log cos b.................9,83473
log 1''....................4,68557
log cos $(l-L)$ 9,99040
5,44520
numerus $+$ 0,0000279

log μ.................1,88915 n
log 1''...............4,68557
log cos $(\lambda-L)$...9,97886
6,55356 n
numerus $-$ 0,0003577

Hinc colligitur $R' = R + 0{,}0003856 = 0{,}9992695$. Porro erit

$\log \pi \cos b$ 0,76923	$\log \mu$ .... 1,88913 n
$\log \sin(l - L)$ 9,31794	$\log \sin(\lambda - L)$ ...... 9,48371 n
Compl. $\log R'$ 0,00032	C. $\log R'$ 0,00032
0,08749	1,37316
numerus $+1''22$	numerus $+23''61$

Vnde colligitur $L' = L - 22''39$. Denique habetur

$\log \mu$ .... 1,88913 n
C. log 206265 4,68557
log 493 2,69285
C. $\log \cos \beta$ 0,00165
9,20920 n, vnde reductio temporis $= -0''186$, adeoque nullius momenti.

74.

Problema aliud, *e corporis coelestis loco geocentrico atque situ plani orbitae eius locum heliocentricum in orbita deriuare*, eatenus praecedenti affine est, quod quoque ab intersectione rectae inter terram et corpus coeleste ductae cum plano positione dato pendet. Solutio commodissime petitur e formulis art. 65, vbi characterum significatio haec erat:

L longitudo terrae, R distantia a Sole, latitudinem B statuimus $= 0$ (quum casus, vbi non est $= 0$, ad hunc facile reduci possit per art. 72), vnde $R' = R$; l corporis coelestis longitudo geocentrica, b latitudo, Δ distantia a terra, r distantia a Sole, u argumentum latitudinis, ☊ longitudo nodi ascendentis, i inclinatio orbitae. Ita habemus aequationes

$$\text{I.}\quad r\cos u - R\cos(L - ☊) = \Delta\cos b\cos(l - ☊)$$
$$\text{II.}\quad r\cos i\sin u - R\sin(L - ☊) = \Delta\cos b\sin(l - ☊)$$
$$\text{III.}\quad r\sin i\sin u = \Delta\sin b$$

Multiplicando aequationem I per $\sin(L - ☊)\sin b$, II per $-\cos(L - ☊)\sin b$, III per $-\sin(L - l)\cos b$, fit additis productis

$$\cos u\sin(L - ☊)\sin b - \sin u\cos i\cos(L - ☊)\sin b - \sin u\sin i\sin(L - l)\cos b = 0$$

vnde

$$\text{IV.}\quad \operatorname{tang} u = \frac{\sin(L - ☊)\sin b}{\cos i\cos(L - ☊)\sin b + \sin i\sin(L - l)\cos b}$$

Multiplicando autem I per $\sin(l - \Omega)$, II per $-\cos(l - \Omega)$, prodit productis additis

$$\text{V. } r = \frac{R \sin(L - l)}{\sin u \cos i \cos(l - \Omega) - \cos u \sin(l - \Omega)}$$

Ambiguitas in determinatione ipsius u per aequ. IV, sponte tollitur per aequ. III, quae ostendit, u inter 0 et 180° vel inter 180° et 360° accipi debere, prout latitudo b fuerit positiua vel negatiua; sin vero fuerit $b = 0$, aequatio V docet, statui debere $u = 0$ vel $u = 180°$, prout $\sin(L - l)$ et $\sin(l - \Omega)$ diuersa signa habeant, vel eadem.

Computum numericum formularum IV et V variis modis per introductionem angulorum auxiliarium contrahere licet. E. g.

$$\text{statuendo } \frac{\tang b \cos(L - \Omega)}{\sin(L - l)} = \tang A, \text{ fit } \tang u = \frac{\sin A \tang(L - \Omega)}{\sin(A + i)}$$

$$\text{statuendo } \frac{\tang i \sin(L - l)}{\cos(L - \Omega)} = \tang B, \text{ fit } \tang u = \frac{\cos B \sin b \tang(L - \Omega)}{\sin(B + b) \cos i}$$

Perinde aequ. V per introductionem anguli cuius tangens $= \cos i \tang u$, vel $= \frac{\tang(l - \Omega)}{\cos i}$ formam concinniorem nanciscitur. Sicuti formulam V e combinatione aequationum I, II obtinuimus, per combinationem aequationum II, III ad sequentem peruenimus:

$$r = \frac{R \sin(L - \Omega)}{\sin u(\cos i - \sin i \sin(l - \Omega) \cotang b)}$$

et perinde per combinationem aequationum I, III ad hanc

$$r = \frac{R \cos(L - \Omega)}{\cos u - \sin u \sin i \cos(l - \Omega) \cotang b}$$

Vtramque perinde vt V per introductionem angulorum auxiliarium simpliciorem reddere licet. Solutiones e praecedentibus demanantes collectae exemploque illustratae inueniuntur in *Von Zach Monatliche Correspondenz Vol. V. p.* 540, quapropter hic euolutione vlteriori supersedemus. — Si praeter u et r etiam distantia Δ desideratur, per aequationem III determinari poterit.

75.

Alia solutio problematis praec. superstruitur obseruationi in art. 64 III traditae, quod locus heliocentricus terrae, geocentricus corporis coelestis eiusdemque locus heliocentricus in vno eodemque circulo maximo sphaerae sunt siti. Sint in fig. 3 illi loci resp. T, G, H; porro Ω locus nodi ascendentis; ΩT, ΩH partes eclipticae et orbitae, GP perpendiculum ad eclipticam ex G demissum, quod igitur erit $= b$. Hinc et ex arcu $PT = L - l$ determinabitur angulus T atque arcus TG. Dein in triangulo sphaerico ΩHT data sunt angulus $\Omega = i$, angulus T latusque $\Omega T = L - \Omega$, vnde eruentur duo reliqua latera $\Omega H = u$ atque TH. Tandem erit $HG = TG - TH$ atque $r = \frac{R \sin TG}{\sin HG}$, $\Delta = \frac{R \sin TH}{\sin HG}$.

76.

In art. 52 variationes differentiales longitudinis et latitudinis heliocentricae distantiaeque curtatae per variationes argumenti latitudinis u, inclinationis i radiique vectoris r exprimere docuimus, posteaque (art. 64, IV) ex illis deduximus variationes longitudinis et latitudinis geocentricae, l et b: per combinationem itaque harum formularum $\mathrm{d}l$ et $\mathrm{d}b$ per $\mathrm{d}u$, $\mathrm{d}i$, $\mathrm{d}\Omega$, $\mathrm{d}r$ expressae habebuntur. Sed operae pretium erit ostendere, quomodo in hoc quoque calculo reductione loci heliocentrici ad eclipticam supersedere liceat, sicuti in art. 65 locum geocentricum immediate e loco heliocentrico in orbita deduximus. Vt formulae eo simpliciores euadant, latitudinem terrae negligemus, quum certe in formulis differentialibus effectum sensibilem habere nequeat. Praesto sunt itaque formulae sequentes, in quibus brevitatis caussa ω pro $l - \Omega$, nec non vt supra Δ' pro $\Delta \cos b$ scribimus.

$$\Delta' \cos\omega = r\cos u - R\cos(L - \Omega) = \xi$$
$$\Delta' \sin\omega = r\cos i \sin u - R\sin(L - \Omega) = \eta$$
$$\Delta' \operatorname{tang} b = r \sin i \sin u = \zeta$$

e quarum differentiatione prodit

$$\cos\omega . \mathrm{d}\Delta' - \Delta' \sin\omega . \mathrm{d}\omega = \mathrm{d}\xi$$
$$\sin\omega . \mathrm{d}\Delta' + \Delta' \cos\omega . \mathrm{d}\omega = \mathrm{d}\eta$$
$$\operatorname{tang} b . \mathrm{d}\Delta' + \frac{\Delta}{\cos b}\mathrm{d}b = \mathrm{d}\zeta$$

Hinc per eliminationem

$$\mathrm{d}\omega = \frac{-\sin\omega . \mathrm{d}\xi + \cos\omega . \mathrm{d}\eta}{\Delta'}$$
$$\mathrm{d}b = \frac{-\cos\omega \sin b . \mathrm{d}\xi - \sin\omega \sin b . \mathrm{d}\eta + \cos b . \mathrm{d}\zeta}{\Delta}$$

Si in his formulis pro ξ, η, ζ valores sui rite substituuntur, $\mathrm{d}\omega$ et $\mathrm{d}b$ per $\mathrm{d}r$, $\mathrm{d}u$, $\mathrm{d}i$, $\mathrm{d}\Omega$ expressae prodibunt; dein, propter $\mathrm{d}l = \mathrm{d}\omega + \mathrm{d}\Omega$, differentialia partialia ipsarum l, b ita se habebunt:

$$\text{I.}\quad \Delta'\left(\frac{\mathrm{d}l}{\mathrm{d}r}\right) = -\sin\omega\cos u + \cos\omega\sin u\cos i$$

$$\text{II.}\quad \frac{\Delta'}{r}\left(\frac{\mathrm{d}l}{\mathrm{d}u}\right) = \sin\omega\sin u + \cos\omega\cos u\cos i$$

$$\text{III.}\quad \frac{\Delta'}{r}\left(\frac{\mathrm{d}l}{\mathrm{d}i}\right) = -\cos\omega\sin u\sin i$$

$$\text{IV.}\quad \left(\frac{\mathrm{d}l}{\mathrm{d}\Omega}\right) = 1 + \frac{R}{\Delta'}\cos(L-\Omega-\omega) = 1 + \frac{R}{\Delta'}\cos(L-l)$$

$$\text{V.}\quad \Delta\left(\frac{\mathrm{d}b}{\mathrm{d}r}\right) = -\cos\omega\cos u\sin b - \sin\omega\sin u\cos i\sin b + \sin u\sin i\cos b$$

$$\text{VI.}\quad \frac{\Delta}{r}\left(\frac{\mathrm{d}b}{\mathrm{d}u}\right) = \cos\omega\sin u\sin b - \sin\omega\cos u\cos i\sin b + \cos u\sin i\cos b$$

$$\text{VII.}\quad \frac{\Delta}{r}\left(\frac{\mathrm{d}b}{\mathrm{d}i}\right) = \sin\omega\sin u\sin i\sin b + \sin u\cos i\cos b$$

$$\text{VIII.}\quad \frac{\Delta}{R}\left(\frac{\mathrm{d}b}{\mathrm{d}\Omega}\right) = \sin b\sin(L-\Omega-\omega) = \sin b\sin(L-l)$$

Formulae IV et VIII hic iam in forma ad calculum commodissima apparent; formulae I, III, V autem per substitutiones obuias ad formam concinniorem rediguntur, puta

$$\text{I}^*.\quad \left(\frac{\mathrm{d}l}{\mathrm{d}r}\right) = \frac{R}{r\Delta'}\sin(L-l)$$

$$\text{III}^*.\quad \left(\frac{\mathrm{d}l}{\mathrm{d}i}\right) = -\cos\omega\operatorname{tang} b$$

$$\text{V}^*.\quad \left(\frac{\mathrm{d}b}{\mathrm{d}r}\right) = -\frac{R}{r\Delta}\cos(L-l)\sin b = -\frac{R}{r\Delta'}\cos(L-l)\operatorname{tang} b$$

Denique formulae reliquae quoque II, VI, VII per introductionem quorundam angulorum auxiliarium in formam simpliciorem abeunt: quod commodissime fit sequenti modo. Determinentur anguli auxiliares M, N per formulas $\operatorname{tang} M = \frac{\operatorname{tang}\omega}{\cos i}$, $\operatorname{tang} N = \sin\omega\operatorname{tang} i = \operatorname{tang} M\cos\omega\sin i$. Tunc simul fit $\frac{\cos M^2}{\cos N^2} = \frac{1+\operatorname{tang} N^2}{1+\operatorname{tang} M^2}$ $= \frac{\cos i^2 + \sin\omega^2\sin i^2}{\cos i^2 + \operatorname{tang}\omega^2} = \cos\omega^2$: iam quum ambiguitatem in determinatione ipsorum M, N per tangentes suas remanentem ad lubitum decidere liceat, hoc ita fieri posse patet, vt habeatur $\frac{\cos M}{\cos N} = +\cos\omega$, ac proin $\frac{\sin N}{\sin M} = +\sin i$. Quibus ita factis, formulae II, VI, VII transeunt in sequentes:

$$\text{II}^* \left(\frac{\mathrm{d}l}{\mathrm{d}u}\right) = \frac{r \sin\omega \cos(M-u)}{\Delta' \sin M}$$

$$\text{VI}^* \left(\frac{\mathrm{d}b}{\mathrm{d}u}\right) = \frac{r}{\Delta} \left\{ \cos\omega \sin i \cos(M-u) \cos(N-b) + \sin(M-u) \sin(N-b) \right\}$$

$$\text{VII}^* \left(\frac{\mathrm{d}b}{\mathrm{d}i}\right) = \frac{r \sin u \cos i \cos(N-b)}{\Delta \cos N}$$

Hae transformationes respectu formularum II, VII neminem morabuntur, respectu formulae VI autem aliqua explicatio haud superflua erit. Substituendo scilicet in formula VI primo $M-(M-u)$ pro u, prodit $\frac{\Delta}{r}\left(\frac{\mathrm{d}b}{\mathrm{d}u}\right) =$

$$\cos(M-u) \left\{ \cos\omega \sin M \sin b - \sin\omega \cos i \cos M \sin b + \sin i \cos M \cos b \right\}$$

$$- \sin(M-u) \left\{ \cos\omega \cos M \sin b + \sin\omega \cos i \sin M \sin b - \sin i \sin M \cos b \right\}$$

Iam fit $\cos\omega \sin M = \cos i^2 \cos\omega \sin M + \sin i^2 \cos\omega \sin M = \sin\omega \cos i \cos M + \sin i^2 \cos\omega \sin M$; vnde pars prior illius expressionis transit in

$$\sin i \cos(M-u) \left\{ \sin i \cos\omega \sin M \sin b + \cos M \cos b \right\}$$

$$= \sin i \cos(M-u) \left\{ \cos\omega \sin N \sin b + \cos\omega \cos N \cos b \right\}$$

$$= \cos\omega \sin i \cos(M-u) \cos(N-b)$$

Perinde fit $\cos N = \cos\omega^2 \cos N + \sin\omega^2 \cos N = \cos\omega \cos M + \sin\omega \cos i \sin M$; vnde expressionis pars posterior transit in

$$- \sin(M-u) \left\{ \cos N \sin b - \sin N \cos b \right\} = \sin(M-u) \sin(N-b)$$

Hins expressio VI* protinus demanat.

Angulus auxiliaris M etiam ad transformationem formulae I adhiberi potest quo introducto assumit formam

$$\text{I}^{**} \left(\frac{\mathrm{d}l}{\mathrm{d}r}\right) = - \frac{\sin\omega \sin(M-u)}{\Delta' \sin M}$$

e cuius comparatione cum formula I* concluditur $-R \sin(L-l) \sin M = r \sin\omega \sin(M-u)$; hinc etiam formulae II* forma paullo adhuc simplicior tribui potest, puta

$$\text{II}^{**} \left(\frac{\mathrm{d}l}{\mathrm{d}u}\right) = - \frac{R}{\Delta'} \sin(L-l) \operatorname{cotang}(M-u)$$

Vt formula VI* adhuc magis contrahatur, angulum auxiliarem nouum introducere oportet, quod duplici modo fieri potest, scilicet statuendo vel $\operatorname{tang} P = \frac{\operatorname{tang}(M-u)}{\cos\omega \sin i}$, vel $\operatorname{tang} Q = \frac{\operatorname{tang}(N-b)}{\cos\omega\cos i}$: quo facto emergit

$$\text{VI}^{**}\ \left(\frac{\mathrm{d}b}{\mathrm{d}u}\right) = \frac{r\sin(M-u)\cos(N-b-P)}{\Delta\sin P} = \frac{r\sin(N-b)\cos(M-u-Q)}{\Delta\sin Q}$$

Ceterum quantitates auxiliares M, N, P, Q non sunt mere fictitiae, facileque, quidnam in sphaera coelesti singulis respondeat, assignare liceret: quin adeo hoc modo aequationum praecedentium plures adhuc elegantius exhiberi possent per arcus angulosue in sphaera, quibus tamen eo minus hic immoramur, quum in calculo numerico ipso formulas supra traditas superfluas reddere non valeant.

77.

Iunctis iis, quae in art. praec. euoluta sunt, cum iis quae in artt. 15, 16, 20, 27, 28 pro singulis sectionum conicarum generibus tradidimus, omnia praesto erunt, quae ad calculum variationum differentialium loco geocentrico a variationibus singulorum elementorum inductarum requiruntur. Ad maiorem illustrationem horum praeceptorum exemplum supra in artt. 13, 14, 51, 63, 65 tractatum resumemus. Ac primo quidem ad normam art. praec. $\mathrm{d}l$ et $\mathrm{d}b$ per $\mathrm{d}r$, $\mathrm{d}u$, $\mathrm{d}i$, $\mathrm{d}\Omega$ exprimemus, qui calculus ita se habet:

log tang ω 8,40113	log sin ω .... 8,40099 n	log tang $(M-u)$ ... 9,41932 n
log cos i 9,98853	log tang i 9,36723	log cos ω sin i .... 9,35562 n
log tang M 8,41260	log tang N ...... 7,76822 n	log tang P 0,06370
M = 1° 28′ 52″	N = 179° 39′ 50″	P = 49° 11′ 15″
$M-u$ = 165 17 8	$N-b$ = 186 1 45	$N-b-P$ = 136 50 32

I*	II**	III*
l. sin $(L-l)$ .. 9,72125	(*) 9,63962	log cos ω .... 9,99986 n
log R 9,99810	l. cot $(M-u)$ .. 0,58068 n	log tang b .... 9,04749 n
C. log Δ' 9,92027	log $\left(\frac{\mathrm{d}l}{\mathrm{d}u}\right)$ 0,22030	log $\left(\frac{\mathrm{d}l}{\mathrm{d}i}\right)$ .... 9,04735 n
(*) 9,63962		
C. log r 9,67401		
log $\left(\frac{\mathrm{d}l}{\mathrm{d}r}\right)$ 9,31363		

IV

$\log \frac{R}{\Delta'}$ 9,91837

l. $\cos(L-l)$ 9,92956

(**) 9,84793

$= \log\left(\frac{\mathrm{d}l}{\mathrm{d}\Omega} - 1\right)$

V*

(**) 9,84793

$\log\tang b$ .... 9,04749 n

C. $\log r$ 9,67401

$\log\left(\frac{\mathrm{d}b}{\mathrm{d}r}\right)$ 8,56943

VI**

$\log \frac{r}{\Delta}$ 0,24357

$\log\sin(M-u)$ 9,40484

$\log\cos(N-b-P)$ .. 9,86301 n

C. $\log\sin P$ 0,12099

$\log\left(\frac{\mathrm{d}b}{\mathrm{d}u}\right)$ .... 9,63241 n

VII*

l. $r\sin u\cos i$ ... 9,75999 n

l. $\cos(N-b)$ .... 9,99759 n

C. $\log\Delta$ 9,91759

C. $\log\cos N$ .... 0,00001 n

$\log\left(\frac{\mathrm{d}b}{\mathrm{d}i}\right)$ .... 9,67518 n

VIII

(*) 9,63962

$\log\tang b$ .... 9,04749 n

$\log\left(\frac{\mathrm{d}b}{\mathrm{d}\Omega}\right)$ ...... 8,68711 n

Collectis hisce valoribus prodit

$$\mathrm{d}l = +0,20589\,\mathrm{d}r + 1,66075\,\mathrm{d}u - 0,11152\,\mathrm{d}i + 1,70458\,\mathrm{d}\Omega$$

$$\mathrm{d}b = +0,03710\,\mathrm{d}r - 0,42895\,\mathrm{d}u - 0,47335\,\mathrm{d}i - 0,04865\,\mathrm{d}\Omega$$

Vix necesse erit quod iam saepius monuimus hic repetere, scilicet, vel variationes $\mathrm{d}l$, $\mathrm{d}b$, $\mathrm{d}u$, $\mathrm{d}i$, $\mathrm{d}\Omega$ in partibus radii exprimendas esse, vel coëfficientes ipsius $\mathrm{d}r$ per 206265″ multiplicandos, si illae in minutis secundis expressae concipiantur.

Designando iam longitudinem perihelii (quae in exemplo nostro est 52°18′9″30) per Π atque anomaliam veram per v, erit longitudo in orbita $= u + \Omega = v + \Pi$, adeoque $\mathrm{d}u = \mathrm{d}v + \mathrm{d}\Pi - \mathrm{d}\Omega$, quo valore in formulis praecedentibus substituto, $\mathrm{d}l$ et $\mathrm{d}b$ per $\mathrm{d}r$, $\mathrm{d}v$, $\mathrm{d}\Pi$, $\mathrm{d}\Omega$, $\mathrm{d}i$ expressae habebuntur. Nihil itaque iam superest, nisi vt $\mathrm{d}r$ et $\mathrm{d}v$ ad normam artt. 15, 16 per variationes differentiales elementorum ellipticorum exhibeantur *).

*) Characterem M in calculo sequente haud amplius angulum nostrum auxiliarem exprimere, sed (vt in Sect. 1) anomaliam mediam, quisque sponte videbit.

Erat in exemplo nostro, art. 14, $\log\frac{r}{a} = 9{,}90355 = \log\left(\frac{\mathrm{d}r}{\mathrm{d}a}\right)$

$\log\frac{aa}{rr}$ 0,19290
$\log\cos\varphi$ 9,98652
$\log\left(\frac{\mathrm{d}v}{\mathrm{d}M}\right)$ 0,17942

$2 - e\cos E = 1{,}80085$
$ee = 0{,}06018$
1,74067
log 0,24072
$\log\frac{aa}{rr}$ 0,19290
$\log\sin E$ .... 9,76634 n
$\log\left(\frac{\mathrm{d}v}{\mathrm{d}\varphi}\right)$ .... 0,19996 n

$\log a$ 0,42244
$\log\tan g\,\varphi$ 9,40320
$\log\sin v$ .... 9,84931 n
$\log\left(\frac{\mathrm{d}r}{\mathrm{d}M}\right)$ ... 9,67495 n

$\log a$ 0,42244
$\log\cos\varphi$ 9,98652
$\log\cos v$ 9,84962
$\log\left(\frac{\mathrm{d}r}{\mathrm{d}\varphi}\right)$ ... 0,25858 n

Hinc colligitur

$$\mathrm{d}v = +1{,}51154\,\mathrm{d}M - 1{,}58475\,\mathrm{d}\varphi$$
$$\mathrm{d}r = -0{,}47310\,\mathrm{d}M - 1{,}81376\,\mathrm{d}\varphi + 0{,}80085\,\mathrm{d}a$$

quibus valoribus in formulis praecedentibus substitutis, prodit

$$\mathrm{d}l = +2{,}41287\,\mathrm{d}M - 3{,}00527\,\mathrm{d}\varphi + 0{,}16488\,\mathrm{d}a + 1{,}66073\,\mathrm{d}\Pi - 0{,}11152\,\mathrm{d}i + 0{,}04385\,\mathrm{d}\Omega$$
$$\mathrm{d}b = -0{,}66593\,\mathrm{d}M + 0{,}61248\,\mathrm{d}\varphi + 0{,}02972\,\mathrm{d}a - 0{,}42895\,\mathrm{d}\Pi - 0{,}47335\,\mathrm{d}i + 0{,}38030\,\mathrm{d}\Omega$$

Si tempus cui locus computatus respondet n diebus ab epocha distare supponitur, longitudoque media pro epocha per N, motus diurnus per τ denotatur erit $M = N + n\tau - \Pi$, adeoque $\mathrm{d}M = \mathrm{d}N + n\,\mathrm{d}\tau - \mathrm{d}\Pi$. In exemplo nostro tempus loco computato respondens est Octobris dies 17,41507 anni 1804 sub meridiano Parisiensi: quodsi itaque pro epocha assumitur initium anni 1805, est $n = -74{,}58493$; longitudo media pro epocha ista statuta fuerat $= 41°52'21''61$, motusque diurnus $= 824''7988$. Substituto iam in formulis modo inuentis pro $\mathrm{d}M$ valore suo, mutationes differentiales loci geocentrici per solas mutationes elementorum expressae ita se habent:

$$\mathrm{d}l = 2{,}41287\,\mathrm{d}N - 179{,}96\,\mathrm{d}\tau - 0{,}75214\,\mathrm{d}\Pi - 3{,}00527\,\mathrm{d}\varphi + 0{,}16488\,\mathrm{d}a - 0{,}11152\,\mathrm{d}i + 0{,}04385\,\mathrm{d}\Omega$$
$$\mathrm{d}b = -0{,}66593\,\mathrm{d}N + 49{,}67\,\mathrm{d}\tau + 0{,}23698\,\mathrm{d}\Pi + 0{,}61248\,\mathrm{d}\varphi + 0{,}02972\,\mathrm{d}a - 0{,}47335\,\mathrm{d}i + 0{,}38030\,\mathrm{d}\Omega$$

Si corporis coelestis massa vel negligitur vel saltem tamquam cognita spectatur, 7 et a ab inuicem dependentes erunt, adeoque vel d7 vel da e formulis nostris eliminare licebit. Scilicet quum per art. 6 habeatur $7a^{\frac{3}{2}} = k\sqrt{(1+\mu)}$, erit $\frac{\mathrm{d}7}{7} = -\frac{3}{2}\frac{\mathrm{d}a}{a}$, in qua formula, si d7 in partibus radii exprimenda est, etiam 7 perinde exprimere oportebit. Ita in exemplo nostro habetur

log 7 2,91635
log 1″ 4,68557
log $\frac{3}{2}$ 0,17609
C. log a.... 9,57756

$\log\frac{\mathrm{d}7}{\mathrm{d}a}$ ... 7,35557 n, siue $\mathrm{d}7 = -0{,}0022676\,\mathrm{d}a$, atque $\mathrm{d}a = -440{,}99\,\mathrm{d}7$,

quo valore in formulis nostris substituto, tandem emergit forma vltima:

$\mathrm{d}l = 2{,}41287\,\mathrm{d}N - 252{,}67\,\mathrm{d}7 - 0{,}75214\,\mathrm{d}\Pi - 3{,}00527\,\mathrm{d}\varphi - 0{,}11152\,\mathrm{d}i + 0{,}04385\,\mathrm{d}\Omega$

$\mathrm{d}b = -0{,}66593\,\mathrm{d}N + 36{,}57\,\mathrm{d}7 + 0{,}23698\,\mathrm{d}\Pi + 0{,}61248\,\mathrm{d}\varphi - 0{,}47335\,\mathrm{d}i + 0{,}38030\,\mathrm{d}\Omega$

In euolutione harum formularum omnes mutationes dl, db, dN, d7, dΠ, dφ, di, dΩ in partibus radii expressas supposuimus, manifesto autem propter homogeneitatem omnium partium eaedem formulae etiamnum valebunt, si omnes illae mutationes in minutis secundis exprimuntur.

SECTIO TERTIA

Relationes inter locos plures in orbita.

78.

Comparatio duorum pluriumue locorum corporis coelestis tum in orbita tum in spatio tantam propositionum elegantium copiam subministrat, vt volumen integrum facile complerent. Nostrum vero propositum non eo tendit, vt hoc argumentum fertile exhauriamus, sed eo potissimum, vt amplum apparatum subsidiorum ad solutionem problematis magni de determinatione orbitarum incognitarum ex obseruationibus, inde adstruamus: quamobrem neglectis quae ab instituto nostro nimis aliena essent, eo diligentius omnia quae vllo modo illuc conducere possunt euoluemus. Disquisitionibus ipsis quasdam propositiones trigonometricas praemittimus, ad quas, quum frequentioris vsus sint, saepius recurrere oportet.

I. Denotantibus A, B, C angulos quoscunque, habetur

$$\sin A \sin(C-B) + \sin B \sin(A-C) + \sin C \sin(B-A) = 0$$
$$\cos A \sin(C-B) + \cos B \sin(A-C) + \cos C \sin(B-A) = 0$$

II. Si duae quantitates p, P ex aequationibus talibus

$$p \sin(A-P) = a$$
$$p \sin(B-P) = b$$

determinandae sunt, hoc fiet generaliter adiumento formularum

$$p \sin(B-A) \sin(H-P) = b \sin(H-A) - a \sin(H-B)$$
$$p \sin(B-A) \cos(H-P) = b \cos(H-A) - a \cos(H-B)$$

in quibus H est angulus arbitrarius. Hinc deducuntur (art. 14, II) angulus $H-P$ atque $p \sin(B-A)$; et hinc P et p. Plerumque conditio adiecta esse solet, vt p esse debeat quantitas positiua, vnde ambiguitas in determinatione anguli $H-P$ per tangentem suam deciditur; deficiente autem illa conditione, ambiguitatem ad lubitum decidere licebit. Vt calculus commodissimus sit, angulum arbitrarium H vel $= A$ vel $= B$ vel $= \frac{1}{2}(A+B)$ statuere conueniet. In casu priori aequationes ad determinandum P et p erunt

$$p \sin(A-P) = a$$
$$p \cos(A-P) = \frac{b - a\cos(B-A)}{\sin(B-A)}$$

In casu secundo aequationes prorsus analogae erunt; in casu tertio autem

$$p\sin(\tfrac{1}{2}A+\tfrac{1}{2}B-P)=\frac{b+a}{2\cos\tfrac{1}{2}(B-A)}$$

$$p\cos(\tfrac{1}{2}A+\tfrac{1}{2}B-P)=\frac{b-a}{2\sin\tfrac{1}{2}(B-A)}$$

Quodsi itaque angulus auxiliaris ζ introducitur, cuius tangens $=\frac{a}{b}$, inuenietur P per formulam

$$\text{tang}(\tfrac{1}{2}A+\tfrac{1}{2}B-P)=\text{tang}(45^\circ+\zeta)\,\text{tang}\tfrac{1}{2}(B-A)$$

ac dein p per aliquam formularum praecedentium, vbi

$$\tfrac{1}{2}(b+a)=\sin(45^\circ+\zeta)\sqrt{\frac{ab}{\sin 2\zeta}}=\frac{a\sin(45^\circ+\zeta)}{\sin\zeta\sqrt{2}}=\frac{b\sin(45^\circ+\zeta)}{\cos\zeta\sqrt{2}}$$

$$\tfrac{1}{2}(b-a)=\cos(45^\circ+\zeta)\sqrt{\frac{ab}{\sin 2\zeta}}=\frac{a\cos(45^\circ+\zeta)}{\sin\zeta\sqrt{2}}=\frac{b\cos(45^\circ+\zeta)}{\sin\zeta\sqrt{2}}$$

III. Si p et P determinandae sunt ex aequationibus

$$p\cos(A-P)=a$$

$$p\cos(B-P)=b$$

omnia in II. exposita statim applicari possent, si modo illic pro A et B vbique scriberetur $90^\circ+A, 90^\circ+B$: sed vt vsus eo commodior sit, formulas euolutas apponere non piget. Formulae generales erunt

$$p\sin(B-A)\sin(H-P)=-b\cos(H-A)+a\cos(H-B)$$

$$p\sin(B-A)\cos(H-P)=\quad b\sin(H-A)-a\sin(H-B)$$

Transeunt itaque, pro $H=A$ in

$$p\sin(A-P)=\frac{a\cos(B-A)-b}{\sin(B-A)}$$

$$p\cos(A-P)=a$$

Pro $H=B$, formam similem obtinent; pro $H={}^{\mathrm{I}}(A+B)$ autem fiunt

$$p\sin(\tfrac{1}{2}A+\tfrac{1}{2}B-P)=\frac{a-b}{2\sin\tfrac{1}{2}(B-A)}$$

$$p\cos(\tfrac{1}{2}A+\tfrac{1}{2}B-P)=\frac{a+b}{2\cos\tfrac{1}{2}(B-A)}$$

ita vt introducto angulo auxiliari ζ, cuius tangens $=\frac{a}{b}$, fiat

$$\text{cotang}(\tfrac{1}{2}A+\tfrac{1}{2}B-P)=\text{tang}(\zeta-45^\circ)\,\text{tang}\tfrac{1}{2}(B-A)$$

Ceterum si p immediate ex a et b sine praeuio computo anguli P determinare cupimus, habemus formulam

$$p \sin(B-A) = \sqrt{(aa+bb-2\,ab\cos(B-A))}$$

tum in problemate praesente tum in II.

79.

Ad completam determinationem sectionis conicae in plano suo *tria* requiruntur, situs perihelii, excentricitas et semiparameter. Quae si e quantitatibus datis ab ipsis pendentibus eruenda sunt, tot data adsint oportet, vt tres aequationes ab inuicem independentes formare liceat. Quilibet radius vector magnitudine et positione datus vnam aequationem suppeditat: quamobrem ad determinationem orbitae tres radii vectores, magnitudine et positione dati requiruntur; si vero duo tantum habentur, vel vnum elementum ipsum iam datum esse debet, vel saltem alia quaedam quantitas, cui aequationem tertiam superstruere licet. Hinc oritur varietas problematum, quae iam deinceps pertractabimus.

Sint r, r' duo radii vectores, qui cum recta in plano orbitae e Sole ad lubitum ducta faciant secundum directionem motus angulos N, N'; sit porro Π angulus quem cum eadem recta facit radius vector in perihelio, ita vt radiis vectoribus r, r' respondeant anomaliae verae $N-\Pi$, $N'-\Pi$; denique sit e excentricitas, p semiparameter. Tunc habentur aequationes

$$\frac{p}{r} = 1 + e\cos(N-\Pi)$$

$$\frac{p}{r'} = 1 + e\cos(N'-\Pi)$$

e quibus, si insuper vna quantitatum p, e, Π data est, duas reliquas determinare licebit.

Supponamus primo, datum esse semiparametrum p, patetque determinationem quantitatum e et Π ex aequationibus

$$e\cos(N-\Pi) = \frac{p}{r} - 1$$

$$e\cos(N'-\Pi) = \frac{p}{r'} - 1$$

fieri posse ad normam lemmatis III in art. praec. Habemus itaque

$$\operatorname{tang}(N-\Pi)=\operatorname{cotang}(N'-N)-\frac{r(p-r')}{r'(p-r)\sin(N'-N)}$$

$$\operatorname{tang}(\tfrac{1}{2}N+\tfrac{1}{2}N'-\Pi)=\frac{(r'-r)\operatorname{cotang}\tfrac{1}{2}(B-A)}{r'+r-\dfrac{2rr'}{p}}$$

80.

Si angulus Π datus est, p et e determinabuntur per aequationes

$$p=\frac{rr'\big(\cos(N-\Pi)-\cos(N'-\Pi)\big)}{r\cos(N-\Pi)-r'\cos(N'-\Pi)}$$

$$e=\frac{r'-r}{r\cos(N-\Pi)-r'\cos(N'-\Pi)}$$

Denominatorem communem in his formulis reducere licet sub formam $a\cos(A-\Pi)$, ita vt a et A a Π sint independentes. Designante scilicet H angulum arbitrarium, fit

$$r\cos(N-\Pi)-r'\cos(N'-\Pi)=\begin{cases}\big(r\cos(N-H)-r'\cos(N'-H)\big)\cos(H-\Pi)\\ -\big(r\sin(N-H)-r'\sin(N'-H)\big)\sin(H-\Pi)\end{cases}$$

adeoque $=a\cos(A-\Pi)$, si a et A determinantur per aequationes

$$r\cos(N-H)-r'\cos(N'-H)=a\cos(A-H)$$

$$r\sin(N-H)-r'\sin(N'-H)=a\sin(A-H)$$

Hoc modo fit

$$p=\frac{2rr'\sin\tfrac{1}{2}(N'-N)\sin(\tfrac{1}{2}N+\tfrac{1}{2}N'-\Pi)}{a\cos(A-\Pi)}$$

$$e=\frac{r'-r}{a\cos(A-\Pi)}$$

Hae formulae imprimis sunt commodae, quoties p et e pro pluribus valoribus ipsius Π computandae sunt, manentibus r, r', N, N'. — Quum ad calculum quantitatum auxiliarium a, A angulum H ad libitum assumere liceat, e re erit statuere $H=\tfrac{1}{2}(N+N')$, quo pacto formulae abeunt in has

$$(r'-r)\cos\tfrac{1}{2}(N'-N)=-a\cos(A-\tfrac{1}{2}N-\tfrac{1}{2}N')$$

$$(r'+r)\sin\tfrac{1}{2}(N'-N)=-a\sin(A-\tfrac{1}{2}N-\tfrac{1}{2}N')$$

Determinato itaque angulo A per aequationem $\operatorname{tang}(A-\tfrac{1}{2}N-\tfrac{1}{2}N')$ $=\dfrac{r'+r}{r'-r}\operatorname{tang}\tfrac{1}{2}(N'-N)$, statim habetur $e=-\dfrac{\cos(A-\tfrac{1}{2}N-\tfrac{1}{2}N')}{\cos\tfrac{1}{2}(N'-N)\cos(A-\Pi)}$

Calculum logarithmi quantitatis $\frac{r'+r}{r'-r}$ per artificium saepius iam explicatum contrahere licebit.

81.

Si excentricitas e data est, angulus Π per aequetionem

$$\cos(A-\Pi) = -\frac{\cos(A-\frac{1}{2}N-\frac{1}{2}N')}{e\cos\frac{1}{2}(N'-N)}$$

innenietur, postquam angulus auxiliaris A per aequationem

$$\operatorname{tang}(A-\tfrac{1}{2}N-\tfrac{1}{2}N') = \frac{r'+r}{r'-r}\operatorname{tang}\tfrac{1}{2}(N'-N)$$

determinatus est. Ambiguitas in determinatione anguli $A-\Pi$ per ipsius cosinum remanens in natura problematis fundata est, ita vt problemati duabus solutionibus diuersis satisfieri possit, e quibus quam adoptare quamue reiicere oporteat aliunde decidendum erit, ad quem finem valor saltem approximatus ipsius Π iam cognitus esse debet. — Postquam Π inuentus est, p vel per formulas

$$p = r(1+e\cos(N-\Pi)) = r'(1+e\cos(N'-\Pi))$$

vel per hanc computabitur

$$p = \frac{2rr'e\sin\frac{1}{2}(N'-N)\sin\frac{1}{2}(N+N'-\Pi)}{r'-r}$$

82.

Supponamus denique, tres radios vectores r, r', r'' datos esse, qui cum recta ad lubitum e Sole in plano orbitae ducta faciant angulos N, N', N''. Habebuntur itaque, retentis signis reliquis, aequationes (I):

$$\frac{p}{r} = 1+e\cos(N-\Pi)$$

$$\frac{p}{r'} = 1+e\cos(N'-\Pi)$$

$$\frac{p}{r''} = 1+e\cos(N''-\Pi)$$

e quibus p, Π, e pluribus modis diuersis elici possunt. Si quantitatem p ante reliquas computare placet, multiplicentur tres aequationes (I) resp. per $\sin(N''-N')$ $-\sin(N''-N)$, $\sin(N'-N)$, fietque additis productis per lemma I. art. 78

$$p = \frac{\sin(N''-N') - \sin(N''-N) + \sin(N'-N)}{\frac{1}{r}\sin(N''-N') - \frac{1}{r'}\sin(N''-N) + \frac{1}{r''}\sin(N'-N)}$$

Haec expressio propius considerari meretur. Numerator manifesto fit

$$= 2\sin\tfrac{1}{2}(N''-N')\cos\tfrac{1}{2}(N''-N') - 2\sin\tfrac{1}{2}(N''-N')\cos(\tfrac{1}{2}N''+\tfrac{1}{2}N'-N)$$
$$= 4\sin\tfrac{1}{2}(N''-N')\sin\tfrac{1}{2}(N''-N)\sin\tfrac{1}{2}(N'-N)$$

Statuendo porro $r'r''\sin(N''-N')=n$, $rr''\sin(N''-N)=n'$, $rr'\sin(N'-N)=n$, patet $\frac{1}{2}n$, $\frac{1}{2}n'$, $\frac{1}{2}n''$ esse areas triangulorum inter radium vectorem secundum et tertium, inter primum et tertium, inter primum et secundum. Hinc facile perspicietur, in formula noua

$$p = \frac{4\sin\tfrac{1}{2}(N''-N')\sin\tfrac{1}{2}(N''-N)\sin\tfrac{1}{2}(N'-N)\,.\,rr'r''}{n-n'+n''}$$

denominatorem esse duplum areae trianguli inter trium radiorum vectorum extremitates i. e. inter tria corporis coelestis loca in spatio contenti. Quoties haec loca parum ab inuicem remota sunt, area ista semper erit quantitas perparua et quidem ordinis tertii, siquidem $N'-N$, $N''-N'$ vt quantitates paruae ordinis primi spectantur. Hinc simul concluditur, si quantitatum r, r', r'', N, N', N'' vna vel plures erroribus vtut leuibus affecti sint, in determinatione ipsius p errorem permagnum illinc nasci posse; quamobrem haecce ratio orbitae dimensiones eruendi magnam praecisionem numquam admittet, nisi tria loca heliocentrica interuallis considerabilibus ab inuicem distent.

Ceterum simulac semiparameter p inuentus est, e et Π determinabuntur e combinatione duarum quarumcunque aequationum I per methodum art. 79.

83.

Si solutionem eiusdem problematis a computo anguli Π inchoare malumus, methodo sequente vtemur. Subtrahimus ab aequationum (I) secunda tertiam, a prima tertiam, a prima secundam, quo pacto tres nouas sequentes obtinemus (II):

$$\frac{\frac{1}{r'}-\frac{1}{r''}}{2\sin\tfrac{1}{2}(N''-N')} = \frac{e}{p}\sin(\tfrac{1}{2}N'+\tfrac{1}{2}N''-\Pi)$$

$$\frac{\frac{1}{r}-\frac{1}{r''}}{2\sin\tfrac{1}{2}(N''-N)} = \frac{e}{p}\sin(\tfrac{1}{2}N+\tfrac{1}{2}N''-\Pi)$$

$$\frac{\frac{1}{r}-\frac{1}{r'}}{2\sin\tfrac{1}{2}(N'-N)} = \frac{e}{p}\sin(\tfrac{1}{2}N+\tfrac{1}{2}N'-\Pi)$$

Duae quaecunque ex his aequationibus secundum lemma II. art. 78. dabunt Π et $\frac{e}{p}$, vnde per quamlibet aequationum (I) habebuntur etiam e et p. Quodsi solutionem tertiam in art. 78, II traditam adoptamus, combinatio aequationis primae cum tertia algorithmum sequentem producit. Determinetur angulus auxiliaris ζ per aequationem

$$\text{tang}\,\zeta = \frac{\frac{r'}{r} - 1}{1 - \frac{r'}{r''}} \cdot \frac{\sin\frac{1}{2}(N'' - N')}{\sin\frac{1}{2}(N' - N)}$$

eritque $\text{tang}(\frac{1}{4}N + \frac{1}{2}N' + \frac{1}{4}N'' - \Pi) = \text{tang}(45^\circ + \zeta)\,\text{tang}\,\frac{1}{4}(N'' - N)$

Permutando locum secundum cum primo vel tertio, duae aliae solutiones huic prorsus analogae prodibunt. Quum hac methodo adhibita formulae pro $\frac{e}{p}$ minus expeditae euadant, e et p per methodum art. 80 e duabus aequationum (I) eruere praestabit. Ceterum ambiguitas in determinatione ipsius Π per tangentem anguli $\frac{1}{4}N + \frac{1}{2}N' + \frac{1}{4}N'' - \Pi$ ita decidi debebit, vt e fiat quantitas positiua: scilicet manifestum est, pro e valores oppositos prodituros esse, si pro Π valores 180° diuersi accipiantur. Signum ipsius p autem ab hac ambiguitate non pendet, valorque ipsius p negatiuus euadere nequit, nisi tria puncta data in parte hyperbolae a Sole auersa iaceant, ad quem casum legibus naturae contrarium hic non respicimus.

Quae ex applicatione methodi primae in art. 78, II post substitutiones operosiores orirentur, in casu praesente commodius sequenti modo obtineri possunt. Multiplicetur aequationum II prima per $\cos\frac{1}{2}(N'' - N')$, tertia per $\cos\frac{1}{2}(N' - N)$ subtrahaturque productum posterius a priori. Tunc lemmate I art. 78 rite applicato*) prodibit aequatio

$$\tfrac{1}{2}\left(\frac{1}{r'} - \frac{1}{r''}\right)\text{cotang}\,\tfrac{1}{2}(N'' - N') - \tfrac{1}{2}\left(\frac{1}{r} - \frac{1}{r'}\right)\text{cotang}\,\tfrac{1}{2}(N' - N)$$
$$= \frac{e}{p}\sin\tfrac{1}{2}(N'' - N)\cos(\tfrac{1}{2}N + \tfrac{1}{2}N'' - \Pi)$$

Quam combinando cum aequationum II secunda inuenientur Π et $\frac{e}{p}$, et quidem Π per formulam

*) Statuendo scilicet in formula secunda $A = \frac{1}{2}(N'' - N')$, $B = \frac{1}{2}N + \frac{1}{2}N'' - \Pi$, $C = \frac{1}{2}(N - N')$.

$$\tang(\tfrac{1}{2}N+\tfrac{1}{2}N''-\Pi)=\frac{\frac{r'}{r}-\frac{r'}{r''}}{\left(1-\frac{r'}{r''}\right)\cotang\tfrac{1}{2}(N''-N)-\left(\frac{r'}{r}-1\right)\cotang\tfrac{1}{2}(N'-N)}$$

Etiam hinc duae aliae formulae prorsus analogae deriuantur, permutando locum secundum cum primo vel tertio.

84.

Quum per duos radios vectores magnitudine et positione datos, atque elementum orbitae vnum orbitam integram determinare liceat, per illa data etiam *tempus*, intra quod corpus coeleste ab vno radio vectore ad alterum mouetur, determinabile erit, siquidem corporis massam vel negligimus vel saltem tamquam cognitam spectamus: nos suppositioni priori inhaerebimus, ad quam posterior facile reducitur. Hinc vice versa patet, duos radios vectores magnitudine et positione datos vna cum tempore, intra quod corpus coeleste spatium intermedium describit, orbitam integram determinare. Hoc vero problema, ad grauissima in theoria motus corporum coelestium referendum, haud ita facile soluitur, quum expressio temporis per elementa transscendens sit, insuperque satis complicata. Eo magis dignum est, quod omni cura tractetur: quamobrem lectoribus haud ingratum fore speramus, quod praeter solutionem post tradendam, quae nihil amplius desiderandum relinquere videtur, eam quoque obliuioni eripiendam esse censuimus, qua olim antequam ista se obtulisset frequenter vsi sumus. Problemata difficiliora semper iuuat pluribus viis aggredi, nec bonam spernere etiamsi meliorem praeferas. Ab expositione huius methodi anterioris initium facimus.

85.

Retinebimus characteres r, r', N, N', p, e, Π in eadem significatione, in qua supra accepti sunt; differentiam $N'-N$ denotabimus per Δ, tempusque intra quod corpus coeleste a loco priori ad posteriorem mouetur per t. Jam patet, si valor approximatus alicuius quantitatum p, e, Π sit notus, etiam duas reliquas inde determinari posse, ac dein per methodos in sectione prima explicatas tempus motui a loco primo ad secundum respondens. Quod si tempori proposito t aequale euadit, valor suppositus ipsius p, e vel Π est ipse verus, orbitaque ipsa iam inventa; sin minus, calculus cum valore alio a primo parum diuerso repetitus docebit, quanta variatio in valore temporis variationi exiguae in valore ipsius p, e, Π

respondeat, vnde per simplicem interpolationem valor correctus eruetur. Cum quo si calculus denuo repetitur, tempus emergens vel ex asse cum proposito quadrabit, vel saltem perparum ab eo differet, ita vt certe nouis correctionibus adhibitis consensum tam exactum attingere liceat, quantum tabulae logarithmicae et trigonometricae permittunt.

Problema itaque eo reductum est, vt pro eo casu, vbi orbita adhuc penitus incognita est, valorem saltem approximatum alicuius quantitatum p, e, Π determinare doceamus. Methodum iam trademus, per quam valor ipsius p tanta praecisione eruitur, vt pro paruis quidem valoribus ipsius Δ nulla amplius correctione indigeat, adeoque tota orbita per primum calculum omni iam praecisione determinetur, quam tabulae vulgares permittunt. Vix vmquam autem aliter nisi pro valoribus mediocribus ipsius Δ ad hanc methodum recurrere oportebit, quum determinationem orbitae omnino adhuc incognitae, propter problematis complicationem nimis intricatam, vix aliter suscipere liceat, nisi per obseruationes non nimis ab inuicem distantes, aut potius tales, quibus motus heliocentricus non nimius respondet.

86.

Designando radium vectorem indefinitum seu variabilem anomaliae verae $\nu - \Pi$ respondentem per ϱ, erit area sectoris a corpore coelesti intra tempus t descripti $= \frac{1}{2}\int \varrho\varrho \, d\nu$, hoc integrali a $\nu = N$ vsque ad $\nu = N'$ extenso, adeoque, accipiendo k in significatione art. 6, $kt\sqrt{p} = \int \varrho\varrho \, d\nu$. Iam constat, per formulas a Cotesio euolutas, si φx exprimat functionem quamcunque ipsius x, valorem continuo magis approximatum integralis $\int \varphi x . dx$ ab $x = u$ vsque ad $x = u + \Delta$ extensi exhiberi per formulas

$$\tfrac{1}{2}\Delta(\varphi u + \varphi(u+\Delta))$$

$$\tfrac{1}{6}\Delta(\varphi u + 4\varphi(u+\tfrac{1}{2}\Delta) + \varphi(u+\Delta))$$

$$\tfrac{1}{8}\Delta(\varphi u + 3\varphi(u+\tfrac{1}{3}\Delta) + 3\varphi(u+\tfrac{2}{3}\Delta) + \varphi(u+\Delta))$$

etc.: ad institutum nostrum apud duas formulas primas subsistere sufficiet.

Per formulam itaque primam in problemate nostro habemus $\int \varrho\varrho d\nu = \frac{1}{2}\Delta(rr + r'r') = \frac{\Delta rr'}{\cos 2\omega}$, si statuitur $\frac{r'}{r} = \text{tang}(45° + \omega)$. Quamobrem valor approximatus primus ipsius $\sqrt{p}$ erit $= \frac{\Delta rr'}{kt\cos 2\omega}$, quem statuemus $= 3\alpha$.

Per formulam secundam habemus exactius $\int \varrho\varrho \,\mathrm{d}\nu = \frac{1}{6}\Delta(rr + r'r' + 4RR)$, designante R radium vectorem anomaliae intermediae $\frac{1}{2}N + \frac{1}{2}N' - \Pi$ respondentem. Iam exprimendo p per r, R, r', N, $N + \frac{1}{2}\Delta$, $N + \Delta$ ad normam formulae in art. 82 traditae, inuenimus

$$p = \frac{4\sin\frac{1}{4}\Delta^2 \sin\frac{1}{2}\Delta}{\left(\frac{1}{r} + \frac{1}{r'}\right)\sin\frac{1}{2}\Delta - \frac{1}{R}\sin\Delta}, \text{ atque hinc}$$

$$\frac{\cos\frac{1}{2}\Delta}{R} = \frac{1}{2}\left(\frac{1}{r} + \frac{1}{r'}\right) - \frac{2\sin\frac{1}{4}\Delta^2}{p} = \frac{\cos\omega}{\sqrt{(rr'\cos 2\omega)}} - \frac{2\sin\frac{1}{4}\Delta^2}{p}$$

Statuendo itaque $\frac{2\sin\frac{1}{4}\Delta^2\sqrt{(rr'\cos 2\omega)}}{\cos\omega} = \delta$, fit $R = \frac{\cos\frac{1}{2}\Delta\sqrt{(rr'\cos 2\omega)}}{\cos\omega(1 - \frac{\delta}{p})}$, vnde

valor approximatus secundus ipsius $\sqrt{p}$ elicitur

$$\sqrt{p} = \alpha + \frac{2\alpha\cos\frac{1}{2}\Delta^2\cos 2\omega^2}{\cos\omega^2(1 - \frac{\delta}{p})^2} = \alpha + \frac{\varepsilon}{(1 - \frac{\delta}{p})^2}$$

si statuitur $2\alpha\left(\frac{\cos\frac{1}{2}\Delta\cos 2\omega}{\cos\omega}\right)^2 = \varepsilon$. Scribendo itaque π pro $\sqrt{p}$, determinabitur π per aequationem $(\pi - \alpha)(1 - \frac{\delta}{\pi\pi})^2 = \varepsilon$, quae rite euoluta ad quintum gradum ascenderet. Statuamus $\pi = q + \mu$, ita vt sit q valor approximatus ipsius π, atque μ quantitas perexigua, cuius quadrata altioresque potestates negligere liceat: Qua substitutione prodit

$$(q - \alpha)(1 - \frac{\delta}{qq})^2 + \mu\left\{(1 - \frac{\delta}{qq})^2 + \frac{4\delta(q - \alpha)}{q^3}(1 - \frac{\delta}{qq})\right\} = \varepsilon, \text{ siue}$$

$$\mu = \frac{\varepsilon q^5 - (qq - \alpha q)(qq - \delta)^2}{(qq - \delta)(q^3 + 3\delta q - 4\alpha\delta)}, \text{ adeoque}$$

$$\pi = \frac{\varepsilon q^5 + (qq - \delta)(\alpha qq + 4\delta q - 5\alpha\delta)q}{(qq - \delta)(q^3 + 3\delta q - 4\alpha\delta)}$$

Iam in problemate nostro habemus valorem approximatum ipsius π, puta $= 3\alpha$, quo in formula praecedente pro q substituto, prodit valor correctus

$$\pi = \frac{243\alpha^4\varepsilon + 3\alpha(9\alpha\alpha - \delta)(9\alpha\alpha + 7\delta)}{(9\alpha\alpha - \delta)(27\alpha\alpha + 5\delta)}$$

Statuendo itaque $\frac{\delta}{27\alpha\alpha} = \beta$, $\frac{\varepsilon}{(1 - 3\beta)\alpha} = \gamma$, formula induit formam hancce

$\pi = \frac{\alpha(1+\gamma+21\beta)}{1+5\beta}$, omnesque operationes ad problematis solutionem necessariae in his quinque formulis continentur:

$$\text{I.}\quad \frac{r'}{r} = \operatorname{tang}(45^\circ + \omega)$$

$$\text{II.}\quad \frac{\Delta rr'}{3kt\cos 2\omega} = \alpha$$

$$\text{III.}\quad \frac{2\sin\tfrac{1}{4}\Delta^2\sqrt{(rr'\cos 2\omega)}}{27\alpha\alpha\cos\omega} = \beta$$

$$\text{IV.}\quad \frac{2\cos\tfrac{1}{2}\Delta^2\cos 2\omega^2}{(1-3\beta)\cos\omega^2} = \gamma$$

$$\text{V.}\quad \frac{\alpha(1+\gamma+21\beta)}{1+5\beta} = \sqrt{p}$$

Si quid a praecisione harum formularum remittere placet, expressiones adhuc simpliciores euoluere licebit. Scilicet faciendo $\cos\omega$ et $\cos 2\omega = 1$ et euoluendo valorem ipsius $\sqrt{p}$ in seriem secundum potestates ipsius Δ progredientem, prodit neglectis biquadratis altioribusque potestatibus

$$\sqrt{p} = \alpha\left(3 - \tfrac{1}{2}\Delta\Delta + \frac{\Delta\Delta\sqrt{rr'}}{18\alpha\alpha}\right)$$

vbi Δ in partibus radii exprimendus est. Quare faciendo $\frac{\Delta rr'}{kt} = \sqrt{p'}$, habetur

$$\text{VI.}\quad p = p'\left(1 - \tfrac{1}{3}\Delta\Delta + \frac{\Delta\Delta\sqrt{rr'}}{3p'}\right)$$

Simili modo explicando $\sqrt{p}$ in seriem secundum potestates ipsius $\sin\Delta$ progredientem emergit posito $\frac{rr'\sin\Delta}{kt} = \sqrt{p''}$

$$\text{VII.}\quad \sqrt{p} = \left(1 + \frac{\sin\Delta^2\sqrt{rr'}}{6p''}\right)\sqrt{p''},\ \text{siue}$$

$$\text{VIII.}\quad p = p'' + \tfrac{1}{3}\sin\Delta^2\sqrt{rr'}$$

Formulae VII et VIII conueniunt cum iis, quas ill. Euler tradidit in *Theoria motus planetarum et cometarum*, formula VI autem cum ea, quae in vsum vocata est in *Recherches et calculs sur la vraie orbite elliptique de la comete de* 1769. p. 80.

87.

Exempla sequentia vsum praeceptorum praecedentium illustrabunt, simulque inde gradus praecisionis aestimari poterit.

I. Sit $\log r = 0,3307640$, $\log r' = 0,3222239$, $\Delta = 7^\circ 34' 53'' 73 = 27295'' 75$, $t = 21,93391$ dies. Hic inuenitur $\omega = -33' 47'' 90$, vnde calculus vlterior ita se habet:

$\log \Delta$	4,4360629
$\log rr'$	0,6529879
$C.\log 3k$	5,9728722
$C.\log t$	8,6588840
$C.\log \cos 2\omega$	0,0000840
$\log \alpha$	9,7208910

$\frac{1}{2} \log rr' \cos 2\omega$	0,3264519
$2 \log \sin \frac{1}{4}\Delta$	7,0389972
$\log \frac{2}{27}$	8,8696662
$C.\log \alpha\alpha$	0,5582180
$C.\log \cos \omega$	0,0000210
$\log \beta$	6,7933543
$\beta =$	0,0006213757

$\log 2$	0,3010300
$2 \log \cos \frac{1}{2}\Delta$	9,9980976
$2 \log \cos 2\omega$	9,9998320
$C.\log(1 - 3\beta)$	0,0008103
$2\, C.\log \cos \omega$	0,0000420
$\log \gamma$	0,2998119
$\gamma =$	1,9943982
$21\beta =$	0,0130489

$1 + \gamma + 21\beta =$	3,0074471
$\log$	0,4781980
$\log \alpha$	9,7208910
$C.\log(1 + 5\beta)$	9,9986528
$\log \sqrt{p}$	0,1977418
$\log p$	0,3954836

Hic valor ipsius $\log p$ vix vna vnitate in figura septima a vero differt: formula VI in hoc exemplo dat $\log p = 0,3954807$; formula VII producit 0,3954780; denique formula VIII dat 0,3954754.

II. Sit $\log r = 0,4282792$, $\log r' = 0,4062033$, $\Delta = 62^\circ 55' 16'' 64$, $t = 259,88477$ dies. Hinc eruitur $\omega = -1^\circ 27' 20'' 14$, $\log \alpha = 9,7482348$, $\beta = 0,04535216$, $\gamma = 1,681127$, $\log \sqrt{p} = 0,2198027$, $\log p = 0,4396054$, qui valor 187 vnitatibus in figura septima iusto minor est. Valor enim verus in hoc exemplo est 0,4396237; per formulam VI inuenitur 0,4368730; per formulam VII prodit 0,4159824; denique per formulam VIII eruitur 0,4051103: duo postremi valores hic a vero tantum discrepant, vt ne approximationis quidem vice fungi possint.

88.

Methodi *secundae* expositio permultis relationibus nouis atque elegantibus enucleandis occasionem dabit: quae quum in diuersis sectionum conicarum generibus formas diuersas induant, singula seorsim tractare oportebit: ab ELLIPSI initium faciemus.

Respondeant duobus locis anomaliae verae v, v' (e quibus v sit tempore anterior), anomaliae excentricae E, E', radiique vectores r, r'; porro sit p semiparameter, $e=\sin\varphi$ excentricitas, a semiaxis maior, t tempus intra quod motus a loco primo ad secundum absoluitur; denique statuamus $v'-v=2f$, $v'+v=2F$, $E'-E=2g$, $E'+E=2G$, $a\cos\varphi=\frac{p}{\cos\varphi}=b$. Quibus ita factis e combinatione formularum V, VI art. 8 facile deducuntur aequationes sequentes:

[1] $b\sin g=\sin f.\sqrt{rr'}$

[2] $b\sin G=\sin F.\sqrt{rr'}$

$p\cos g=\left(\cos\tfrac{1}{2}v\cos\tfrac{1}{2}v'.(1+e)+\sin\tfrac{1}{2}v\sin\tfrac{1}{2}v'.(1-e)\right)\sqrt{rr'}$, siue

[3] $p\cos g=(\cos f+e\cos F)\sqrt{rr'}$, et perinde

[4] $p\cos G=(\cos F+e\cos f)\sqrt{rr'}$

E combinatione aequationum 3, 4 porro oritur

[5] $\cos f.\sqrt{rr'}=(\cos g-e\cos G)\,a$

[6] $\cos F.\sqrt{rr'}=(\cos G-e\cos g)\,a$

E formula III art. 8 nanciscimur

[7] $r'-r=2ae\sin g\sin G$

$r'+r=2a-2ae\cos g\cos G=2a\sin g^2+2\cos f\cos g\sqrt{rr'}$

vnde

[8] $a=\frac{r+r'-2\cos f\cos g\sqrt{rr'}}{2\sin g^2}$

Statuamus

[9] $\frac{\sqrt{\frac{r'}{r}}+\sqrt{\frac{r}{r'}}}{2\cos f}=1+2l$, eritque

[10] $a=\frac{2(l+\sin\frac{1}{2}g^2)\cos f\sqrt{rr'}}{\sin g^2}$

nec non $\sqrt{a}=\pm\frac{\sqrt{(2(l+\sin\frac{1}{2}g^2)\cos f\sqrt{rr'})}}{\sin g}$, vbi signum superius accipere oportet vel inferius, prout $\sin g$ positiuus est vel negatiuus. — Formula XII. art. 8 nobis suppeditat aequationem

$$\frac{kt}{a^{\frac{3}{2}}}=E'-e\sin E'-E+e\sin E=2g-2e\sin g\cos G=2g-\sin 2g+2\cos f\sin g\frac{\sqrt{rr'}}{a}$$

Quodsi iam in hac aequatione pro a substituitur ipsius valor ex 10, ac breuitatis gratia ponitur

$$[11] \quad \frac{kt}{2^{\frac{3}{2}}\cos f^{\frac{3}{2}}(rr')^{\frac{3}{4}}} = m$$

prodit omnibus rite reductis

$$[12] \quad \pm m = (l+\sin\tfrac{1}{2}g^2)^{\frac{1}{2}} + (l+\sin\tfrac{1}{2}g^2)^{\frac{3}{2}}\left(\frac{2g-\sin 2g}{\sin g^3}\right)$$

vbi ipsi m signum superius vel inferius praefigendum est, prout $\sin g$ positiuus est vel negatiuus.

Quoties motus heliocentricus est inter 180° et 360°, siue generalius quoties $\cos f$ est negatiuus, quantitas m per formulam 11 determinata euaderet imaginaria, atque l negatiua, ad quod euitandum pro aequationibus 9,11 in hoc casu hasce adoptabimus:

$$[9^*] \quad \frac{\sqrt{\frac{r'}{r}}+\sqrt{\frac{r}{r'}}}{2\cos f} = 1-2L$$

$$[11^*] \quad \frac{kt}{2^{\frac{3}{2}}(-\cos f)^{\frac{3}{2}}(rr')^{\frac{3}{4}}} = M$$

vnde pro 10 et 12 hasce obtinebimus

$$[10^*] \quad a = \frac{-2(L-\sin\frac{1}{2}g^2)\cos f\sqrt{rr'}}{\sin g^2}$$

$$[12^*] \quad \pm M = -(L-\sin\tfrac{1}{2}g^2)^{\frac{1}{2}} + (L-\sin\tfrac{1}{2}g^2)^{\frac{3}{2}}\left(\frac{2g-\sin 2g}{\sin g^3}\right)$$

vbi signum ambiguum eodem modo determinandum est vt ante.

89.

Duplex iam negotium nobis incumbit, primum, vt ex aequatione transcendente 12, quoniam solutionem directam non admittit, incognitam g quam commodissime eruamus; secundum, vt ex angulo g inuento elementa ipsa deducamus. Quae antequam adeamus, transformationem quandam attingemus, cuius adiumento calculus quantitatis auxiliaris l vel L expeditius absoluitur, insuperque plures formulae post euoluendae ad formam elegantiorem reducuntur.

Introducendo scilicet angulum auxiliarem ω per formulam $\sqrt[4]{\frac{r'}{r}} = \tan(45°+\omega)$ determinandum, fit $\sqrt{\frac{r'}{r}}+\sqrt{\frac{r}{r'}} =$

$2+(\mathrm{tang}\,(45^\circ+\omega)-\mathrm{cotang}\,(45^\circ+\omega))^2=2+4\,\mathrm{tang}\,2\,\omega^2$; vnde habetur

$$l=\frac{\sin\frac{1}{2}f^2}{\cos f}+\frac{\mathrm{tang}\,2\,\omega^2}{\cos f},\quad L=-\frac{\sin\frac{1}{2}f^2}{\cos f}-\frac{\mathrm{tang}\,2\,\omega^2}{\cos f}$$

90.

Considerabimus primo casum eum, vbi e solutione aequationis 12 valor non nimis magnus ipsius g emergit, ita vt $\frac{2g-\sin 2g}{\sin g^3}$ in seriem secundum potestates ipsius $\sin\frac{1}{2}g$ progredientem euoluere liceat. Numerator huius expressionis, quam per X denotabimus, fit

$$=\tfrac{32}{3}\sin\tfrac{1}{2}g^3-\tfrac{16}{5}\sin\tfrac{1}{2}g^5-\tfrac{4}{7}\sin\tfrac{1}{2}g^7-\text{etc.}$$

Denominator autem

$$=8\sin\tfrac{1}{2}g^3-12\sin\tfrac{1}{2}g^5+3\sin\tfrac{1}{2}g^7+\text{etc.}$$

Vnde X obtinet formam

$$\tfrac{4}{3}+\tfrac{8}{5}\sin\tfrac{1}{2}g^2+\tfrac{64}{35}\sin\tfrac{1}{2}g^4+\text{etc.}$$

Vt autem legem progressionis coëfficientium eruamus, differentiamus aequationem $X\sin g^3=2g-\sin 2g$, vnde prodit $3X\cos g\sin g^2+\sin g^3\frac{\mathrm{d}X}{\mathrm{d}g}=2-2\cos 2g=4\sin g^2$; statuendo porro $\sin\frac{1}{2}g^2=x$, fit $\frac{\mathrm{d}x}{\mathrm{d}g}=\frac{1}{2}\sin g$, vnde concluditur $\frac{\mathrm{d}X}{\mathrm{d}x}=$ $\frac{8-6X\cos g}{\sin g^2}=\frac{4-3X(1-2x)}{2x(1-x)}$, et proin $(2x-2xx)\frac{\mathrm{d}X}{\mathrm{d}x}=4-(3-6x)X$.

Quodsi igitur statuimus

$$X=\tfrac{4}{3}(1+\alpha x+\beta xx+\gamma x^3+\delta x^4+\text{etc.})$$

obtinemus aequationem

$$\tfrac{8}{3}(\alpha x+(2\beta-\alpha)xx+(3\gamma-2\beta)x^3+(4\delta-3\gamma)x^4+\text{etc.})=(8-4\alpha)x+(8\alpha-4\beta)xx$$
$$+(8\beta-4\gamma)x^3+(8\gamma-4\delta)x^4+\text{etc.}$$

quae identica esse debet. Hinc colligimus $\alpha=\frac{6}{5}$, $\beta=\frac{8}{7}\alpha$, $\gamma=\frac{10}{9}\beta$, $\delta=\frac{12}{11}\gamma$ etc., vbi lex progressionis obuia est. Habemus itaque

$$X=\tfrac{4}{3}+\frac{4.6}{3.5}x+\frac{4.6.8}{3.5.7}xx+\frac{4.6.8.10}{3.5.7.9}x^3+\frac{4.6.8.10.12}{3.5.7.9.11}x^4+\text{etc.}$$

Hanc seriem transformare licet in fractionem continuam sequentem:

$$X = \cfrac{\frac{4}{3}}{1 - \cfrac{\frac{6}{5}x}{1 + \cfrac{\frac{2}{5.7}x}{1 - \cfrac{\frac{5.8}{7.9}x}{1 - \cfrac{\frac{1.4}{9.11}x}{1 - \cfrac{\frac{7.10}{11.13}x}{1 - \cfrac{\frac{3.6}{13.15}x}{1 - \cfrac{\frac{9.12}{15.17}x}{1 - \text{etc.}}}}}}}}}$$

Lex secundum quam coëfficientes $\frac{6}{5}$, $-\frac{2}{5.7}$, $\frac{5.8}{7.9}$, $\frac{1.4}{9.11}$ etc. progrediuntur, obuia est; scilicet terminus n^{tus} huius seriei fit pro n pari $= \frac{n-5.n}{2n+1.2n+5}$, pro n impari autem $= \frac{n+2.n+5}{2n+1.2n+3}$: vlterior huius argumenti euolutio nimis aliena esset ab instituto nostro. Quodsi iam statuimus

$$\cfrac{x}{1 + \cfrac{\frac{2}{5.7}x}{1 - \cfrac{\frac{5.8}{7.9}x}{1 - \cfrac{\frac{1.4}{9.11}x}{1 - \text{etc.}}}}} = x - \xi$$

fit $X = \frac{1}{\frac{3}{4} - \frac{9}{10}(x-\xi)}$, atque $\xi = x - \frac{5}{6} + \frac{10}{9X}$, siue

$\xi = \frac{\sin g^3 - \frac{3}{4}(2g - \sin 2g)(1 - \frac{6}{5}\sin g^2)}{\frac{9}{10}(2g - \sin 2g)}$. Numerator huius expressionis est quantitas ordinis septimi, denominator ordinis tertii, adeoque ξ ordinis quarti, siquidem g tamquam quantitas ordinis primi, siue x tamquam ordinis secundi spectatur. Hinc concluditur, formulam hancce ad computum numericum exactum ipsius ξ haud idoneam esse, quoties g angulum non valde considerabilem exprimat: tunc autem ad hunc finem commode adhibentur formulae sequentes, quae ab inuicem p r ordinem commutatum numeratorum in coëfficientibus fractis differunt, et quarum prior e valore supposito ipsius $x-\xi$ haud difficile deriuatur *):

*) Deductio posterioris quasdam transformationes minus obuias aliaque occasione explicandas supponit.

$$[13]\quad \xi = \cfrac{\frac{2}{35}xx}{1+\frac{2}{35}v-\cfrac{\frac{40}{63}x}{1-\cfrac{\frac{4}{99}x}{1-\cfrac{\frac{70}{143}x}{1-\cfrac{\frac{18}{195}x}{1-\cfrac{\frac{108}{255}x}{1-\text{etc.}}}}}}}$$

siue

$$\xi = \cfrac{\frac{2}{35}xx}{1-\frac{18}{35}x-\cfrac{\frac{4}{63}x}{1-\cfrac{\frac{40}{99}x}{1-\cfrac{\frac{18}{143}x}{1-\cfrac{\frac{70}{195}x}{1-\cfrac{\frac{40}{255}x}{1-\text{etc.}}}}}}}$$

In tabula tertia huic operi annexa pro cunctis valoribus ipsius x a 0 vsque ad 0,3, per singulas partes millesimas, valores respondentes ipsius ξ ad septem figuras decimales computati reperiuntur. Haec tabula primo aspectu monstrat exiguitatem ipsius ξ pro valoribus modicis ipsius g; ita e. g. pro $E'-E=10°$, siue $g=5°$, vbi $x=0{,}00195$, fit $\xi=0{,}0000002$. Superfluum fuisset, tabulam adhuc vlterius continuare, quum termino vltimo $x=0{,}3$ respondeat $g=66°25'$ siue $E'-E=132°50'$ Ceterum tabulae columna tertia, quae valores ipsius ξ valoribus negatiuis ipsius x respondentes continet, infra loco suo explicabitur.

91.

Aequatio 12, in qua, eo de quo agimus casu, manifesto signum superius adoptare oportet, per introductionem quantitatis ξ obtinet formam

$$m=(l+x)^{\frac{1}{2}}+\frac{(l+x)^{\frac{3}{2}}}{\frac{3}{4}-\frac{9}{10}(x-\xi)}$$

Statuendo itaque $\sqrt{(l+x)}=\frac{m}{y}$, atque

$$[14]\quad \frac{mm}{\frac{5}{6}+l+\xi}=h,$$ omnibus rite reductis prodit

$$[15]\quad h=\frac{(y-1)yy}{y+\frac{1}{9}}$$

Quodsi itaque h tamquam quantitatem cognitam spectare licet, y inde per aequationem cubicam determinabitur, ac dein erit

[16] $x = \frac{mm}{yy} - l$

Iam etiamsi h implicet quantitatem adhuc incognitam ξ, in approximatione prima eam negligere atque pro h accipere licebit $\frac{mm}{\frac{5}{6}+l}$, quoniam certe in eo de quo agimus casu ξ semper est quantitas valde parua. Hinc per aequationes 15, 16 elicientur y et x; ex x per tabulam III habebitur ξ, cuius adiumento per formulam 14 eruetur valor correctus ipsius h, cum quo calculus idem repetitus valores correctos ipsarum y, x dabit: plerumque hi tam parum a praecedentibus different, vt ξ iterum e tabula III desumta haud diuersa sit a valore primo: alioquin calculum denuo repetere oporteret, donec nullam amplius mutationem patiatur. Simulac quantitas x inuenta erit, habebitur g per formulam $\sin\frac{1}{2}g^2 = x$.

Haec praecepta referuntur ad casum primum, vbi $\cos f$ positiuus est; in casu altero vbi negatiuus est statuimus $\sqrt{(L-x)} = \frac{M}{Y}$ atque

[14*] $\frac{MM}{L-\frac{5}{6}-\xi} = H$, vnde aequatio 12* rite reducta transit in hanc

[15*] $H = \frac{(Y+1)YY}{Y-\frac{1}{9}}$

Per hanc itaque aequationem cubicam determinare licet Y ex H, vnde rursus x deriuabitur per aequationem

[16*] $x = L - \frac{MM}{YY}$

In approximatione prima pro H accipietur valor $\frac{MM}{L-\frac{5}{6}}$; cum valore ipsius x inde per aequationes 15*, 16* deriuato desumetur ξ ex tabula III; hinc per formulam 14* habebitur valor correctus ipsius H, cum quo calculus eodem modo repetetur. Tandem ex x angulus g eodem modo determinabitur vt in casu primo.

92.

Quamquam aequationes 15, 15* in quibusdam casibus tres radices reales habere possint, tamen ambiguum numquam erit, quamnam in problemate nostro adoptare oporteat. Quum enim h manifesto sit quantitas positiua, ex aequationum theoria facile concluditur, aequationem 15 habere radicem vnicam positiuam vel cum duabus imaginariis vel cum duabus negatiuis: iam quum $y = \frac{m}{\sqrt{(l+x)}}$ necessario esse debeat quantitas positiua, nullam hic incertitudinem remanere patet. Quod vero attinet ad aequationem 15*, primo obseruamus, L necessario esse maiorem quam 1: quod facile probatur, si aequatio in art. 89 tradita sub formam $L = 1 + \frac{\cos\frac{1}{2}f^2}{-\cos f} + \frac{\tang 2\omega^2}{-\cos f}$ ponitur. Porro substituendo in aequatione 12* pro M, $Y\sqrt{(L-x)}$, prodit $Y+1=(L-x)X$, adeoque $Y+1>(1-x)X>\frac{4}{3}+\frac{4}{5.5}x+\frac{4.6}{3.5.7}xx+\frac{4.6.8}{3.5.7.9}x^3+$ etc. $>\frac{4}{3}$, et proin $Y>\frac{1}{3}$. Statuendo itaque $Y=\frac{1}{3}+Y'$, necessario Y' erit quantitas positiua, aequatio 15* autem hinc transit in hanc $Y'^3+2Y'Y'+(1-H)Y'+\frac{4}{27}-\frac{2}{9}H=0$, quam plures radices positiuas habere non posse ex aequationum theoria facile probatur. Hinc colligitur, aequationem 15* vnicam radicem habituram esse maiorem quam $\frac{1}{3}$ *), quam neglectis reliquis in problemate nostro adoptare oportebit.

93.

Vt solutionem aequationis 15 pro casibus in praxi frequentissimis quantum fieri potest commodissimam reddamus, ad calcem huius operis tabulam peculiarem adiungimus (tabulam II), quae pro valoribus ipsius h a 0 vsque ad 0,6 logarithmos respondentes ipsius yy ad septem figuras decimales summa cura computatos exhibet. Argumentum h a 0 vsque ad 0,04 per singulas partes decies millesimas progreditur, quo pacto differentiae secundae ipsius $\log yy$ euanescentes sunt redditae, ita vt in hac quidem tabulae parte interpolatio simplex sufficiat. Quoniam vero tabula, si vbiuis eadem extensione gauderet, valde voluminosa euasisset, ab $h=0{,}04$ vsque ad finem per singulas tantum millesimas partes progredi debuit; quamobrem in hac parte posteriori ad differentias secundas respicere oportebit, siquidem errores aliquot vnitatum in figura septima euitare cupimus. Ceterum valores minores ipsius h in praxi longe sunt frequentissimi.

Solutio aequationis 15 quoties h limitem tabulae egreditur, nec non solutio aequationis 15* sine difficultate per methodum indirectam vel per alias methodos satis cognitas perfici poterit. Ceterum haud abs re erit monere, valorem paruum ipsius g cum valore negatiuo ipsius $\cos f$ consistere non posse nisi in orbitis valde excentricis, vt ex aequatione 20 infra in art. 95 tradenda sponte elucebit **).

*) Siquidem problema reuera solubile esse supponimus.

**) Ostendit ista aequatio, si $\cos f$ sit negatiuus, φ certe maiorem esse debere quam $90°-g$.

94.

Tractatio aequationum 12,12* in art. 91, 92, 93 explicata, innixa est suppositioni, angulum g non esse nimis magnum, certe infra limitem 66°25′, vltra quem tabulam III non extendimus. Quoties haec suppositio locum non habet, aequationes illae tantis artificiis non indigent: poterunt enim *forma non mutata* tutissime semper ac commodissime tentando solui. *Tuto* scilicet, quoniam valor expressionis $\frac{2g - \sin 2g}{\sin g^3}$, in qua $2g$ in partibus radii exprimendum esse sponte patet, pro valoribus maioribus ipsius g *omni praecisione* computari potest per tabulas trigonometricas, quod vtique fieri nequit, quamdiu g est angulus paruus: *commode*, quoniam loci heliocentrici tanto interuallo ab inuicem distantes vix vmquam ad determinationem orbitae penitus adhuc incognitae adhibebuntur, ex orbitae autem cognitione qualicunque valor approximatus ipsius g nullo propemodum negotio per aequationem 1 vel 3 art. 89 demanat: denique e valore approximato ipsius g valor correctus, aequationi 12 vel 12* omni quae desideratur praecisione satisfaciens, semper paucis tentaminibus eruetur. Ceterum quoties duo loci heliocentrici propositi plus vna reuolutione integra complectuntur, memorem esse oportet, quod ab anomalia excentrica totidem reuolutiones completae absolutae erunt, ita vt anguli $E' - E$, $v' - v$ vel ambo iaceant inter 0 et 360°, vel ambo inter multipla similia totius peripheriae, adeoque f et g vel simul inter 0 et 180°, vel inter multipla similia semiperipheriae. Quodsi tandem orbita omnino incognita esset, neque adeo constaret, vtrum corpus coeleste, transeundo a radio vectore primo ad secundum, descripserit partem tantum reuolutionis, an insuper reuolutionem integram vnam seu plures, problema nostrum nonnumquam plures solutiones diuersas admitteret: attamen huic casui in praxi vix vmquam occursuro his non immoramur.

95.

Transimus ad negotium secundum, puta determinationem elementorum ex inuento angulo g. Semiaxis maior hic statim habetur per formulas 10, 10*, pro quibus etiam sequentes adhiberi possunt:

$$[17]\quad a = \frac{2\, mm \cos f \sqrt{rr'}}{yy \sin g^2} = \frac{kktt}{4\, yy\, rr' \cos f^2 \sin g^2}$$

$$[17^*]\quad a = \frac{-2\, MM \cos f \sqrt{rr'}}{YY \sin g^2} = \frac{kktt}{4\, YY rr' \cos f^2 \sin g^2}$$

Semiaxis minor $b = \sqrt{ap}$ habetur per aequationem 1, qua cum praecedentibus combinata prodit

$$[18]\quad p = \left(\frac{yrr'\sin 2f}{kt}\right)^2$$

$$[18^*]\quad p = \left(\frac{Yrr'\sin 2f}{kt}\right)^2$$

Iam sector ellipticus inter duos radios vectores atque arcum ellipticum contentus fit $= \frac{1}{2}kt\sqrt{p}$, triangulum autem inter eosdem radios vectores atque chordam $= \frac{1}{2}rr'\sin 2f$: quamobrem ratio sectoris ad triangulum est vt $y:1$ vel $Y:1$. Haec obseruatio maximi est momenti, simulque aequationes 12, 12* pulcherrime illustrat: patet enim hinc, in aequatione 12 partes m, $(l+x)^{\frac{1}{2}}$, $X(l+x)^{\frac{3}{2}}$, in aequatione 12* autem partes M, $(L-x)^{\frac{1}{2}}$, $X(L-x)^{\frac{3}{2}}$ respectiue proportionales esse areae sectoris (inter radios vectores atque arcum ellipticum), areae trianguli (inter radios vectores atque chordam), areae segmenti (inter arcum atque chordam), quoniam manifesto area prima aequalis est vel summae vel differentiae duarum reliquarum, prout $v'-v$ vel inter 0 et 180° iacet vel inter 180° et 360°. In casu eo, vbi $v'-v$ maior est quam 360°, areae sectoris nec non areae segmenti aream integrae ellipsis toties adiectam concipere oportet, quot reuolutiones integras ille motus continet.

Quum b sit $= a\cos\varphi$, e combinatione aequationum 1, 10, 10* porro sequitur

$$[19]\quad \cos\varphi = \frac{\sin g \operatorname{tang} f}{2(l+\sin\frac{1}{2}g^2)}$$

$$[19^*]\quad \cos\varphi = \frac{-\sin g \operatorname{tang} f}{2(L-\sin\frac{1}{2}g^2)}$$

vnde substituendo pro l, L valores suos ex art. 89 prodit

$$[20]\quad \cos\varphi = \frac{\sin f \sin g}{1-\cos f\cos g + 2\operatorname{tang} 2\omega^2}$$

Haec formula ad calculum exactum excentricitatis non est idonea, quoties haec modica est: sed facile ex ista deducitur formula aptior sequens

$$[21]\quad \operatorname{tang}\tfrac{1}{2}\varphi^2 = \frac{\sin\frac{1}{2}(f-g)^2 + \operatorname{tang} 2\omega^2}{\sin\frac{1}{2}(f+g)^2 + \operatorname{tang} 2\omega^2}$$

cui etiam forma sequens tribui potest (multiplicando numeratorem et denominatorem per $\cos\omega^2$)

$$[22]\quad \operatorname{tang}\tfrac{1}{2}\varphi^2 = \frac{\sin\frac{1}{2}(f-g)^2 + \cos\frac{1}{2}(f-g)^2\sin 2\omega^2}{\sin\frac{1}{2}(f+g)^2 + \cos\frac{1}{2}(f-g)^2\sin 2\omega^2}$$

Per vtramque formulam (adhibitis si placet angulis auxiliaribus quorum tangentes $\frac{\operatorname{tang} 2\omega}{\sin\frac{1}{2}(f-g)}$, $\frac{\operatorname{tang} 2\omega}{\sin\frac{1}{2}(f+g)}$ pro priori, vel $\frac{\sin 2\omega}{\operatorname{tang}\frac{1}{2}(f-g)}$, $\frac{\sin 2\omega}{\operatorname{tang}\frac{1}{2}(f+g)}$ pro posteriori) angulum φ omni semper praecisione determinare licebit.

Pro determinatione anguli G adhiberi potest formula sequens, quae sponte demanat e combinatione aequationum 5, 7 et sequentis non numeratae:

$$[23]\quad \operatorname{tang} G = \frac{(r'-r)\sin g}{(r'+r)\cos g - 2\cos f\sqrt{rr'}}$$

e qua, introducendo ω, facile deriuatur

$$[24]\quad \operatorname{tang} G = \frac{\sin g \sin 2\omega}{\cos 2\omega^2 \sin\frac{1}{2}(f-g)\sin\frac{1}{2}(f+g) + \sin 2\omega^2 \cos g}$$

Ambiguitas hic remanens facile deciditur adiumento aequationis 7, quae docet, G inter 0 et 180° vel inter 180° et 360° accipi debere, prout numerator in his duabus formulis positiuus fuerit vel negatiuus.

Combinando aequationem 3 cum his, quae protinus demanant ex aequatione II art. 8.

$$\frac{1}{r} - \frac{1}{r'} = \frac{2e}{p}\sin f \sin F$$

$$\frac{1}{r} + \frac{1}{r'} = \frac{2}{p} + \frac{2e}{p}\cos f \cos F$$

nullo negotio deriuabitur sequens

$$[25]\quad \operatorname{tang} F = \frac{(r'-r)\sin f}{2\cos g\sqrt{rr'} - (r'+r)\cos f}$$

e qua, introducto angulo ω, prodit

$$[26]\quad \operatorname{tang} F = \frac{\sin f \sin 2\omega}{\cos 2\omega^2 \sin\frac{1}{2}(f-g)\sin\frac{1}{2}(f+g) - \sin 2\omega^2 \cos f}$$

Ambiguitas hic perinde tollitur vt ante. — Postquam anguli F et G inuenti erunt, habebitur $v = F - f$, $v' = F + f$, vnde positio perihelii nota erit; nec non $E = G - g$, $E' = G + g$. Denique motus medius intra tempus t erit $= \frac{kt}{a^{\frac{3}{2}}} = 2g - 2e\cos G \sin g$, quarum expressionum consensus calculo confirmando inseruiet; epocha autem anomaliae mediae, respondens temporis momento inter duo proposita medio, erit $G - e\sin G\cos g$, quae pro lubitu ad quoduis aliud tempus transferri poterit. Aliquanto adhuc commodius est, anomalias medias pro duobus temporum momentis datis per formulas $E - e\sin E$, $E' - e\sin E'$ computare, harumque differentia cum $\frac{kt}{a^{\frac{3}{2}}}$ comparanda ad calculi confirmationem vti.

96.

Aequationes in art. praec. traditae tanta quidem concinnitate gaudent, vt nihil amplius desiderari posse videatur. Nihilominus eruere licet formulas quasdam alias, per quas elementa orbitae multo adhuc elegantius et commodius determinantur: verum euolutio harum formularum paullulo magis recondita est.

Resumimus ex art. 8 aequationes sequentes, quas commoditatis gratia numeris nouis distinguimus:

$$\text{I.}\quad \sin\tfrac{1}{2}v\sqrt{\frac{r}{a}} = \sin\tfrac{1}{2}E\sqrt{(1+e)}$$

$$\text{II.}\quad \cos\tfrac{1}{2}v\sqrt{\frac{r}{a}} = \cos\tfrac{1}{2}E\sqrt{(1-e)}$$

$$\text{III.}\quad \sin\tfrac{1}{2}v'\sqrt{\frac{r'}{a}} = \sin\tfrac{1}{2}E'\sqrt{(1+e)}$$

$$\text{IV.}\quad \cos\tfrac{1}{2}v'\sqrt{\frac{r'}{a}} = \cos\tfrac{1}{2}E'\sqrt{(1-e)}$$

Multiplicamus I per $\sin\frac{1}{2}(F+g)$, II per $\cos\frac{1}{2}(F+g)$, vnde productis additis nanciscimur

$$\cos\tfrac{1}{2}(f+g)\sqrt{\frac{r}{a}} = \sin\tfrac{1}{2}E\sin\tfrac{1}{2}(F+g)\sqrt{(1+e)} + \cos\tfrac{1}{2}E\cos\tfrac{1}{2}(F+g)\sqrt{(1-e)}$$

siue propter $\sqrt{(1+e)} = \cos\frac{1}{2}\varphi + \sin\frac{1}{2}\varphi$, $\sqrt{(1-e)} = \cos\frac{1}{2}\varphi - \sin\frac{1}{2}\varphi$,

$$\cos\tfrac{1}{2}(f+g)\sqrt{\frac{r}{a}} = \cos\tfrac{1}{2}\varphi\cos(\tfrac{1}{2}F - \tfrac{1}{2}G + g) - \sin\tfrac{1}{2}\varphi\cos\tfrac{1}{2}(F+G)$$

Prorsus simili modo multiplicando III per $\sin\frac{1}{2}(F-g)$, IV per $\cos\frac{1}{2}(F-g)$, prodit productis additis

$$\cos\tfrac{1}{2}(f+g)\sqrt{\frac{r'}{a}} = \cos\tfrac{1}{2}\varphi\cos(\tfrac{1}{2}F - \tfrac{1}{2}G - g) - \sin\tfrac{1}{2}\varphi\cos\tfrac{1}{2}(F+G)$$

Subtrahendo ab hac aequatione praecedentem, oritur

$$\cos\tfrac{1}{2}(f+g)\left(\sqrt{\frac{r'}{a}} - \sqrt{\frac{r}{a}}\right) = 2\cos\tfrac{1}{2}\varphi\sin g\sin\tfrac{1}{2}(F-G)$$

siue introducendo angulum auxiliarem ω

$$[27]\quad \cos\tfrac{1}{2}(f+g)\tang 2\omega = \sin\tfrac{1}{2}(F-G)\cos\tfrac{1}{2}\varphi\sin g\sqrt{\frac{aa}{rr'}}$$

Per transformationes prorsus similes, quarum euolutionem lectori perito relinquimus, inuenitur

$$[28]\quad \frac{\sin\frac{1}{2}(f+g)}{\cos 2\omega} = \cos\tfrac{1}{2}(F-G)\cos\tfrac{1}{2}\varphi\sin g\sqrt[4]{\frac{aa}{rr'}}$$

$$[29]\quad \cos\tfrac{1}{2}(f-g)\tang 2\omega = \sin\tfrac{1}{2}(F+G)\sin\tfrac{1}{2}\varphi\sin g\sqrt[4]{\frac{aa}{rr'}}$$

$$[30]\quad \frac{\sin\frac{1}{2}(f-g)}{\cos 2\omega} = \cos\tfrac{1}{2}(F+G)\sin\tfrac{1}{2}\varphi\sin g\sqrt[4]{\frac{aa}{rr'}}$$

Quum partes primae in his quatuor aequationibus sint quantitates cognitae, ex 27 et 28 determinabuntur $\frac{1}{2}(F-G)$ et $\cos\frac{1}{2}\varphi\sin g\sqrt[4]{\frac{aa}{rr'}} = P$, nec non ex 29 et 30 perinde $\frac{1}{2}(F+G)$ et $\sin\frac{1}{2}\varphi\sin g\sqrt[4]{\frac{aa}{rr'}} = Q$; ambiguitas in determinatione angulorum $\frac{1}{2}(F-G)$, $\frac{1}{2}(F+G)$ ita decidenda est, vt P et Q cum $\sin g$ idem signum obtineant. Dein ex P et Q deriuabuntur $\frac{1}{2}\varphi$ et $\sin g\sqrt[4]{\frac{aa}{rr'}} = R$. Ex R deduci potest $a = \frac{RR\sqrt{rr'}}{\sin g^2}$, nec non $p = \frac{\sin f^2\sqrt{rr'}}{RR}$, nisi illa quantitate, quae fieri debet $= \pm\sqrt{(2(l+\sin\frac{1}{2}g^2)\cos f)} = \pm\sqrt{(-2(L-\sin\frac{1}{2}g^2)\cos f)}$, vnice ad calculi confirmationem vti malimus, in quo casu a et p commodissime determinantur per formulas

$$b = \frac{\sin f\sqrt{rr'}}{\sin g},\quad a = \frac{b}{\cos\varphi},\quad p = b\cos\varphi$$

Possunt etiam, pro lubito, plures aequationum art. 89 et 95 ad calculi confirmationem in vsum vocari, quibus sequentes adhuc adiicimus:

$$\frac{2\tang 2\omega}{\cos 2\omega}\sqrt{\frac{rr'}{aa}} = e\sin G\sin g$$

$$\frac{2\tang 2\omega}{\cos 2\omega}\sqrt{\frac{pp}{rr'}} = e\sin F\sin f$$

$$\frac{2\tang 2\omega}{\cos 2\omega} = \tang\varphi\sin G\sin f = \tang\varphi\sin F\sin g$$

Denique motus medius atque epocha anomaliae mediae perinde inueniëntur vt in art. praec.

97.

Ad illustrationem methodi inde ab art. 88 expositae duo exempla art. 87 resumemus: anguli auxiliaris ω significationem hactenus obseruatam, non esse confundendam cum ea, in qua in art. 87, 88 acceptum erat idem signum, vix opus erit monuisse.

I. In exemplo primo habemus $f = 3°47'26''865$, porroque $\log \frac{r'}{r} =$ 9,9914599, $\log \operatorname{tang}(45° + \omega) = 9{,}997864975$, $\omega = -8'27''006$. Hinc per art. 89

$\log \sin \frac{1}{2} f^2$	7,0389972	$\log \operatorname{tang} 2\,\omega^2$	5,3832428
$\log \cos f$	9,9990488	$\log \cos f$	9,9990488
	7,0399484		5,3841940
$= \log 0{,}0010963480$		$= \log 0{,}0000242211$	

adeoque $l = 0{,}0011205691$, $\frac{5}{6} + l = 0{,}8344539$. Porro fit $\log kt = 9{,}5766974$

$2 \log kt$	9,1533948
C. $\frac{3}{2} \log rr'$	9,0205181
C. $\log 8 \cos f^3$	9,0997636
$\log mm$	7,2736765
$\log \frac{5}{6} + l$	9,9214023
	7,3522742

Est itaque valor approximatus ipsius $h = 0{,}00225047$, cui in tabula nostra II respondet $\log yy = 0{,}0021633$. Habetur itaque $\log \frac{mm}{yy} = 7{,}2715132$, siue $\frac{mm}{yy} = 0{,}001868587$, vnde per formulam 16 fit $x = 0{,}0007480179$: quamobrem quum ξ per tabulam III omnino insensibilis sit, valores inuenti pro h, y, x correctione non indigent. Iam determinatio elementorum ita se habet:

$\log x$ 6,8739120

$\log \sin \frac{1}{2} g$ ... 8,4369560, $\frac{1}{2} g = 1°34'2''0286$, $\frac{1}{2}(f+g) = 3°27'45''4611$, $\frac{1}{2}(f-g) = 19'41''4039$. Quare ad normam formularum 27, 28, 29, 30 habetur

$\log \operatorname{tang} 2\,\omega$	7,6916214 n	C. $\log \cos 2\,\omega$	0,0000032
$\log \cos \frac{1}{2}(f+g)$	9.9992065	$\log \sin \frac{1}{2}(f+g)$	8,7810188
$\log \cos \frac{1}{2}(f-g)$	9.9999929	$\log \sin \frac{1}{2}(f-g)$	7,7579709
$\log P \sin \frac{1}{2}(F-G)$	7,6908279 n	$\log Q \sin \frac{1}{2}(F+G)$	7,6916143 n
$\log P \cos \frac{1}{2}(F-G)$	8,7810240	$\log Q \cos \frac{1}{2}(F+G)$	7,7579761

$\frac{1}{2}(F-G) =$	$-4°38'41''54$	$\log P = \log R \cos \frac{1}{2}\varphi$	8,7824527
$\frac{1}{2}(F+G) =$	319 21 38 05	$\log Q = \log R \sin \frac{1}{2}\varphi$	7,8778355
$F =$	314 42 56,51	Hinc $\frac{1}{2}\varphi =$	7° 6' 0' 955
$v =$	310 55 29,64	$\varphi =$	14 12 1,87
$v' =$	318 30 23,37	$\log R$	8,7857960

$G = 324^\circ\, 0'\, 19''59$

$E = 320\; 52\; 15{,}53$

$E' = 327\; 8\; 23{,}65$

Ad calculum confirmandum

$\frac{1}{2}\log 2\cos f$	0,1500394
$\frac{1}{2}\log(l+x) = \log\frac{m}{y}$	8,6357566
	8,7857960

$\frac{1}{2}\log rr'$	0,3264939
$\log\sin f$	8,8202909
C. $\log\sin g$	1,2621765
$\log b$	0,4089613
$\log\cos\varphi$	9,9865224
$\log p$	0,3954857
$\log a$	0,4224389
$\log k$	3,5500066
$\frac{3}{2}\log a$	0,6336584
	2,9163482
$\log t$	1,3411160
	4,2574642

Est itaque motus medius diurnus $= 824''7989$. Motus medius intra tempus $t = 18091''07$ $= 5^\circ\, 1'\, 31''07$

$\log\sin\varphi$	9,3897262
$\log 206265$	5,3144251
$\log e$ in secundis	4,7041513
$\log\sin E$	9,8000767 n
$\log\sin E'$	9,7344714 n
$\log e\sin E$	4,5042280 n
$\log e\sin E'$	4,4386227 n

$e\sin E = -31932''14 = -8^\circ 52' 12''14$

$e\sin E' = -27455{,}08 = -7\; 37\; 35{,}08$

Hinc anomalia media

pro loco primo $=$	$329^\circ 44' 27''67$
pro secundo $=$	334 45 58,73
Differentia $=$	5 1 51,06

II. In exemplo altero fit $f = 31^\circ 27' 38''32$, $\omega = -21' 50\; 565$, $l = 0{,}08635659$, $\log mm = 9{,}3530651$, $\frac{mm}{\frac{5}{6}+l}$ siue valor approximatus ipsius $h = 0{,}2451454$; huic in tabula II respondet $\log yy = 0{,}1722683$, vnde deducitur $\frac{mm}{yy} = 0{,}15163408$, $x = 0{,}06527749$, hinc e tabula III sumitur $\xi = 0{,}0002531$. Quo valore adhibito prodeunt valores correcti $h = 0{,}2450779$, $\log yy = 0{,}1722303$, $\frac{mm}{yy} = 0{,}15164737$, $x = 0{,}06529078$, $\xi = 0{,}0002532$. Quodsi cum hoc valore ipsius ξ, vnica tantum vnitate in figura septima a priori diuerso, calculus denuo repeteretur; h, $\log yy$, x mutationem sensibilem non acciperent, quamobrem valor inuentus ipsius x iam est verus, statimque inde ad determinationem elementorum progredi licet. Cui hic non immoramur, quum nihil ab exemplo praecedente differat.

III. Haud abs re erit, etiam casum alterum vbi $\cos f$ negatiuus est exemplo illustrare. Sit $v' - v = 224^\circ\, 0'\, 0''$, siue $f = 112^\circ\, 0'\, 0''$, $\log r = 0{,}1394892$, $\log r'$

$= 0{,}3978794$, $t = 206{,}80919$ dies. Hic inuenitur $\omega = +4°14'43''78$, $L = 1{,}8942298$, $\log MM = 0{,}6724333$, valor primus approximatus ipsius $\log H = 0{,}6467603$, vnde per solutionem aequationis 15* obtinetur $Y = 1{,}591432$, ac dein $x = 0{,}037037$, cui respondet, in tabula III, $\xi = 0{,}0000801$. Hinc oriuntur valores correcti $\log H = 0{,}6467931$, $Y = 1{,}5915107$, $x = 0{,}0372195$, $\xi = 0{,}0000809$. Calculo cum hoc valore ipsius ξ denuo repetito prodit $x = 0{,}0372213$, qui valor, quum ξ inde haud mutata prodeat, nulla amplius correctione indiget. Inuenitur dein $\frac{1}{2}g = 11°7'25''40$, atque hinc perinde vt in exemplo I

$\frac{1}{2}(F-G)$	$= 3°33'53''59$	$\log P = \log R \cos \frac{1}{2}\varphi$	9,9700507
$\frac{1}{2}(F+G)$	$= 8\ 26\ \ 6{,}58$	$\log Q = \log R \sin \frac{1}{2}\varphi$	9,8580552
F	$= 11\ 59\ 59{,}97$	$\frac{1}{2}\varphi$	$= 37°41'34''27$
v	$= -100\ \ 0\ \ 0{,}03$	φ	$= 75\ 23\ \ 8{,}54$
v'	$= +123\ 59\ 59{,}97$	$\log R$	0,0717096
G	$= 4\ 52\ 12{,}79$	Ad calculi confirmationem eruitur	
E	$= -17\ 22\ 38{,}01$	$\log \frac{M}{Y}\sqrt{-2\cos f}$	0,0717097
E'	$= +27\ \ 7\ \ 3{,}59$		

In orbitis tam excentricis angulus φ paullulo exactius computatur per formulam 19*, quae in exemplo nostro dat $\varphi = 75°23'8''57$; excentricitas quoque e maiori praecisione determinatur per formulam $1 - 2\sin(45° - \frac{1}{2}\varphi)^2$ quam per $\sin\varphi$; secundum illam fit $e = 0{,}9676463o$.

Per formulam 1 porro inuenitur $\log b = 0{,}6576611$, vnde $\log p = 0{,}0595967$, $\log a = 1{,}2557255$, atque logarithmus distantiae in perihelio $= \log \frac{p}{1+e} = \log a(1-e) = \log b \operatorname{tang}(45° - \frac{1}{2}\varphi) = 9{,}7656496$.

In orbitis tantopere ad parabolae similitudinem vergentibus loco epochae anomaliae mediae assignari solet tempus transitus per perihelium; interualla inter hoc tempus atque tempora duobus locis propositis respondentia determinari poterunt ex elementis cognitis per methodum in art. 41 traditam, quorum differentia vel summa (prout perihelium vel extra duo loca proposita iacet vel intra) quum consentire debeat cum tempore t, calculo confirmando inseruiet. — Ceterum numeri huius tertii exempli superstructi erant elementis in exemplo art. 38 et 43 suppositis, quin adeo istud ipsum exemplum locum nostrum primum suppeditauerat: differentiae leuiusculae elementorum hic erutorum vnice a limitata praecisione tabularum logarithmicarum et trigonometricarum originem traxerunt.

98.

Solutio problematis nostri pro ellipsi in praecc. euoluta etiam ad parabolam et hyperbolam transferri posset, considerando parabolam tamquam ellipsin, in qua a et b essent quantitates infinitae, $\varphi = 90°$, tandem E, E', g, $G = 0$; et perinde hyperbolam tamquam ellipsin in qua a esset negatiua, atque b, E, E', g, G, φ imaginariae: malumus tamen his suppositionibus abstinere, problemaque pro vtroque sectionum conicarum genere seorsim tractare. Analogia insignis inter omnia tria genera sic sponte se manifestabit.

Retinendo in PARABOLA characteres p, v, v', F, f, r, r', t in eadem significatione in qua supra accepti sunt, habemus e theoria motus parabolici:

$$[1]\ \sqrt{\frac{p}{2r}} = \cos \tfrac{1}{2}(F - f)$$

$$[2]\ \sqrt{\frac{p}{2r'}} = \cos \tfrac{1}{2}(F + f)$$

$$\frac{2kt}{p^{\frac{3}{2}}} = \operatorname{tang} \tfrac{1}{2}(F+f) - \operatorname{tang} \tfrac{1}{2}(F-f) + \tfrac{1}{3} \operatorname{tang} \tfrac{1}{2}(F+f)^3 - \tfrac{1}{3} \operatorname{tang} \tfrac{1}{2}(F-f)^3$$

$$= \left\{ \operatorname{tang} \tfrac{1}{2}(F+f) - \operatorname{tang} \tfrac{1}{2}(F-f) \right\} . \left\{ 1 + \operatorname{tang} \tfrac{1}{2}(F+f) \operatorname{tang} \tfrac{1}{2}(F-f) \right.$$

$$\left. + \tfrac{1}{3} \left(\operatorname{tang} \tfrac{1}{2}(F+f) - \operatorname{tang} \tfrac{1}{2}(F-f) \right)^2 \right\}$$

$$= \frac{2 \sin f \sqrt{rr'}}{p} \left\{ \frac{2 \cos f \sqrt{rr'}}{p} + \frac{4 \sin f^2\, rr'}{3pp} \right\}, \text{ vnde}$$

$$[3]\ kt = \frac{2 \sin f \cos f . rr'}{\sqrt{p}} + \frac{4 \sin f^3 (rr')^{\frac{3}{2}}}{3p^{\frac{3}{2}}}$$

Porro deducitur ex multiplicatione aequationum 1, 2

$$[4]\ \frac{p}{\sqrt{rr'}} = \cos F + \cos f$$

nec non ex additione quadratorum

$$[5]\ \frac{p(r+r')}{2rr'} = 1 + \cos F \cos f$$

Hinc eliminato cos F

$$[6]\ p = \frac{2rr' \sin f^2}{r + r' - 2 \cos f \sqrt{rr'}}$$

Quodsi itaque aequationes 9, 9* art. 88 hic quoque adoptamus, priorem pro cos f positiuo, posteriorem pro negatiuo, habebimus

[7] $p = \frac{\sin f^2 \sqrt{rr'}}{2 l \cos f}$

[7*] $p = \frac{\sin f^2 \sqrt{rr'}}{-2 L \cos f}$

quibus valoribus in aequatione 3 substitutis, prodibit, retinendo characteres m, M in significatione per aequationes 11, 11* art. 88 stabilita,

[8] $m = l^{\frac{1}{2}} + \frac{4}{3} l^{\frac{3}{2}}$

[8*] $M = -L^{\frac{1}{2}} + \frac{4}{3} L^{\frac{3}{2}}$

Hae aequationes conueniunt cum 12, 12* art. 88, si illic statuatur $g = 0$. Hinc colligitur, si duo loci heliocentrici, quibus per parabolam satisfit, ita tractentur, ac si orbita esset elliptica, ex applicatione praeceptorum art. 91 statim resultare debere $x = 0$; vice versa facile perspicitur, si per praecepta ista prodeat $x = 0$, orbitam pro ellipsi parabolam euadere, quum per aequationes 1, 16, 17, 19, 20 fiat $b = \infty$, $a = \infty$, $\varphi = 0$. Determinatio elementorum facillime dein absoluitur. Pro p enim adhiberi poterit vel aequatio 7 art. praesentis, vel aequ. 18 art. 95 *): pro F autem fit ex aequationibus 1, 2 huius art. $\tang \frac{1}{2} F = \frac{\sqrt{r'} - \sqrt{r}}{\sqrt{r'} + \sqrt{r}} \operatorname{cotang} \frac{1}{2} f = \sin 2\omega \operatorname{cotang} \frac{1}{2} f$, si angulus auxiliaris in eadem significatione accipitur, vt in art. 89.

Hacce occasione adhuc obseruamus, si in aequ. 3 pro p substituatur valor eius ex 6, prodire aequationem satis notam

$$kt = \tfrac{1}{3}(r + r' + \cos f . \sqrt{rr'})(r + r' - 2 \cos f . \sqrt{rr'})^{\frac{1}{2}} \sqrt{2}$$

99.

In HYPERBOLA quoque characteres p, v, v', f, F, r, r', t in significatione eadem retinemus, pro semiaxi maiori a autem, qui hic negatiuus est, scribemus $-\alpha$; excentricitatem e perinde vt supra art. 21 etc. statuemus $= \frac{1}{\cos \psi}$. Quantitatem auxiliarem illic per u expressam, statuemus pro loco primo $= \frac{C}{c}$, pro secundo $= Cc$, vnde facile concluditur, c semper esse maiorem quam 1, sed ceteris paribus eo minus differre ab 1, quo minus duo loci propositi ab inuicem distent. Ex aequationibus in art. 21 euolutis huc transferimus forma paullulum mutata sextam et septimam

*) Vnde simul patet, x et Y in parabola easdem rationes exprimere vt in ellipsi, v. art. 95.

$$[1]\quad \cos\tfrac{1}{2}v = \tfrac{1}{2}\left(\sqrt{\frac{C}{c}}+\sqrt{\frac{c}{C}}\right)\sqrt{\frac{(e-1)\alpha}{r}}$$

$$[2]\quad \sin\tfrac{1}{2}v = \tfrac{1}{2}\left(\sqrt{\frac{C}{c}}-\sqrt{\frac{c}{C}}\right)\sqrt{\frac{(e+1)\alpha}{r}}$$

$$[3]\quad \cos\tfrac{1}{2}v' = \tfrac{1}{2}\left(\sqrt{Cc}+\sqrt{\frac{1}{Cc}}\right)\sqrt{\frac{(e-1)\alpha}{r'}}$$

$$[4]\quad \sin\tfrac{1}{2}v' = \tfrac{1}{2}\left(\sqrt{Cc}-\sqrt{\frac{1}{Cc}}\right)\sqrt{\frac{(e+1)\alpha}{r'}}$$

Hinc statim demanant sequentes:

$$[5]\quad \sin F = \tfrac{1}{2}\alpha\left(C-\frac{1}{C}\right)\sqrt{\frac{ee-1}{rr'}}$$

$$[6]\quad \sin f = \tfrac{1}{2}\alpha\left(c-\frac{1}{c}\right)\sqrt{\frac{ee-1}{rr'}}$$

$$[7]\quad \cos F = \left(e\left(c+\frac{1}{c}\right)-\left(C+\frac{1}{C}\right)\right)\frac{\alpha}{2\sqrt{rr'}}$$

$$[8]\quad \cos f = \left(e\left(C+\frac{1}{C}\right)-\left(c+\frac{1}{c}\right)\right)\frac{\alpha}{2\sqrt{rr'}}$$

Porro fit per aequ. X art. 21

$$\frac{r}{\alpha} = \tfrac{1}{2}e\left(\frac{C}{c}+\frac{c}{C}\right)-1$$

$$\frac{r'}{\alpha} = \tfrac{1}{2}e\left(Cc+\frac{1}{Cc}\right)-1$$

atque hinc

$$[9]\quad \frac{r'-r}{\alpha} = \tfrac{1}{2}e\left(C-\frac{1}{C}\right)\left(c-\frac{1}{c}\right)$$

$$[10]\quad \frac{r'+r}{\alpha} = \tfrac{1}{2}e\left(C+\frac{1}{C}\right)\left(c+\frac{1}{c}\right)-2$$

Haec aequatio 10 cum 8 combinata praebet

$$[11]\quad \alpha = \frac{r'+r-\left(c+\frac{1}{c}\right)\cos f.\sqrt{rr'}}{\tfrac{1}{2}\left(c-\frac{1}{c}\right)^2}$$

Statuendo itaque perinde vt in ellipsi $\dfrac{\sqrt{\frac{r'}{r}}+\sqrt{\frac{r}{r'}}}{2\cos f} = 1+2l$, vel $= 1-2L$, prout $\cos f$ est positiuus vel negatiuus, fit

$$[12] \quad \alpha = \frac{8(l - \frac{1}{4}(\sqrt{c} - \sqrt{\frac{1}{c}})^2)\cos f . \sqrt{rr'}}{(c - \frac{1}{c})^2}$$

$$[12^*] \quad \alpha = \frac{-8(L + \frac{1}{4}(\sqrt{c} - \sqrt{\frac{1}{c}})^2)\cos f . \sqrt{rr'}}{(c - \frac{1}{c})^2}$$

Computus quantitatis l vel L hic perinde vt in ellipsi adiumento anguli auxiliaris ω instituetur. Denique fit ex aequatione XI art. 22 (accipiendo logarithmos hyperbolicos)

$$\frac{kt}{a^{\frac{3}{2}}} = \tfrac{1}{2} e (Cc - \frac{1}{Cc} - \frac{C}{c} + \frac{c}{C}) - \log Cc + \log \frac{C}{c}$$

$$= \tfrac{1}{2} e (C + \frac{1}{C})(c - \frac{1}{c}) - 2 \log c$$

siue eliminata C adiumento aequationis 8

$$\frac{kt}{\alpha^{\frac{3}{2}}} = \frac{(c - \frac{1}{c})\cos f . \sqrt{rr'}}{\alpha} + \tfrac{1}{2}(cc - \frac{1}{cc}) - 2 \log c$$

In hac aequatione pro α substituimus valorem eius ex 12, 12*; dein characterem m vel M in eadem significatione, quam formulae 11, 11* art. 88 assignant, introducimus; tandemque breuitatis gratia scribimus

$$\tfrac{1}{4}(\sqrt{c} - \sqrt{\frac{1}{c}})^2 = z, \quad \frac{cc - \frac{1}{cc} - 4 \log c}{\frac{1}{4}(c - \frac{1}{c})^3} = Z$$

quo facto oriuntur aequationes

$$[13] \quad m = (l - z)^{\frac{1}{2}} + (l - z)^{\frac{3}{2}} Z$$

$$[13^*] \quad M = -(L + z)^{\frac{1}{2}} + (L + z)^{\frac{3}{2}} Z$$

quae vnicam incognitam z implicant, quum manifesto sit Z functio ipsius z per formulam sequentem expressa

$$Z = \frac{(1 + 2z)\sqrt{(z + zz)} - \log(\sqrt{(1 + z)} + \sqrt{z})}{2(z + zz)^{\frac{3}{2}}}$$

100.

In soluenda aequatione 13 vel 13* cum casum primo seorsim considerabimus, vbi z obtinet valorem haud magnum, ita vt Z per seriem secundum potestates ipsius z progredientem celeriterque conuergentem exprimi possit. Iam fit
$(1+2z)\sqrt{(z+zz)} = z^{\frac{1}{2}} + \frac{5}{2}z^{\frac{3}{2}} + \frac{7}{8}z^{\frac{5}{2}} \ldots$, $\log(\sqrt{(1+z)}+\sqrt{z}) = z^{\frac{1}{2}} - \frac{1}{6}z^{\frac{3}{2}} + \frac{3}{40}z^{\frac{5}{2}} \ldots$, adeoque numerator ipsius $Z = \frac{8}{3}z^{\frac{3}{2}} + \frac{4}{5}z^{\frac{5}{2}} \ldots$; denominator autem fit $= 2z^{\frac{3}{2}} + 3z^{\frac{5}{2}} \ldots$, vnde $Z = \frac{4}{3} - \frac{8}{5}z \ldots$ Vt legem progressionis detegamus, differentiamus aequationem

$$2(z+zz)^{\frac{3}{2}}Z = (1+2z)\sqrt{(z+zz)} - \log(\sqrt{(1+z)}+\sqrt{z})$$

vnde prodit omnibus rite reductis

$$2(z+zz)^{\frac{3}{2}}\frac{\mathrm{d}Z}{\mathrm{d}z} + 3Z(1+2z)\sqrt{(z+zz)} = 4\sqrt{(z+zz)}$$

siue

$$(2z+2zz)\frac{\mathrm{d}Z}{\mathrm{d}z} = 4 - (3+6z)Z$$

vnde simili ratione vt in art. 90 deducitur

$$Z = \frac{4}{3} - \frac{4.6}{3.5}z + \frac{4.6.8}{3.5.7}zz - \frac{4.6.8.10.}{3.5.7.\ 9.}z^3 + \frac{4.6.8.10.12}{3.5.7.\ 9.11}z^4 - \text{etc.}$$

Patet itaque, Z prorsus eodem modo a $-z$ pendere, vt supra in ellipsi X ab x: quamobrem si statuimus

$$Z = \frac{1}{\frac{3}{4} + \frac{9}{10}(z+\zeta)}$$

determinabitur etiam ζ perinde per $-z$ vt supra ξ per x, ita vt habeatur

$$[14]\quad \zeta = \cfrac{\frac{2}{35}zz}{1 - \frac{2}{35}z + \cfrac{\frac{40}{63}z}{1 + \cfrac{\frac{4}{99}z}{1 + \cfrac{\frac{70}{143}z}{1 + \text{etc.}}}}}$$

siue

$$\zeta = \cfrac{\frac{2}{35}zz}{1 + \frac{18}{35}z + \cfrac{\frac{4}{63}z}{1 + \cfrac{\frac{40}{99}z}{1 + \cfrac{\frac{18}{143}z}{1 + \text{etc.}}}}}$$

Hoc modo computati sunt valores ipsius ζ pro $z = 0$ vsque ad $z = 0{,}3$ per singulas partes millesimas, quos columna tertia tabulae III exhibet.

101.

Introducendo quantitatem ζ statuendoque $\sqrt{(l-z)} = \frac{m}{y}$ vel $\sqrt{(L-z)} = \frac{M}{Y}$, nec non

$$[15]\ \frac{mm}{\frac{5}{6}+l+\zeta} = h, \text{ vel}$$

$$[15^*]\ \frac{MM}{L-\frac{5}{6}-\zeta} = H$$

aequationes 13, 13* hancce formam induunt

$$[16]\ \frac{(y-1)yy}{y+\frac{1}{9}} = h$$

$$[16^*]\ \frac{(Y+1)YY}{Y-\frac{1}{9}} = H$$

adeoque omnino identicae fiunt cum iis ad quas in ellipsi peruentum est (15, 15* art. 91). Hinc igitur, quatenus h vel H pro cognita haberi potest, y vel Y deduci poterit, ac dein erit

$$[17]\ z = l - \frac{mm}{yy}$$

$$[17^*]\ z = \frac{MM}{YY} - L$$

Ex his colligitur, omnes operationes supra pro ellipsi praescriptas perinde etiam pro hyperbola valere, donec e valore approximato ipsius h vel H eruta fuerit quantitas y vel Y; dein vero quantitas $\frac{mm}{yy} - l$ vel $L - \frac{MM}{YY}$, quae in ellipsi positiua euadere debebat, in parabolaque $= 0$, fieri debet negatiua in hyperbola: hoc itaque criterio genus sectionis conicae definietur. Ex inuenta z tabula nostra dabit ζ, hinc orietur valor correctus ipsius h vel H, cum quo calculus repetendus est, donec omnia ex asse conspirent.

Postquam valor verus ipsius z inuentus est, c inde per formulam $c = 1 + 2z + 2\sqrt{(z+zz)}$ deriuari posset, sed praestat, etiam ad vsus sequentes, angulum auxiliarem n introducere, per aequationem $\text{tang}\, 2n = 2\sqrt{(z+zz)}$ determinandum; hinc fiet $c = \text{tang}\, 2n + \sqrt{(1 + \text{tang}\, 2n^2)} = \text{tang}\,(45° + n)$

102.

Quum in hyperbola perinde vt in ellipsi y necessario esse debeat positiua, solutio aequationis 16 hic quoque ambiguitati obnoxia esse nequit*): sed respectu aequationis 16* hic paullo aliter ratiocinandum est quam in ellipsi. Ex aequationum theoria facile demonstratur, pro valore positiuo ipsius H**) hanc aequationem (siquidem vllam radicem realem positiuam habeat) cum vna radice negatiua duas positiuas habere, quae vel ambae aequales erunt puta $= \frac{1}{6}\sqrt{5} - \frac{1}{6} = 0{,}20601$, vel altera hoc limite maior altera minor. Iam in problemate nostro (suppositioni superstructo, z esse quantitatem haud magnam, saltem non maiorem quam 0,3, ne tabulae tertiae vsu destituamur) necessario semper radicem maiorem accipiendam esse sequenti modo demonstramus. Si in aequatione 13* pro M substituitur $Y\sqrt{(L+z)}$, prodit $Y+1 = (L+z)Z > (1+z)Z$, siue $Y >$ $\frac{1}{3} - \frac{4}{3.5}z + \frac{4.6}{3.5.7}zz - \frac{4.6.8}{3.5.7.9}z^3 + \text{etc.}$, vnde facile concluditur, pro valoribus tam paruis ipsius z, quales hic supponimus, semper fieri debere $Y > 0{,}20601$. Reuera calculo facto inuenimus, vt $(1+z)Z$ huic limiti aequalis fiat, esse debere $z = 0{,}79858$: multum vero abest, quin methodum nostram ad tantos valores ipsius z extendere velimus.

103.

Quoties z valorem maiorem obtinet, tabulae III limites egredientem, aequationes 13, 13* tuto semper ac commode in forma sua non mutata tentando soluentur, et quidem ob rationes iis similes quas in art. 94 pro ellipsi exposuimus. In tali casu elementa orbitae obiter saltem cognita esse supponere licet: tum vero valor approximatus ipsius n statim habetur per formulam $\tang 2n = \frac{\sin f\sqrt{rr'}}{\alpha\sqrt{(ee-1)}}$, quae sponte demanat ex aequatione 6 art. 99. Ex n autem habebitur z per formulam $z = \frac{1-\cos 2n}{2\cos 2n} = \frac{\sin n^2}{\cos 2n}$, et ex valore approximato ipsius z paucis tentaminibus deriuabitur ille, qui aequationi 13 vel 13* ex asse satisfacit. Possunt quoque illae aequationes in hac forma exhiberi

*) Vix opus erit monere, tabulam nostram II in hyperbola perinde vt in ellipsi ad solutionem huius aequationis adhiberi posse, quamdiu h ipsius limites non egrediatur.

**) Quantitas H manifesto fieri nequit negatiua, nisi fuerit $\zeta > \frac{1}{6}$; tali autem valori ipsius ζ responderet valor ipsius z maior quam 2,684, adeoque limites huius methodi longe egrediens.

$$m = (l - \frac{\sin n^2}{\cos 2n})^{\frac{1}{2}} + 2(l - \frac{\sin n^2}{\cos 2n})^{\frac{3}{2}} \left\{ \frac{\frac{\tan 2n}{\cos 2n} - \log \text{hyp} \tan(45° + n)}{\tan 2n^3} \right\}$$

$$M = -(L + \frac{\sin n^2}{\cos 2n})^{\frac{1}{2}} + 2(L + \frac{\sin n^2}{\cos 2n})^{\frac{3}{2}} \left\{ \frac{\frac{\tan 2n}{\cos 2n} - \log \text{hyp} \tan(45° + n)}{\tan 2n^3} \right\}$$

atque sic, neglecta z, statim valor verus ipsius n erui.

104.

Superest, vt ex z, n vel c elementa ipsa determinemns. Statuendo $\alpha \sqrt{(ee-1)} = \beta$, habebitur ex aequatione 6 art. 99

$$[18] \quad \beta = \frac{\sin f \sqrt{rr'}}{\tan 2n}$$

Combinando hanc formulam cum 12, 12* art. 99, eruitur

$$[19] \quad \sqrt{(ee-1)} = \tan \psi = \frac{\tan f \tan 2n}{2(l-z)}$$

$$[19^*] \quad \tan \psi = -\frac{\tan f \tan 2n}{2(L+z)}$$

vnde excentricitas commode atque exacte computatur; ex β et $\sqrt{(ee-1)}$ prodibit per diuisionem α, per multiplicationem p, ita vt sit

$$\alpha = \frac{2(l-z)\cos f. \sqrt{rr'}}{\tan 2n^2} = \frac{2mm \cos f. \sqrt{rr'}}{yy \tan 2n^2} = \frac{kktt}{4YYrr' \cos f^2 \tan 2n^2}$$

$$= \frac{-2(L+z)\cos f. \sqrt{rr'}}{\tan 2n^2} = \frac{-2MM \cos f. \sqrt{rr'}}{YY \tan 2n^2} = \frac{kktt}{4yy\, rr' \cos f^2 \tan 2n^2}$$

$$p = \frac{\sin f. \tan f. \sqrt{rr'}}{2(l-z)} = \frac{yy \sin f. \tan f. \sqrt{rr'}}{2mm} = \left(\frac{y\, rr' \sin 2f}{kt}\right)^2$$

$$= \frac{-\sin f. \tan f. \sqrt{rr'}}{2(L+z)} = \frac{-YY \sin f. \tan f. \sqrt{rr'}}{2MM} = \left(\frac{Y rr' \sin 2f}{kt}\right)^2$$

Expressio tertia et sexta pro p, quae omnino identicae sunt cum formulis 18, 18* art. 95, ostendunt, ea quae illic de significatione quantitatum y, Y tradita sunt, etiam pro hyperbola valere.

E combinatione aequationum 6, 9 art. 98 deducitur $(r'-r)\sqrt{\frac{ee-1}{rr'}} = e \sin f. (C - \frac{1}{C})$; introducendo itaque ψ et ω, statuendoque $C = \tan(45° + N)$, fit

[20] $\text{tang } 2N = \frac{2 \sin \psi \text{ tang } 2\omega}{\sin f \cos 2\omega}$

Inuento hinc C, habebuntur valores quantitatis in art. 21 per u expressae pro vtroque loco; dein fiet per aequationem III art. 21

$$\text{tang } \tfrac{1}{2} v = \frac{C - c}{(C + c) \text{ tang } \tfrac{1}{2} \psi}$$

$$\text{tang } \tfrac{1}{2} v' = \frac{Cc - 1}{(Cc + 1) \text{ tang } \tfrac{1}{2} \psi}$$

siue introducendo pro C, c angulos N, n

[21] $\text{tang } \tfrac{1}{2} v = \frac{\sin (N - n)}{\cos (N + n) \text{ tang } \tfrac{1}{2} \psi}$

[22] $\text{tang } \tfrac{1}{2} v' = \frac{\sin (N + n)}{\cos (N - n) \text{ tang } \tfrac{1}{2} \psi}$

Hinc determinabuntur anomaliae verae v, v', quarum differentia cum $2f$ comparata simul calculo confirmando inseruiet.

Denique per formulam XI art. 22 facile deducitur, interuallum temporis a perihelio vsque ad tempus loco primo respondens esse

$$= \frac{\alpha^{\frac{3}{2}}}{k} \left\{ \frac{2e \cos (N + n) \sin (N - n)}{\cos 2N \cos 2n} - \log \text{hyp} \frac{\text{tang} (45^\circ + N)}{\text{tang} (45^\circ + n)} \right\}$$

et perinde interuallum temporis a perihelio vsque ad tempus loco secundo respondens

$$= \frac{\alpha^{\frac{3}{2}}}{k} \left\{ \frac{2e \cos (N - n) \sin (N + n)}{\cos 2N \cos 2n} - \log \text{hyp tang} (45^\circ + N) \text{ tang} (45^\circ + n) \right\}$$

Si itaque tempus primum statuitur $= T - \frac{1}{2}t$, adeoque secundum $= T + \frac{1}{2}t$, fit

[23] $T = \frac{\alpha^{\frac{3}{2}}}{k} \left\{ \frac{e \text{ tang } 2N}{\cos 2n} - \log \text{tang} (45^\circ + N) \right\}$

vnde tempus transitus per perihelium innotescet; denique

[24] $t = \frac{2\alpha^{\frac{3}{2}}}{k} \left\{ \frac{e \text{ tang } 2n}{\cos 2N} - \log \text{tang} (45^\circ + n) \right\}$

quae aequatio, si placet, ad vltimam calculi confirmationem adhiberi potest.

105.

Ad illustrationem horum praeceptorum exemplum e duobus locis in artt. 23, 24, 25, 46 secundum eadem elementa hyperbolica calculatis conficiemus. Sit itaque $v' - v = 48^\circ 12' 0''$ siue $f = 24^\circ 6' 0''$, $\log r = 0{,}0333585$, $\log r' = 0{,}2008541$,

$t = 51{,}49788$ dies. Hinc inuenitur $\omega = 2^\circ 45' 28'' 47$, $l = 0{,}05796039$, $\frac{mm}{\frac{5}{6}+l}$ siue valor approximatus ipsius $h = 0{,}0644371$; hinc, per tabulam II, $\log yy = 0{,}0560848$, $\frac{mm}{yy} = 0{,}05047454$, $z = 0{,}00748585$, cui in tabula III respondet $\zeta = 0{,}0000032$. Hinc fit valor correctus ipsius $h = 0{,}06443691$, $\log yy = 0{,}0560846$, $\frac{mm}{yy} = 0{,}05047456$, $z = 0{,}00748383$, qui valores, quum ζ inde non mutetur, nulla amplius correctione opus habent. Jam calculus elementorum ita se habet:

$\log z$ 7,8742399
$\log(1+z)$ 0,0032389
$\log\sqrt{(z+zz)}$ 8,9387394
$\log 2$ 0,5010300
$\log\,\text{tang}\, 2n$ 9,2397694
$2n = 9^\circ 51' 11'' 816$
$n = 4\ 55\ 55{,}908$

$\log\,\text{tang}\, f$ 9,6506199
$\log \frac{1}{2}\,\text{tang}\, 2n$ 8,9387394
$\text{C.}\log(l-z)$ 1,2969275
$\log\,\text{tang}\,\psi$ 9,8862868
$\psi = 37^\circ 34' 59'' 77$
(esse deberet $= 37^\circ 35' 0''$)

$\log\sin f$ 9,6110118
$\log\sqrt{rr'}$ 0,1171063
$\text{C.}\log\,\text{tang}\, 2n$ 0,7602306
$\log\beta$ 0,4883487
$\log\,\text{tang}\,\psi$ 9,8862868
$\log\alpha$ 0,6020619
$\log p$ 0,3746355
(esse deberent 0,6020600
atque 0,3746356)

$\text{C.}\log\frac{1}{2}\sin f$ 0,6900182
$\log\,\text{tang}\, 2\omega$ 8,9848318
$\text{C.}\log\cos 2\omega$ 0,0020156
$\log\sin\psi$ 9,7852685
$\log\,\text{tang}\, 2N$ 9,4621341
$2N = 16^\circ 9' 46'' 253$
$N = 8\ 4\ 53{,}127$
$N-n = 3\ 9\ 17{,}219$
$N+n = 13\ 0\ 29{,}035$

$\log\sin(N-n)$ 8,7406274
$\text{C.}\log\cos(N+n)$ 0,0112902
$\log\cot\frac{1}{2}\psi$ 0,4681829
$\log\,\text{tang}\,\frac{1}{2}v$ 9,2201005
$\frac{1}{2}v = 9^\circ 25' 29'' 97$
$v = 18\ 50\ 59{,}94$
(esse deberet $18^\circ 51' 0''$)

$\log\sin(N+n)$ 9,5523527
$\text{C.}\log\cos(N-n)$ 0,0006587
$\log\cot\frac{1}{2}\psi$ 0,4681829
$\log\,\text{tang}\,\frac{1}{2}v'$ 9,8211943
$\frac{1}{2}v' = 33^\circ 31' 29'' 93$
$v' = 67\ 2\ 59{,}86$
(esse deberet $67^\circ 3' 0''$

log e 0,1010184	log e 0,1010184
log tang 2 N 9,4621341	log tang 2 n 9,2397694
C. log cos 2 n 0,0064539	C. log cos 2 N 0,0175142
9,5696064	9,3583020
numerus = 0,37119863	numerus = 0,22819284
log hyp tang $(45^\circ + N)$ = ...	log hyp tang $(45^\circ + n)$ = ...
.... 0,28591251	 0,17282621
Differentia = 0,08528612	Differentia = 0,05336663
log 8,9308783	log 8,7432480
$\frac{3}{2}$ log α 0,9030928	$\frac{3}{2}$ log α 0,9030928
C. log k 1,7644186	C. log k 1,7644186
log T 1,5983897	log 2 0,3010300
T = 39,66338	log t 1,7117894
	t = 51,49788

Distat itaque transitus per perihelium a tempore loco primo respondente 13,91444 diebus, a tempore loco secundo respondente 65,41232 diebus. — Ceterum differentias exiguas elementorum hic erutorum ab iis, secundum quae loca proposita calculata fuerant, tabularum praecisioni limitatae tribuere oportet.

106.

In tractatu de relationibus maxime insignibus ad motum corporum coelestium in sectionibus conicis spectantibus, silentio praeterire non possumus expressionem elegantem temporis per semiaxem maiorem, summam $r+r'$ atque chordam duo loca iungentem. Haec formula pro parabola quidem primo ab ill. Euler inuenta esse videtur (Miscell. Berolin. T. VII p. 20), qui tamen eam in posterum neglexit, neque etiam ad ellipsin et hyperbolam extendit: errant itaque, qui formulam clar. Lambert tribuunt, etiamsi huic geometrae meritum, hanc expressionem obliuione sepultam proprio marte eruisse et ad reliquas sectiones conicas ampliavisse, non possit denegari. Quamquam hoc argumentum a pluribus geometris iam tractatum sit, tamen lectores attenti expositionem sequentem haud superfluam agnoscent. A motu elliptico initium facimus.

Ante omnia obseruamus, angulum circa Solem descriptum $2f$ (art. 88, vnde reliqua quoque signa desumimus) infra 360° supponi posse; patet enim, si iste angulus 360° gradibus augeatur, tempus vna reuolutione siue $\frac{a^{\frac{3}{2}}.360^\circ}{k} = a^{\frac{3}{2}} \times 365,25$

diebus crescere. Iam si chordam per ϱ denotamus, manifestum est fieri

$$\varrho\varrho = (r'\cos v' - r\cos v)^2 + (r'\sin v' - r\sin v)^2$$

adeoque per aequationes VIII, IX art. 8

$$\varrho\varrho = aa(\cos E' - \cos E)^2 + aa\cos\varphi^2(\sin E' - \sin E)^2$$
$$= 4aa\sin g^2(\sin G^2 + \cos\varphi^2\cos G^2) = 4aa\sin g^2(1 - ee\cos G^2)$$

Introducamus angulum auxiliarem h talem, vt sit $\cos h = e\cos G$; simul, quo omnis ambiguitas tollatur, supponemus, h accipi inter o et 180°, vnde $\sin h$ erit quantitas positiua. Quoniam itaque etiam g inter eosdem limites iacet (si enim $2g$ ad 360° vel vltra ascenderet, motus circa Solem reuolutionem integram attingeret vel superaret), ex aequatione praecedente sponte sequitur $\varrho = 2a\sin g\sin h$, siquidem chorda tamquam quantitas positiua consideratur. Quum porro habeatur $r + r' = 2a(1 - e\cos g\cos G) = 2a(1 - \cos g\cos h)$, patet, si statuatur $h - g = \delta$, $h + g = \varepsilon$, fieri

[1] $r + r' - \varrho = 2a(1 - \cos\delta) = 4a\sin\frac{1}{2}\delta^2$

[2] $r + r' + \varrho = 2a(1 - \cos\varepsilon) = 4a\sin\frac{1}{2}\varepsilon^2$

Denique habetur $kt = a^{\frac{3}{2}}(2g - 2e\sin g\cos G) = a^{\frac{3}{2}}(2g - 2\sin g\cos h)$, siue

[3] $kt = a^{\frac{3}{2}}\Big(\varepsilon - \sin\varepsilon - (\delta - \sin\delta)\Big)$

Determinari poterunt itaque, secundum aequationes 1, 2, anguli δ et ε ex $r + r'$, ϱ et a: quamobrem ex iisdem quantitatibus determinabitur, secundum aequationem 3, tempus t. Si magis placet, haec formula ita exhiberi potest:

$$kt = a^{\frac{3}{2}}\left\{\text{arc cos}\,\frac{2a - (r + r') - \varrho}{2a} - \text{sin arc cos}\,\frac{2a - (r + r') - \varrho}{2a}\right.$$
$$\left. - \text{arc cos}\,\frac{2a - (r + r') + \varrho}{2a} + \text{sin arc cos}\,\frac{2a - (r + r') + \varrho}{2a}\right\}$$

Sed in determinatione angulorum δ, ε per cosinus suos ambiguitas remanet, quam propius considerare oportet. Sponte quidem patet, δ iacere debere inter $-180°$ et $+180°$, atque ε inter o et 360°: sed sic quoque vterque angulus determinationem duplicem, adeoque tempus resultans quadruplicem admittere videtur. Attamen ex aequatione 5 art 88 habemus $\cos f.\sqrt{rr'} = a(\cos g - \cos h) = 2a\sin\frac{1}{2}\delta\sin\frac{1}{2}\varepsilon$: iam $\sin\frac{1}{2}\varepsilon$ necessario fit quantitas positiua, vnde concludimus, $\cos f$ et $\sin\frac{1}{2}\delta$ necessario eodem signo affectos esse, adeoque δ inter o et 180°, vel inter $-180°$ et o accipiendum esse, prout $\cos f$ positiuus fuerit vel negatiuus, i. e. prout motus heliocentricus $2f$ fuerit infra vel supra 180°. Ceterum sponte patet, pro $2f = 180°$ necessario esse debere $\delta = 0$. Hoc itaque modo δ plene determinatus est. At determinatio anguli ε necessario ambigua manet, ita vt semper pro tempore *duo* valores prodeant, quorum quis verus sit, nisi aliunde constet, decidi nequit. Ceterum ratio huius phaenomeni facile perspicitur: constat enim, per duo puncta data describi posse *duas* ellipses diuersas, quae ambae focum suum habeant in eodem puncto dato, simulque eundem semiaxem maiorem *); manifesto autem motus a loco primo ad secundum in his ellipsibus temporibus inaequalibus absoluetur.

107.

Denotando per χ arcum quemcunque inter -180° et $+180^\circ$ situm, et per s sinum arcus $\frac{1}{2}\chi$, constat esse

$$\tfrac{1}{2}\chi = s + \tfrac{1}{3}\cdot\tfrac{1}{2}s^3 + \tfrac{1}{5}\cdot\frac{1.3}{2.4}s^5 + \tfrac{1}{7}\cdot\frac{1.3.5}{2.4.6}s^7 + \text{etc.}$$

Porro fit

$$\tfrac{1}{2}\sin\chi = s\sqrt{(1-ss)} = s - \tfrac{1}{2}s^3 - \frac{1.1}{2.4}s^5 - \frac{1.1.3}{2.4.6}s^7 - \text{etc.}$$

adeoque

$$\chi - \sin\chi = 4\left(\tfrac{1}{3}s^3 + \tfrac{1}{5}\cdot\tfrac{1}{2}s^5 + \tfrac{1}{7}\cdot\frac{1.3}{2.4}s^7 + \tfrac{1}{9}\cdot\frac{1.3.5}{2.4.6}s^9 + \text{etc.}\right)$$

Substituimus in hac serie pro s deinceps $\frac{1}{2}\sqrt{\frac{r+r'-\varrho}{a}}$, et $\frac{1}{2}\sqrt{\frac{r+r'+\varrho}{a}}$, quaeque inde proueniunt multiplicamus per $a^{\frac{3}{2}}$; ita respectiue oriuntur series

$$\tfrac{1}{6}(r+r'-\varrho)^{\frac{3}{2}} + \tfrac{1}{80}\cdot\frac{1}{a}(r+r'-\varrho)^{\frac{5}{2}} + \tfrac{3}{1792}\cdot\frac{1}{aa}(r+r'-\varrho)^{\frac{7}{2}} + \tfrac{5}{18432}\,\frac{1}{a^3}(r+r'-\varrho)^{\frac{9}{2}} + \text{etc.}$$

$$\tfrac{1}{6}(r+r'+\varrho)^{\frac{3}{2}} + \tfrac{1}{80}\cdot\frac{1}{a}(r+r'+\varrho)^{\frac{5}{2}} + \tfrac{3}{1792}\cdot\frac{1}{aa}(r+r'+\varrho)^{\frac{7}{2}} + \tfrac{5}{18432}\cdot\frac{1}{a^3}(r+r'+\varrho)^{\frac{9}{2}} + \text{etc.}$$

quarum summas denotabimus per T, U. Iam nullo negotio patet, quum sit $\sin\frac{1}{2}\delta = \pm\sqrt{\frac{r+r'-\varrho}{a}}$, signo superiori vel inferiori valente prout $2f$ infra vel supra 180° est, fieri $a^{\frac{3}{2}}(\delta - \sin\delta) = \pm T$, signo perinde determinato. Eodem

*) Descripto e loco primo circulo radio $a-r$, alioque radio $a-r'$ e loco secundo, ellipseos focum alterum in intersectione horum circulorum iacere patet. Quare quum generaliter loquendo duae semper dentur intersectiones, duae ellipses diuersae prodibunt.

modo si pro ε accipitur valor minor infra 180° situs, fiet $a^{\frac{3}{2}}(\varepsilon - \sin\varepsilon) = U$; accepto vero valore altero, qui est illius complementum ad 360°, manifesto fiet $a^{\frac{3}{2}}(\varepsilon - \sin\varepsilon) = a^{\frac{3}{2}}\, 360° - U$. Hinc itaque colliguntur duo valores pro tempore t

$$\frac{U \mp T}{k}, \text{ atque } \frac{a^{\frac{3}{2}}\, 360°}{k} - \frac{U \pm T}{k}.$$

108.

Si parabola tamquam ellipsis spectatur, cuius axis maior infinite magnus est, expressio temporis in art. praec. inuenta transit in $\frac{1}{6k}\Big\{(r+r'+\varrho)^{\frac{3}{2}} \mp (r+r'-\varrho)^{\frac{3}{2}}\Big\}$: sed quum haecce formulae deductio fortasse quibusdam dubiis exposita videri possit, aliam ab ellipsi haud pendentem exponemus.

Statuendo breuitatis caussa $\operatorname{tang}\frac{1}{2}v = \theta$, $\operatorname{tang}\frac{1}{2}v' = \theta'$, fit $r = \frac{1}{2}p(1+\theta\theta)$, $r' = \frac{1}{2}p(1+\theta'\theta')$, $\cos v = \frac{1-\theta\theta}{1+\theta\theta}$, $\cos v' = \frac{1-\theta'\theta'}{1+\theta'\theta'}$, $\sin v = \frac{2\theta}{1+\theta\theta}$, $\sin v' = \frac{2\theta'}{1+\theta'\theta'}$. Hinc fit $r'\cos v' - r\cos v = \frac{1}{2}p(\theta\theta - \theta'\theta')$, $r'\sin v' - r\sin v = p(\theta' - \theta)$, adeoque $\varrho\varrho = \frac{1}{4}pp(\theta'-\theta)^2\big(4 + (\theta'+\theta)^2\big)$. Jam facile perspicitur, $\theta' - \theta = \frac{\sin f}{\cos\frac{1}{2}v\cos\frac{1}{2}v'}$ esse quantitatem positiuam: statuendo itaque $\sqrt{\big(1+\frac{1}{4}(\theta'+\theta)^2\big)} = \eta$, erit $\varrho = p(\theta'-\theta)\eta$. Porro fit $r + r' = \frac{1}{2}p(2+\theta\theta+\theta'\theta') = p\big(\eta\eta + \frac{1}{4}(\theta'-\theta)^2\big)$: quamobrem habetur

$$\frac{r+r'+\varrho}{p} = \big(\eta + \tfrac{1}{2}(\theta'-\theta)\big)^2$$

$$\frac{r+r'-\varrho}{p} = \big(\eta - \tfrac{1}{2}(\theta'-\theta)\big)^2$$

Ex aequatione priori sponte deducitur

$$+\sqrt{\frac{r+r'+\varrho}{p}} = \eta + \tfrac{1}{2}(\theta'-\theta)$$

quoniam η et $\theta'-\theta$ sunt quantitates positiuae; sed quum $\frac{1}{2}(\theta'-\theta)$ minor sit vel maior quam η, prout $\eta\eta - \frac{1}{4}(\theta'-\theta)^2 = 1 + \theta\theta' = \frac{\cos f}{\cos\frac{1}{2}v\cos\frac{1}{2}v'}$ positiua est vel negatiua, patet, ex aequatione posteriori concludere oportere

$\pm\sqrt{\frac{r+r'-\varrho}{p}}=\eta-\frac{1}{2}(\theta'-\theta)$, vbi signum superius vel inferius adoptandum est, prout angulus circa solem descriptus infra 180° vel supra 180° fuerit.

Ex aequatione, quae in art. 98 secundam sequitur, porro habemus

$$\frac{2\,kt}{p^{\frac{3}{2}}}=(\theta'-\theta)\Big(1+\theta\theta'+\tfrac{1}{3}(\theta'-\theta)^2\Big)=(\theta'-\theta)\Big(\eta\eta+\tfrac{1}{12}(\theta'-\theta)^2\Big)$$

$$=\tfrac{1}{3}\Big(\eta+\tfrac{1}{2}(\theta'-\theta)\Big)^3-\tfrac{1}{3}\Big(\eta-\tfrac{1}{2}(\theta'-\theta)\Big)^3$$

vnde sponte sequitur

$$kt=\tfrac{1}{6}\Big\{(r+r'+\varrho)^{\frac{3}{2}}\mp(r+r'-\varrho)^{\frac{3}{2}}\Big\}$$

signo superiori vel inferiori valente, prout $2f$ infra vel supra 180° est.

109.

Si in hyperbola signa α, C, c in eadem significatione accipimus, vt in art. 99, habemus ex aequationibus VIII, IX art. 21

$$r'\cos v'-r\cos v=-\tfrac{1}{2}\Big(c-\frac{1}{c}\Big)\Big(C-\frac{1}{C}\Big)\alpha$$

$$r'\sin v'-r\sin v=\tfrac{1}{2}\Big(c-\frac{1}{c}\Big)\Big(C+\frac{1}{C}\Big)\alpha\sqrt{(ee-1)}$$

adeoque $\varrho=\frac{1}{2}\alpha\Big(c-\frac{1}{c}\Big)\sqrt{\Big(ee\,(C+\frac{1}{C})^2-4\Big)}$

Supponamus γ esse quantitatem per aequationem $\gamma+\frac{1}{\gamma}=e\Big(C+\frac{1}{C}\Big)$ determinatam: cui quum manifesto *duo* valores sibi inuicem reciproci satisfaciant, adoptamus eum qui est maior quam 1. Ita fit

$$\varrho=\tfrac{1}{2}\alpha\Big(c-\frac{1}{c}\Big)\Big(\gamma-\frac{1}{\gamma}\Big)$$

Porro fit $r+r'=\frac{1}{2}\alpha\Big(e\,(c+\frac{1}{c})(C+\frac{1}{C})-4\Big)=\frac{1}{2}\alpha\Big((c+\frac{1}{c})(\gamma+\frac{1}{\gamma})-4\Big)$, adeoque

$$r+r'+\varrho=\alpha\Big(\sqrt{c\gamma}-\sqrt{\frac{1}{c\gamma}}\Big)^2$$

$$r+r'-\varrho=\alpha\Big(\sqrt{\frac{\gamma}{c}}-\sqrt{\frac{c}{\gamma}}\Big)^2$$

Statuendo itaque $\sqrt{\frac{r+r'+\varrho}{4\alpha}}=m$, $\sqrt{\frac{r+r'-\varrho}{4\alpha}}=n$, erit necessario

$\sqrt{c\gamma} - \sqrt{\frac{1}{c\gamma}} = 2m$; ad decidendam vero quaestionem, vtrum $\sqrt{\frac{\gamma}{c}} - \sqrt{\frac{c}{\gamma}}$ fiat $= +2n$ an $= -2n$, inquirere oportet, vtrum γ maior an minor sit quam c: sed ex aequatione 8 art. 99 facile sequitur, casum priorem locum habere, quoties $2f$ sit infra 180°, posteriorem quoties $2f$ sit supra 180°. Denique ex eodem art. habemus

$$\frac{kt}{a^{\frac{3}{2}}} = \tfrac{1}{2}\Big(\gamma + \frac{1}{\gamma}\Big)\Big(c - \frac{1}{c}\Big) - 2\log c = \tfrac{1}{2}\Big(c\gamma - \frac{1}{c\gamma}\Big) - \tfrac{1}{2}\Big(\frac{\gamma}{c} - \frac{c}{\gamma}\Big)$$

$$-\log c\gamma + \log\frac{\gamma}{c} = 2m\sqrt{(1+mm)} \mp 2n\sqrt{(1+nn)} - 2\log\big(\sqrt{(1+mm)}+m\big)$$
$$\pm 2\log\big(\sqrt{(1+nn)}+n\big)$$

signis inferioribus semper ad casum $2f > 180°$ spectantibus. Iam $\log\big(\sqrt{(1+mm)}+m\big)$ facile euoluitur in seriem sequentem

$$m - \tfrac{1}{3}.\tfrac{1}{2}m^3 + \tfrac{1}{5}.\frac{1.3}{2.4}m^5 - \tfrac{1}{7}.\frac{1.3.5}{2.4.6}m^7 + \text{etc.}$$

Hoc sponte colligitur ex $d\log\big(\sqrt{(1+mm)}+m\big) = \frac{dm}{\sqrt{(1+mm)}}$. Prodit itaque

$$2m\sqrt{(1+mm)} - 2\log\big(\sqrt{(1+mm)}+m\big) = 4\big(\tfrac{1}{3}m^3 - \tfrac{1}{5}.\tfrac{1}{2}m^5 + \tfrac{1}{7}.\frac{1.3}{2.4}m^7 - \text{etc.}\big),$$

et perinde formula alia prorsus similis, si m cum n permutatur. Hinc tandem colligitur, si statuatur

$$T = \tfrac{1}{6}(r+r'-\varrho)^{\frac{3}{2}} - \tfrac{1}{80}.\frac{1}{\alpha}(r+r'-\varrho)^{\frac{5}{2}} + \tfrac{3}{1792}.\frac{1}{\alpha\alpha}(r+r=\varrho)^{\frac{7}{2}} -$$
$$\tfrac{5}{18432}.\frac{1}{\alpha^3}(r+r'-\varrho)^{\frac{9}{2}} + \text{etc.}$$

$$U = \tfrac{1}{6}(r+r'+\varrho)^{\frac{3}{2}} - \tfrac{1}{80}.\frac{1}{\alpha}(r+r'+\varrho)^{\frac{5}{2}} + \tfrac{3}{1792}.\frac{1}{\alpha\alpha}(r+r'+\varrho)^{\frac{7}{2}} -$$
$$\tfrac{5}{18432}.\frac{1}{\alpha^3}(r+r'+\varrho)^{\frac{9}{2}} + \text{etc.}$$

fieri $kt = U \mp T$, quae expressiones cum iis, quae in art. 107 traditae sunt, omnino coincidunt, si illic a in $-\alpha$ mutetur.

Ceterum hae series tum pro ellipsi tum pro hyperbola ad vsum practicum tunc inprimis sunt commodae, vbi a vel α valorem permagnum obtinet, i. e. vbi sectio conica magnopere ad parabolae similitudinem vergit. In tali casu etiam ad solutionem problematis supra tractati (art. 85 — 105) adhiberi possent: sed quoniam, nostro iudicio, ne tunc quidem breuitatem solutionis supra traditae praebent, huic methodo fusius exponendae non immoramur.

SECTIO QVARTA

Relationes inter locos plures in spatio.

110.

Relationes in hac Sectione considerandae ab orbitae indole independentes solique suppositioni innixae erunt, omnia orbitae puncta in eodem plano cum Sole iacere. Placuit autem, hic quasdam simplicissimas tantum attingere, aliasque magis complicatas et speciales ad Librum alterum nobis reseruare.

Situs plani orbitae per duos locos corporis coelestis in spatio plene determinatus est, siquidem hi loci non iacent in eadem recta cum Sole. Quare quum duobus potissimum modis locus puncti in spatio assignari possit, duo hinc problemata soluenda se offerunt.

Supponemus primo, duos locos dari per longitudines et latitudines heliocentricas resp. per λ, λ'; β, β' designandas: distantiae a Sole in calculum non ingrediuntur. Tunc si longitudo nodi ascendentis per ☊, inclinatio orbitae ad eclipticam per i denotatur, erit

$$\tang \beta = \tang i \sin(\lambda - ☊)$$
$$\tang \beta' = \tang i \sin(\lambda' - ☊)$$

Determinatio incognitarum ☊, $\tang i$ hic ad problema in art. 78, II consideratum refer ur; habemus itaque, ad normam solutionis primae

$$\tang i \sin(\lambda - ☊) = \tang \beta$$
$$\tang i \cos(\lambda - ☊) = \frac{\tang \beta' - \tang \beta \cos(\lambda' - \lambda)}{\sin(\lambda' - \lambda)}$$

ad normam solutionis tertiae autem inuenimus ☊ per aequationem

$$\tang(\tfrac{1}{2}\lambda + \tfrac{1}{2}\lambda' - ☊) = \frac{\sin(\beta' + \beta) \tang \tfrac{1}{2}(\lambda' - \lambda)}{\sin(\beta' - \beta)}$$

vtique aliquanto commodius, si anguli β, β' immediate dantur, neque vero per logarithmos tangentium: sed ad determinandum i, recurrendum erit ad aliquam formularum $\tang i = \frac{\tang \beta}{\sin(\lambda - ☊)} = \frac{\tang \beta'}{\sin(\lambda' - ☊)}$. Ceterum ambiguitas in determinatione anguli $\lambda - ☊$, vel $\frac{1}{2}\lambda + \frac{1}{2}\lambda' - ☊$ per tangentem suam ita erit decidenda, vt $\tang i$ positiua euadat vel negatiua, prout motus ad eclipticam proiectus directus est vel retrogradus: hanc incertitudinem itaque tunc tantum tollere licet, vbi constat, a quanam parte corpus coeleste a loco primo ad secundum peruenerit; quod si ignoraretur, vtique impossibile esset, nodum ascendentem a descendente distinguere.

Postquam anguli Ω, i inuenti sunt, eruentur argumenta latitudinum u', u per formulas

$$\operatorname{tang} u = \frac{\operatorname{tang}(\lambda - \Omega)}{\cos i}, \quad \operatorname{tang} u' = \frac{\operatorname{tang}(\lambda' - \Omega)}{\cos i}$$

quae in semicirculo primo vel secundo accipienda sunt, prout latitudines respondentes boreales sunt vel australes. His formulis adhuc sequentes adiicimus, e quibus, si placet, vna vel altera ad calculum confirmandum in vsum vocari poterit:

$$\cos u = \cos\beta \cos(\lambda - \Omega), \quad \cos u' = \cos\beta' \cos(\lambda' - \Omega)$$

$$\sin u = \frac{\sin\beta}{\sin i}, \quad \sin u' = \frac{\sin\beta'}{\sin i}$$

$$\sin(u' + u) = \frac{\sin(\lambda + \lambda' - 2\,\Omega)\cos\beta\cos\beta'}{\cos i}, \quad \sin(u' - u) = \frac{\sin(\lambda' - \lambda)\cos\beta\cos\beta}{\cos i}$$

111.

Supponamus secundo, duos locos dari per distantias suas a tribus planis in Sole sub angulis rectis se secantibus; designemus has distantias pro loco primo per x, y, z, pro secundo per x', y', z', supponamusque planum tertium esse ipsam eclipticam, plani primi et secundi autem polos positiuos in longitudine N et $90° + N$ sitos esse. Ita erit per art. 53, duobus radiis vectoribus per r, r' designatis,

$$x = r\cos u \cos(N - \Omega) + r \sin u \sin(N - \Omega)\cos i$$
$$y = r\sin u \cos(N - \Omega)\cos i - r\cos u \sin(N - \Omega)$$
$$z = r \sin u \sin i$$
$$x' = r'\cos u' \cos(N - \Omega) + r'\sin u' \sin(N - \Omega)\cos i$$
$$y' = r'\sin u' \cos(N - \Omega)\cos i - r'\cos u' \sin(N - \Omega)$$
$$z' = r'\sin u' \sin i$$

Hinc sequitur

$$zy' - yz' = rr'\sin(u' - u)\sin(N - \Omega)\sin i$$
$$xz' - zx' = rr'\sin(u' - u)\cos(N - \Omega)\sin i$$
$$xy' - yx' = rr'\sin(u' - u)\cos i$$

E combinatione formulae primae cum secunda habebitur $N - \Omega$ atque $rr'\sin u \sin i$, hinc et ex formula tertia prodibit i atque $rr'\sin(u' - u)$.

Quatenus locus, cui coordinatae x, y, z respondent, tempore posterior supponitur, u' maior quam u fieri debet: quodsi itaque insuper constat, vtrum angulus inter locum primum et secundum circa Solem descriptus duobus rectis minor an maior sit, $rr' \sin(u'-u) \sin i$ atque $rr' \sin(u'-u)$ esse debent quantitates positivae in casu primo, negatiuae in secundo: tunc itaque $N - \Omega$ sine ambiguitate determinatur, simulque ex signo quantitatis $xy' - yx'$ deciditur, vtrum motus directus sit, an retrogradus. Vice versa, si de motus directione constat, e signo quantitatis $xy' - yx'$ decidere licebit, vtrum $u' - u$ minor an maior quam $180°$ accipiendus sit. Sin vero tum motus directio, tum indoles anguli circa Solem descripti plane incognitae sunt, manifestum est, inter nodum ascendentem ac descendentem distinguere non licere.

Ceterum facile perspicitur, sicuti $\cos i$ est cosinus inclinationis plani orbitae versus planum tertium, ita $\sin(N - \Omega) \sin i$, $\cos(N - \Omega) \sin i$ esse resp. cosinus inclinationum plani orbitae versus planum primum et secundum; nec non exprimere $rr' \sin(u'-u)$ duplam aream trianguli inter duos radios vectores inclusi, atque $zy' - yz'$; $xz' - zx'$, $xy' - yx'$ duplam aream proiectionum eiusdem trianguli ad singula plana.

Denique patet, planum tertium pro ecliptica quoduis aliud planum esse posse, si modo omnes magnitudines per relationes suas ad eclipticam definitae perinde ad planum tertium, quidquid sit, referantur.

112.

Sint x'', y'', z'' coordinatae alicuius loci tertii, atque u'' eius argumentum latitudinis, r'' radius vector. Designabimus quantitates $r'r'' \sin(u''-u')$, $rr'' \sin(u''-u)$, $rr' \sin(u'-u)$, quae sunt areae duplae triangulorum inter radium vectorem secundum et tertium, primum et tertium, primum et secundum, resp. per n, n', n''. Habebuntur itaque pro x'', y'', z'' expressiones iis similes, quas in art. praec. pro x, y, z et x', y', z' tradidimus, vnde adiumento lemmatis I art. 78 facile deducuntur aequationes sequentes:

$$0 = nx - n'x' + n''x''$$
$$0 = ny - n'y' + n''y''$$
$$0 = nz - n'z' + n''z''$$

Sint iam longitudines geocentricae corporis coelestis tribus illis locis respondentes α, α', α''; latitudines geocentricae β, β', β''; distantiae a terra ad eclipticam proiectae δ, δ', δ''; porro respondentes longitudines heliocentricae terrae L, L', L''; latitudines B, B', B'', quas non statuimus $= 0$, vt liceat, tum parallaxis rationem habere, tum, si placet, pro ecliptica quoduis aliud planum adoptare; denique

D, D', D'' distantiae terrae a Sole ad eclipticam proiectae. Quodsi tunc x, y, z per L, B, D, α, β, δ exprimuntur, similiterque coordinatae ad locum secundum et tertium spectantes, aequationes praecedentes sequentem formam induunt:

[1] $0 = n(\delta\cos\alpha + D\cos L) - n'(\delta'\cos\alpha' + D'\cos L') + n''(\delta''\cos\alpha'' + D''\cos L'')$

[2] $0 = n(\delta\sin\alpha + D\sin L) - n'(\delta'\sin\alpha' + D'\sin L') + n''(\delta''\sin\alpha'' + D''\sin L'')$

[3] $0 = n(\delta\,\mathrm{tang}\,\beta + D\,\mathrm{tang}\,B) - n'(\delta'\,\mathrm{tang}\,\beta' + D'\,\mathrm{tang}\,B') + n''(\delta''\,\mathrm{tang}\,\beta'' + D''\,\mathrm{tang}\,L'')$

Si hic α, β, D, L, B, quantitatesque analogae pro duobus reliquis locis, tamquam cognitae spectantur, aequationesque per n, vel per n', vel per n'' diuiduntur, quinque incognitae remanent, e quibus itaque duas eliminare, siue per duas quascunque tres reliquas determinare licet. Hoc modo illae tres aequationes ad conclusiones plurimas grauissimas viam sternunt, e quibus quasdam imprimis insignes hic euoluemus.

113.

Ne formularum prolixitate nimis obruamur, sequentibus abbreuiationibus vti placet. Primo designamus quantitatem

$\mathrm{tang}\,\beta\sin(\alpha'' - \alpha') + \mathrm{tang}\,\beta'\sin(\alpha - \alpha'') + \mathrm{tang}\,\beta''\sin(\alpha' - \alpha)$

per $(0.1.2)$: si in expressione illa pro longitudine et latitudine loco cuiuis geocentrico respondentibus substituuntur longitudo et latitudo cuilibet trium locorum heliocentricorum terrae respondentes, in signo $(0.1.2)$ numerum illi respondentem cum numero romano eo commutamus, qui posteriori respondet. Ita e. g. character $(0.1.\mathrm{I})$ exprimet quantitatem

$\mathrm{tang}\,\beta\sin(L' - \alpha') + \mathrm{tang}\,\beta'\sin(\alpha - L') + \mathrm{tang}\,B'\sin(\alpha' - \alpha)$

nec non character $(0.\mathrm{O}.2)$ hanc

$\mathrm{tang}\,\beta\sin(\alpha'' - L) + \mathrm{tang}\,B\sin(\alpha - \alpha'') + \mathrm{tang}\,\beta''\sin(L - \alpha)$

Simili modo characterem mutamus, si in expressione prima pro *duabus* longitudinibus et latitudinibus geocentricis duae quaecunque heliocentricae terrae substituuntur. Si duae longitudines et latitudines in eandem expressionem ingredientes tantummodo inter se permutantur, etiam in charactere numeros respondentes permutare oportet: hinc autem valor ipse non mutatur, sed tantummodo e positiuo negatiuus, e negatiuo positiuus euadit. Ita e. g. fit $(0.1.2) = -(0.2.1) = (1.2.0) = -(1.0.2) = (2.0.1) = -(2.1.0)$. Omnes itaque quantitates hoc modo oriundae ad sequentes 19 reducuntur

$(0.1.2)$

$(0.1.\mathrm{O})$, $(0.1.\mathrm{I})$, $(0.1.\mathrm{II})$, $(0.\mathrm{O}.2)$, $(0.\mathrm{I}.2)$, $(0.\mathrm{II}.2)$, $(\mathrm{O}.1.2)$, $(\mathrm{I}.1.2)$, $(\mathrm{II}.1.2)$.

(o.O.I), (o.O.II), (o.I.II), (1.O.I), (1.O.II); (1.I.II), (2.O.I), (2.O.II), (2.I.II) quibus accedit vigesima (O.I.II).

Ceterum facile demonstratur, singulas has expressiones, per productum e tribus cosinibus latitudinum ipsas ingredientium multiplicatas, aequales fieri volumini sextuplo pyramidis, cuius vertex est in Sole, basis vero triangulum formatum inter tria sphaerae coelestis puncta, quae locis expressionem illam ingredientibus respondent, statuto sphaerae radio $= 1$. Quoties itaque hi tres loci in eodem circulo maximo iacent, valor expressionis fieri debet $= 0$; quod quum in tribus locis heliocentricis terrae semper locum habeat, quoties ad parallaxes et latitudines terrae a perturbationibus ortas non respicimus, i. e. quoties terram in ipso eclipticae plano constituimus, semper, hacce suppositione valente, erit $(\text{O.I.II}) = 0$, quae quidem aequatio identica est, si pro plano tertio ecliptica ipsa accepta fuit. Ceterum quoties tum B, tum B', tum $B'' = 0$, omnes istae expressiones, prima excepta, multo simpliciores fiunt; singulae scilicet a secunda vsque ad decimam binis partibus conflatae erunt, ab vndecima autem vsque ad vndeuigesimam vnico termino constabunt.

114.

Multiplicando aequationem [1] per $\sin\alpha''\tang B'' - \sin L''\tang\beta''$, aequationem [2] per $\cos L''\tang\beta'' - \cos\alpha''\tang B''$, aequationem [3] per $\sin(L''-\alpha'')$, addendoque producta, prodit

$$[4]\quad 0 = n\Big\{(0.2.\text{II})\delta + (\text{O}.2.\text{II})D\Big\} - n'\Big\{(1.2.\text{II})\delta' + (\text{I}.2.\text{II})D'\Big\}$$

similique modo, vel commodius per solam locorum inter se permutationem

$$[5]\quad 0 = n\Big\{(0.1.\text{I})\delta + (\text{O}.1.\text{I})D\Big\} + n''\Big\{(2.1.\text{I})\delta'' + (\text{II}.1.\text{I})D''\Big\}$$

$$[6]\quad 0 = n'\Big\{(1.0.\text{O})\delta' + (\text{I}.0.\text{O})D'\Big\} - n''\Big\{(2.0.\text{O})\delta'' + (\text{II}.0.\text{O})D''\Big\}$$

Quodsi itaque ratio quantitatum n, n' data est, adiumento aequationis 4 ex δ determinare licebit δ', vel δ ex δ'; similiterque de aequationibus 5, 6. E combinatione aequationum 4, 5, 6 oritur haec

$$[7]\quad \frac{(0.2.\text{II})\delta + (\text{O}.2.\text{II})D}{(0.1.\text{I})\delta + (\text{O}.1.\text{I})D} \times \frac{(1.0.\text{O})\delta' + (\text{I}.0.\text{O})D'}{(1.2.\text{II})\delta' + (\text{I}.2.\text{II})D'} \times \frac{(2.1.\text{I})\delta'' + (\text{II}.1.\text{I})D''}{(2.0.\text{O})\delta'' + (\text{II}.0.\text{O})D''} = -1,$$

per quam e duabus distantiis corporis coelestis a terra determinare licet tertiam. Ostendi potest autem, hanc aequationem 7 fieri identicam, adeoque ad determinationem vnius distantiae e duabus reliquis ineptam, quoties fuerit

$$\left.\begin{array}{l}\text{tang}\,\beta'\,\text{tang}\,\beta''\sin(L-\alpha)\sin(L''-L')\\ +\text{tang}\,\beta''\,\text{tang}\,\beta\sin(L'-\alpha')\sin(L-L'')\\ +\text{tang}\,\beta\,\text{tang}\,\beta'\sin(L''-\alpha'')\sin(L'-L)\end{array}\right\}=0.$$

Ab hoc incommodo libera est formula sequens, ex aequationibus 1, 2, 3 facile demanans:

[8] $(0.1.2)\delta\delta'\delta''+(0.1.2)D\delta'\delta''+(0.I.2)D'\delta\delta''+(0.1.II)D''\delta\delta'+(0.I.II)D'D''\delta+(O.1.II)DD''\delta'+(O.I.2)DD'\delta''+(O.I.II)DD'D''=0.$

Multiplicando aequationem 1 per $\sin\alpha'\,\text{tang}\,\beta''-\sin\alpha''\,\text{tang}\,\beta'$, aequationem 2 per $\cos\alpha''\,\text{tang}\,\beta'-\cos\alpha'\,\text{tang}\,\beta''$, aequationem 3 per $\sin(\alpha''-\alpha')$, addendoque producta, prodit

[9] $0=n\{(0.1.2)\delta+(O.1.2)D\}-n'(I.1.2)D'+n''(II.1.2)D''$

et perinde

[10] $0=n(0.O.2)D-n'\{(0.1.2)\delta'+(0.I.2)D'\}+n''(0.II.2.)D''$

[11] $0=n(0.1.O)D-n'(0.1.I)D'+n''\{(0.1.2)\delta''+(0.1.II)D''\}$

Adiumento harum aequationum e ratione inter quantitates n, n', n'' cognita eruere licebit distantias δ, δ', δ''. Sed haecce conclusio generaliter tantum loquendo valet, exceptionemque patitur, quoties fit $(0.1.2)=0$. Ostendi enim potest, in hocce casu ex aequationibus 8, 9, 10 nihil aliud sequi, nisi relationem necessariam inter quantitates n, n', n'', et quidem e singulis tribus eandem. Restrictiones analogae circa aequationes 4, 5, 6 lectori perito sponte se offerent.

Ceterum omnes conclusiones hic euolutae nullius sunt vsus, quoties planum orbitae cum ecliptica coincidit. Si enim β, β', β'', B, B', B'' omnes sunt $=0$, aequatio 3 *identica* est, ac proin omnes quoque sequentes.

LIBER SECVNDVS

INVESTIGATIO ORBITARVM CORPORVM COELESTIVM EX OBSERVATIONIBVS GEOCENTRICIS.

SECTIO PRIMA

Determinatio orbitae e tribus obseruationibus completis.

115.

Ad determinationem completam motus corporis coelestis in orbita sua requiruntur elementa *septem*, quorum autem numerus vno minor euadit, si corporis massa vel cognita est vel negligitur; haec licentia vix euitari poterit in determinatione orbitae penitus adhuc incognitae, vbi omnes quantitates ordinis perturbationum tantisper seponere oportet, donec massae a quibus pendent aliunde innotuerint. Quamobrem in disquisitione praesente massa corporis neglecta elementorum numerum ad sex reducimus, patetque adeo, ad determinationem orbitae incognitae totidem quantitates ab elementis pendentes ab inuicem vero independentes requiri. Quae quantitates nequeunt esse nisi loca corporis coelestis e terra obseruata, quae singula quum bina data subministrent, puta longitudinem et latitudinem, vel ascensionem rectam et declinationem, simplicissimum vtique erit, *tria loca geocentrica* adoptare, quae generaliter loquendo sex elementis incognitis determinandis sufficient. Hoc problema tamquam grauissimum huius operis spectandum erit, summaque ideo cura in hac sectione pertractabitur.

Verum enim vero in casu speciali, vbi planum orbitae cum ecliptica coincidit, adeoque omnes latitudines tum heliocentricae tum geocentricae natura sua euanescunt, tres latitudines geocentricas euanescentes haud amplius considerare licet tamquam tria data ab inuicem independentia: tunc igitur problema istud indeterminatum maneret, tribusque locis geocentricis per orbitas infinite multas satisfieri posset. In tali itaque casu necessario quatuor longitudines geocentricas datas esse oportet, vt quatuor elementa incognita reliqua (excidentibus inclinatione orbitae et longitudine nodi) determinare liceat. Etiamsi vero per principium indiscernibilium haud exspectandum sit, talem casum in rerum natura vmquam se oblaturum esse, tamen facile praesumitur, problema, quod in orbita cum plano eclipticae omnino coincidente absolute indeterminatum fit, *in orbitis perparum ad eclipticam inclinatis* propter obseruationum praecisionem limitatam tantum non indeterminatum manere debere, vbi vel leuissimi obseruationum errores incognitarum determinationem penitus turbare valent. Quamobrem vt huic quoque casui consulamus, alia sex data eligere oportebit: ad quem finem in sectione secunda orbitam incognitam e quatuor obseruationibus determinare docebimus, quarum duae quidem completae sint, duae reliquae autem incompletae, latitudinibus vel declinationibus deficientibus.

Denique quum omnes obseruationes nostrae propter instrumentorum sensuumque imperfectionem non sint nisi approximationes ad veritatem, orbita, sex tantum datis absolute necessariis superstructa, erroribus considerabilibus adhuc obnoxia esse poterit. Quos vt quantum quidem licet extenuemus, summamque adeo praecisionem possibilem attingamus, via alia non dabitur, nisi vt obseruationes perfectissimas quam plurimas congeramus, elementaque ita perpoliamus, vt non quidem his vel illis praecisione absoluta satisfaciant, sed cum cunctis quam optime conspirent. Quonam pacto talem consensum, si nullibi absolutum tamen vbique quam arctissimum, secundum principia calculi probabilitatis obtinere liceat, in sectione tertia ostendemus.

Hoc itaque modo determinatio orbitarum, quatenus corpora coelestia secundum leges Kepleri in ipsis mouentur, ad omnem quae desiderari potest perfectionem euecta erit. Vltimam quidem expolitionem tunc demum suscipere licebit, vbi etiam perturbationes, quas planetae reliqui motui inducunt, ad calculum erunt reuocatae: quarum rationem quomodo habere oporteat, quantum quidem ad institutum nostrum pertinere videbitur, in sectione quarta breuiter indicabimus.

116.

Antequam determinatio alicuius orbitae ex obseruationibus geocentricis suscipitur, his quaedam reductiones applicandae erunt, propter nutationem, praecessionem, parallaxin et aberrationem, siquidem summa praecisio requiritur: in crassiori enim calculo has minutias negligere licebit.

Planetarum et cometarum obseruationes vulgo expressae proferuntur per ascensiones rectas et declinationes apparentes, i. e. ad situm aequatoris apparentem relatas. Qui situs quum propter nutationem et praecessionem variabilis adeoque pro diuersis obseruationibus diuersus sit, ante omnia loco plani variabilis planum aliquod fixum introducere conueniet, ad quem finem vel aequator situ suo medio pro aliqua epocha, vel ecliptica adoptari poterit: planum posterius plerumque adhiberi solet, sed prius quoque commodis peculiaribus haud spernendis se commendat.

Quoties itaque planum aequatoris eligere placuit, ante omnia obseruationes a nutatione purgandae, ac dein adhibita praecessione ad epocham quandam arbitrariam reducendae sunt: haec operatio prorsus conuenit cum ea, per quam e loco stellae fixae obseruato eiusdem positio media pro epocha data deriuatur, adeoque explicatione hic non indiget. Sin vero planum eclipticae adoptare constitutum est, duplex methodus patebit: scilicet vel ex ascensionibus rectis et declinationibus ob nutationem et praecessionem correctis deduci poterunt longitudines et latitudines adiumento obliquitatis mediae, vnde longitudines iam ad aequinoctium medium relatae prodibunt; vel commodius ex ascensionibus rectis et declinationibus apparentibus adiumento obliquitatis apparentis computabuntur longitudines et latitudines, ac dein illae a nutatione et praecessione purgabuntur.

Loci terrae singulis obseruationibus respondentes per tabulas solares computantur, manifesto autem ad idem planum referendi erunt, ad quod obseruationes corporis coelestis relatae sunt. Quamobrem in computo longitudinis Solis negligetur nutatio; dein vero haec longitudo adhibita praecessione ad epocham fixam reducetur, atque 180 gradibus augebitur; latitudini Solis, siquidem eius rationem habere operae pretium videtur, signum oppositum tribuetur: sic positio terrae heliocentrica habebitur, quam, si aequator pro plano fundamentali electus est, adiumento obliquitatis mediae in ascensionem rectam et declinationem transformare licebit.

117.

Positio terrae hoc modo e tabulis computata ad terrae centrum referenda est, locus obseruatus autem corporis coelestis ad punctum in terrae superficie spectat: huic dissensui tribus modis remedium afferre licet. Potest scilicet vel obseruatio ad centrum terrae reduci, siue a parallaxi liberari; vel locus heliocentricus terrae ad locum ipsum obseruationis reduci, quod efficitur, si loco Solis e tabulis computato parallaxis rite applicatur; vel denique vtraque positio ad punctum aliquod tertium transferri, quod commodissime in intersectione radii visus cum plano eclipticae assumitur: obseruatio ipsa tunc immutata manet, reductionemque loci terrae ad hoc punctum in art. 72 docuimus. Methodus prima adhiberi nequit, nisi corporis coelestis distantia a terra proxime saltem nota fuerit: tunc autem satis commoda est, praesertim quoties obseruatio in ipso meridiano instituta est, vbi sola declinatio parallaxi afficitur. Ceterum praestabit, hanc reductionem loco obseruato immediate applicare, antequam transformationes art. praec. adeantur. Si vero distantia a terra penitus adhuc incognita est, ad methodum secundam vel tertiam confugiendum est, et quidem illa in vsum vocabitur, quoties aequator pro plano fundamentali accipitur, tertia autem praeferetur, quoties omnes positiones ad eclipticam referre placuit.

118.

Si corporis coelestis distantia a terra alicui obseruationi respondens proxime iam nota est, hanc ab effectu *aberrationis* liberare licet pluribus modis, qui methodis diuersis in art. 70 traditis innituntur. Sit t tempus verum obseruationis; θ interuallum temporis, intra quod lumen a corpore coelesti ad terram descendit, quod prodit ducendo 493 in distantiam; l locus obseruatus, l' idem locus adiumento motus geocentrici diurni ad tempus $t+\theta$ reductus; l'' locus l ab ea aberrationis parte purgatus, quae planetis cum fixis communis est; L locus terrae verus tempori t respondens (i. e. tabularis $20''25$ auctus); denique $'L$ locus terrae verus tempori $t-\theta$ respondens. His ita factis erit

I. l locus verus corporis coelestis ex $'L$ visus tempore $t-\theta$

II. l' locus verus corporis coelestis ex L visus tempore t

III. l'' locus verus corporis coelestis ex L visus tempore $t-\theta$

Per methodum I itaque locus obseruatus immutatus retinetur, pro tempore vero autem fictum $t-\theta$ substituitur, loco terrae pro eodem computato; methodus II soli obseruationi mutationem applicat, quae autem praeter distantiam insuper motum diurnum requirit; in methodo III obseruatio correctionem patitur a distantia non pendentem, pro tempore vero fictum $t-\theta$ substituitur, sed retento loco terrae tempori vero respondente. Ex his methodis prima longe commodissima est, quoties distantia eatenus iam nota est, vt reductio temporis θ praecisione sufficiente computari possit.

Quodsi autem haec distantia penitus adhuc incognita est, nulla harum methodorum immediate applicari potest: in prima scilicet habetur quidem corporis coelestis locus geocentricus, sed desideratur tempus et positio terrae a distantia incognita pendentia; in secunda e contrario adsunt haec, deest ille; denique in tertia habetur locus geocentricus corporis coelestis atque positio terrae, sed tempus deest cum illis datis iungendum.

Quid faciendum est itaque in problemate nostro, si in tali casu solutio respectu aberrationis quoque exacta postulatur? Simplicissimum vtique est, orbitam primo neglecta aberratione determinare, quae quum effectum considerabilem numquam producere possit, distantiae hinc ea certe praecisione demanabunt, vt iam obseruationes per aliquam methodorum modo expositarum ab aberratione purgare, orbitaeque determinationem accuratius iterare liceat. Iam in hocce negotio methodus tertia ceteris longe praeferenda erit: in methodo enim prima omnes operationes a positione terrae pendentes ab ouo rursus inchoandae sunt: in secunda (quae ne applicabilis quidem est, nisi tanta obseruationum copia adsit, vt motus diurnus inde elici possit) omnes operationes a loco geocentrico corporis coelestis pendentes denuo instituere oportet: contra in tertia (siquidem iam calculus primus superstructus fuerat locis geocentricis ab aberratione fixarum purgatis) omnes operationes praeliminares a positione terrae et loco geocentrico corporis coelestis pendentes, in computo nouo inuariatae retineri poterunt. Quin adeo hoc modo primo statim calculo aberrationem complecti licebit; si methodus ad determinationem orbitae adhibita ita comparata est, vt valores distantiarum prodeant prius, quam tempora correcta in calculum introducere opus fuerit. Tunc aberrationis quidem caussa calculus duplex haud necessarius erit, vti in tractatione ampliori problematis nostri clarius apparebit.

119.

Haud difficile esset, e nexu inter problematis nostri data atque incognitas, eius statum ad sex aequationes reducere, vel adeo ad pauciores, quum vnam alteramue incognitam satis commode eliminare liceret: sed quoniam nexus ille complicatissimus est, hae aequationes maxime intractabiles euaderent; incognitarum separatio talis, vt tandem aequatio vnicam tantummodo continens prodeat, generaliter loquendo *) pro impossibili haberi potest, multoque adeo minus problematis solutionem integram per solas operationes directas absoluere licebit.

Sed ad *duarum* aequationum solutionem $X = 0$, $Y = 0$, in quibus duae tantum incognitae x, y intermixtae remanserunt, vtique reducere licet problema no-

*) Quoties obseruationes ab inuicem tam parum remotae sunt, vt temporum interualla tamquam quantitates infinite paruas tractare liceat, huiusmodi separatio vtique succedit, totumque problema ad solutionem aequationis algebraicae septimi octauiue gradus reducitur.

strum, et quidem variis modis. Haud equidem necesse est, vt x, y sint duo ex elementis ipsis: esse poterunt quantitates qualicunque modo cum elementis connexae, si modo illis inuentis elementa inde commode deriuare licet. Praeterea manifesto haud opus est, vt X, Y per functiones explicitas ipsarum x, y exhibeantur: sufficit, si cum illis per systema aequationum ita iunctae sunt, vt a valoribus datis ipsarum x, y ad valores respondentes ipsarum X, Y descendere in potestate sit.

120.

Quoniam itaque problematis natura reductionem vlteriorem non permittit, quam ad duas aequationes, duas incognitas mixtim implicantes, rei summa primo quidem in idonea harum incognitarum *electione* aequationumque *adornatione* versabitur, vt tum X et Y quam simplicissime ab x, y pendeant, tum ex harum valoribus inuentis elementa ipsa quam commodissime demanent: dein vero circumspiciendum erit, quo pacto incognitarum valores aequationibus satisfacientes per operationes non nimis operosas eruere liceat. Quod si coecis quasi tentaminibus tantum efficiendum esset, ingens sane ac vix tolerandus labor requireretur, qualem fere nihilominus saepius susceperunt astronomi, qui cometarum orbitas per methodum quam indirectam vocant determinauerunt: magnopere vtique in tali negotio labor subleuatur eo, quod in tentaminibus primis calculi crassiores sufficiunt, donec ad valores approximatos incognitarum peruentum fuerit. Quamprimum vero determinatio approximata iam habetur, rem tutis semper expeditisque methodis ad finem perducere licebit, quas antequam vlterius progrediamur hic explicauisse iuuabit.

Aequationibus $X = 0$, $Y = 0$, si pro x, y valores veri ipsi accipiuntur, ex asse sponte satisfiet: contra si pro x, y valores a veris diuersi substituuntur, X et Y inde valores a 0 diuersos nanciscentur. Quo propius vero illi ad veros accedunt, eo minores quoque valores ipsarum X, Y emergere debebunt, quotiesque illorum differentiae a veris perexiguae sunt, supponere licebit, variationes in valoribus ipsarum X, Y proxime proportionales esse variationi ipsius x, si y, vel variationi ipsius y, si x non mutetur. Quodsi itaque valores veri ipsarum x, y resp designantur per ξ, η, valores ipsarum X, Y suppositioni $x = \xi + \lambda$, $y = \eta + \mu$ respondentes per formam $X = \alpha\lambda + \beta\mu$, $Y = \gamma\lambda + \delta\mu$ exhibebuntur, ita vt coëfficientes α, β, γ, δ pro constantibus haberi queant, dum λ et μ perexiguae manent. Hinc concluditur, si pro tribus systematibus valorum ipsarum x, y, a veris parum diuersorum, valores respondentes ipsarum X, Y determinati sint, valores veros ipsarum x, y inde deriuari posse, quatenus quidem suppositionem istam admittere licet. Statuamus

pro $x=a,\ y=b$ fieri $X=A,\ Y=B$
$x=a',\ y=b'$ $\quad X=A',\ Y=B'$
$x=a'',\ y=b''$ $\quad X=A'',\ Y=B''$

habebimusque

$$A=\alpha(a-\xi)+\beta(b-\eta),\quad B=\gamma(a-\xi)+\delta(b-\eta)$$
$$A'=\alpha(a'-\xi)+\beta(b'-\eta),\quad B'=\gamma(a'-\xi)+\delta(b'-\eta)$$
$$A''=\alpha(a''-\xi)+\beta(b''-\eta),\quad B''=\gamma(a''-\xi)+\delta(b''-\eta)$$

Hinc fit, eliminatis α, β, γ, δ

$$\xi=\frac{a(A'B''-A''B')+a'(A''B-AB'')+a''(AB'-A'B)}{A'B''-A''B'+A''B-AB''+AB'-A'B}$$
$$\eta=\frac{b(A'B''-A''B')+b'(A''B-AB'')+b''(AB'-A'B)}{A'B''-A''B'+A''B-AB''+AB'-A'B}$$

siue in forma ad calculum commodiori

$$\xi=a+\frac{(a'-a)(A''B-AB'')+(a''-a)(AB'-A'B)}{A'B''-A''B'+A''B-AB''+AB'-A'B}$$
$$\eta=b+\frac{(b'-b)(A''B-AB'')+(b''-b)(AB'-A'B)}{A'B''-A''B'+A''B-AB''+AB'-A'B}$$

Manifesto quoque in his formulis quantitates a, b, A, B cum a', b', A', B', vel cum his a'', b'', A'', B'' permutare licet.

Ceterum denominator communis omnium harum expressionum, quem etiam sub formam $(A'-A)(B''-B)-(A''-A)(B'-B)$ ponere licet, fit $=(\alpha\delta-\beta\gamma)\left\{(a'-a)(b''-b)-(a''-a)(b'-b)\right\}$: vnde patet, a, a', a'', b, b', b'' ita accipi debere, vt non fiat $\frac{a''-a}{b''-b}=\frac{a'-a}{b'-b}$, alioquin enim haec methodus haud applicabilis esset, sed pro ξ et η valores fractos suggereret, quorum numeratores et denominatores simul euanescerent. Simul hinc manifestum est, si forte fiat $\alpha\delta-\beta\gamma=0$, eundem defectum methodi vsum omnino destruere, quomodocunque a, a', a'', b, b', b'' accipiantur. In tali casu pro valoribus ipsius X formam talem supponere oporteret $\alpha\lambda+\beta\mu+\varepsilon\lambda\lambda+\zeta\lambda\mu+\theta\mu\mu$, similemque pro valoribus ipsius Y, quo facto analysis methodos praecedenti analogas suppeditaret, e valoribus ipsarum X, Y pro quatuor systematibus valorum ipsarum x, y computatis harum valores veros eruendi.

Hoc vero modo calculus permolestus euaderet, praetereaque ostendi potest, in tali casu orbitae determinationem praecisionem necessariam per ipsius rei naturam non admittere: quod incommodum quum aliter euitari nequeat, nisi nouis obseruationibus magis idoneis adscitis, huic argumento hic non immoramur.

121.

Quoties itaque incognitarum valores approximati iam in potestate sunt, veri inde per methodum modo explicatam omni quae desideratur praecisione deriuari possunt. Primo scilicet computabuntur valores ipsarum X, Y istis valoribus approximatis (a, b) respondentes: qui nisi sponte iam euanescunt, calculus duobus aliis valoribus ab illis parum diuersis (a', b') repetetur, ac dein tertio systemate a'', b'', nisi fortuito ex secundo X et Y euanuerunt. Tunc per formulas art. praec. valores veri elicientur, quatenus suppositio, cui illae formulae innituntur, a veritate haud sensibiliter discrepat. De qua re quo melius iudicium ferri possit, calculus valorum ipsarum X, Y cum illis valoribus correctis repetetur: qui si aequationibus $X = 0$, $Y = 0$ nondum satisfieri monstrat, certe valores multo minores ipsarum X, Y inde prodibunt, quam per tres priores hypotheses, adeoque elementa orbitae hinc resultantia longe exactiora erunt, quam ea, quae primis hypothesibus respondent. Quibus si acquiescere nolumus, consultissimum erit, omissa ea hypothesi quae maximas differentias produxerat, duas reliquas cum quarta denuo iungere, atque sic ad normam art. praec. quintum systema valorum ipsarum x, y formare: eodemque modo, vbi operae pretium videbitur, ad hypothesin sextam etc. progredi licebit, donec aequationibus $X = 0$, $Y = 0$ tam exacte satisfactum fuerit, quam tabulae logarithmicae et trigonometricae permittunt. Rarissime tamen opus erit, vltra systema quartum progredi, nisi hypotheses primae nimis adhuc a veritate aberrantes suppositae fuerint.

122.

Quum incognitarum valores in hypothesi secunda et tertia supponendi quodammodo arbitrarii sint, si modo ab hypothesi prima non nimis differant, praetereaque caueatur, ne ratio $(a''-a):(b''-b)$ ad aequalitatem huius $(a'-a):(b'-b)$ conuergat, plerumque statui solet $a' = a$, $b'' = b$. Duplex hinc lucrum deriuatur: namque non solum formulae pro ξ, η paullo adhuc simpliciores euadunt, sed pars quoque calculi primi eadem manebit in hypothesi secunda, aliaque pars in tertia.

Est tamen casus, vbi aliae rationes ab hac consuetudine discedere suadent: fingamus enim, X habere formam $X'-x$, atque Y hanc $Y'-y$, functionesque X', Y' per problematis naturam ita comparatas esse, vt erroribus mediocribus in valoribus ipsarum x, y commissis perparum afficiantur, siue vt $\left(\frac{\mathrm{d}X'}{\mathrm{d}x}\right)$, $\left(\frac{\mathrm{d}X'}{\mathrm{d}y}\right)$, $\left(\frac{\mathrm{d}Y'}{\mathrm{d}x}\right)$, $\left(\frac{\mathrm{d}Y'}{\mathrm{d}y}\right)$ sint quantitates perexiguae, patetque, differentias inter valores istarum functionum systemati $x=\xi$, $y=\eta$ respondentes, eosque qui ex $x=a$, $y=b$ prodeunt, ad ordinem quasi altiorem referri posse, quam differentias $\xi-a$, $\eta-b$; at valores illi sunt $X'=\xi$, $Y'=\eta$, hi vero $X'=a+A$, $Y'=b+B$, vnde sequitur, $a+A$, $b+B$ esse valores multo exactiores ipsarum x, y, quam a, b. Quibus si hypothesis secunda superstruitur, persaepe aequationibus $X=0$, $Y=0$ tam exacte iam satisfit, vt vlterius progredi haud opus sit; sin secus, eodem modo ex hypothesi secunda tertia formabitur faciendo $a''=a'+A'=a+A+A'$, $b''=b'+B'=b+B+B'$, vnde tandem, si nondum satis praecisa reperitur, quarta ad normam art. 119 elicietur.

123.

In praec. supposuimus, valores approximatos incognitarum x, y alicunde iam haberi. Quoties quidem totius orbitae dimensiones approximatae in potestate sunt (ex aliis forte obseruationibus per calculos anteriores deductae iamque per nouas corrigendae), conditioni illi absque difficultate satisfieri poterit, quamcunque significationem incognitis tribuamus. Contra in determinatione prima orbitae penitus adhuc ignotae (quae est problema longe difficillimum) neutiquam indifferens est, quasnam incognitas adhibeamus; arte potius talique modo eligendae sunt. vt valores approximatos ex ipsius problematis natura haurire liceat. Quod exoptatissime succedit, quoties tres obseruationes ad orbitae inuestigationem adhibitae motum heliocentricum corporis coelestis non nimis magnum complectuntur. Huiusmodi itaque obseruationes ad determinationem primam semper adhibendae sunt, quam dein per obseruationes magis ab inuicem remotas ad lubitum corrigere conueniet. Nullo enim negotio perspicitur, obseruationum errores ineuitabiles calculum eo magis turbare, quo propiores obseruationes adhibeantur. Hinc colligitur, obseruationes ad determinationem primam haud temere eligendas, sed cauendum esse, *primo* ne sint nimis sibi inuicem vicinae, *dein* vero etiam ne nimis ab inuicem distent: in primo enim casu calculus elementorum obseruationibus satisfacientium expeditissime quidem absolueretur, sed his elementis ipsis parum fidendum foret, quinimo erroribus tam enormiter deprauata euadere possent, vt ne approximationis quidem vice fungi valerent; in casu altero vero artificiis, quibus ad determinationem approximatam incognitarum vtendum est, destitueremus, neque inde aliam deriuaremus, nisi vel crassissimam vbi hypotheses multo plures, vel omnino ineptam, vbi tentamina fastidiosissima haud euitare liceret. Sed de hisce methodi limitibus scite iudicare melius per vsum frequentem quam per praecepta ediscitur: exempla infra tradenda ostendent, ex obseruationibus Iunonis 22 tantum diebus ab inuicem dissitis motumque heliocentricum $7^\circ 35'$ complectentibus elementa multa iam praecisione gaudentia deriuari, ac vicissim, methodum nostram optimo etiamnum successu ad obseruationes Cereris applicari, quae 260 diebus ad inuicem distant, motumque heliocentricum $62^\circ 55'$ includunt, quatuorque hypothesibus seu potius approximatiotionibus successiuis adhibitis elementa optime cum obseruationibus conspirantia producere.

124.

Progredimur iam ad enumerationem methodorum maxime idonearum principiis praecedentibus innixarum, quarum quidem praecipua momenta in libro primo exposita sunt, atque hic tantum instituto nostro accommodari debent.

Methodus simplicissima esse videtur, si pro x, y distantiae corporis coelestis a terra in duabus obseruationibus accipiantur, aut potius vel logarithmi harum distantiarum vel logarithmi distantiarum ad eclipticam siue aequatorem proiectarum. Hinc per art. 64, V elicientur loca heliocentrica et distantiae a Sole ad eadem loca pertinentia; hinc porro per art. 110 situs plani orbitae atque longitudines heliocentricae in ea; hinc atque ex radiis vectoribus temporibusque respondentibus per problema in art. 85...105 copiose pertractatum cuncta reliqua elementa, per quae illas obseruationes exacte repraesentari manifestum est, quicunque valores ipsis x, y tributi fuerint. Quodsi iam per haec elementa locus geocentricus pro tempore obseruationis tertiae computatur, huius consensus cum obseruato vel dissensus decidet, vtrum valores suppositi veri fuerint, an ab iis discrepent; vnde quum comparatio duplex deriuetur, differentia altera (in longitudine vel ascensione recta) accipi poterit pro X, alteraque (in latitudine vel declinatione) pro Y. Nisi igitur valores harum differentiarum X, Y sponte prodeunt $= 0$, valores veros ipsarum x, y per methodum in art. 120. sqq. descriptam eruere licebit. Ceterum per se arbitrarium est, a quibusnam trium obseruationum proficiscamur: plerumque tamen praestat, primam et postremam adoptare, casu speciali de quo statim dicemus excepto.

Haecce methodus plerisque post explicandis eo nomine praeferenda est, quod applicationem maxime generalem patitur. Excipere oportet casum, vbi duae obseruationes extremae motum heliocentricum 180 vel 360 vel 540 etc. graduum complectuntur; tunc enim positio plani orbitae e duobus locis heliocentricis determinari nequit (art. 110.). Perinde methodum applicare haud conueniet, quoties motus heliocentricus inter duas obseruationes extremas perparum differt ab 180° vel 360° etc. quoniam in hoc casu determinatio positionis orbitae accurata obtineri nequit, siue potius, quoniam variationes leuissimae in valoribus suppositis incognitarum tantas variationes in positione orbitae et proin etiam in valoribus ipsarum X, Y producerent, vt hae illis non amplius proportionales censeri possent. Verumtamen remedium hic praesto est; scilicet in tali casu non proproficiscemur a duabus obseruationibus extremis, sed a prima et media, vel a media et vltima, adeoque pro X, Y, accipiemus differentias inter computum et obseruationem in loco tertio vel primo. Quodsi autem tum locus secundus a primo tum tertius a secundo propemodum 180 gradibus distarent, incommodum illud hoc modo tollere non liceret; sed praestat, huiusmodi obseruationes, e quibus per rei naturam determinatio accurata situs orbitae erui omnino nequit, ad calculum elementorum haud adhibere.

Praeterea haec methodus eo quoque se commendat, quod nullo negotio aestimari potest, quantas variationes elementa patiantur, si manentibus locis extremis medius paullulum mutetur: hoc itaque modo iudicium ferri poterit qualecunque de gradu praecisionis elementis inuentis tribuendae.

125.

Leui mutatione applicata e methodo praecedente *secundam* eliciemus. A distantiis in duabus obseruationibus profecti, perinde vt in illa, cuncta elementa determinabimus; ex his vero non locum geocentricum pro obseruatione tertia computabimus, sed tantummodo vsque ad locum heliocentricum in orbita progrediemur; ex altera parte eundem locum heliocentricum per problema in artt. 74, 75 tractatum e loco geocentrico obseruato atque situ plani orbitae deriuabimus; hae duae determinationes inter se differentes (nisi forte valores veri ipsarum x, y suppositae fuerint), ipsas X, Y nobis suppeditabunt, accepta pro X differentia inter duos valores longitudinis in orbita, atque pro Y differentia inter duos valores radii vectoris, aut potius logarithmi eius. Haecce methodus iisdem monitionibus obnoxia est, quas in art praec. attigimus: adiungere oportet aliam, scilicet, quod locus heliocentricus in orbita e geocentrico deduci nequit, quoties locus terrae in alterutrum nodorum orbitae incidit; tunc itaque hanc methodum applicare non licet. Sed in eo quoque casu, vbi locus terrae ab alterutro nodorum perparum distat, hac methodo abstinere conueniet, quoniam suppositio, variationibus paruis ipsarum x, y respondere variationes proportionales ipsarum X, Y, nimis erronea euaderet, per rationem ei quam in art. praec. attigimus similem. Sed hic quoque remedium e permutatione loci medii cum aliquo extremorum, cui locus terrae a nodis magis remotus respondeat, petere licebit, nisi forte in omnibus tribus obseruationibus terra in nodorum viciniis versata fuerit.

126.

Methodus praecedens ad *tertiam* illico sternit viam. Determinentur, perinde vt ante, e distantiis corporis coelestis a terra in obseruationibus extremis longitudines respondentes in orbita cum radiis vectoribus. Adiumento positionis plani orbitae, quam hic calculus suppeditauerit, eruatur ex obseruatione media longitudo in orbita atque radius vector. Tunc autem computentur ex his tribus locis heliocentricis elementa reliqua per problema in artt. 82, 83 tractatum, quae operatio ab obseruationum temporibus independens erit. Hoc itaque modo innotescent tres anomaliae mediae atque motus diurnus, vnde ipsa temporum interualla inter obseruationem primam et secundam, atque inter secundam et tertiam computare licebit. Horum differentiae ab interuallis veris pro X et Y accipientur.

Haec methodus minus idonea esset, quoties motus heliocentricus arcum exiguum tantum complectitur. In tali enim casu ista orbitae determinatio (vt iam in art. 82 monuimus) a quantitatibus tertii ordinis pendet, adeoque praecisionem sufficientem non admittit. Variationes leuissimae in valoribus ipsarum x, y producere possent variationes permagnas in elementis adeoque etiam in valoribus ipsarum X, Y neque has illis proportionales supponere liceret. Quoties autem tres loci motum heliocentricum considerabilem subtendunt, methodi vsus vtique succedet optime, siquidem exceptionibus in artt. praec. explicatis haud turbetur, ad quas manifesto in hac quoque methodo respiciendum erit.

127.

Postquam tres loci heliocentrici eo quem in art. praec. descripsimus modo eruti sunt, sequenti quoque modo procedi poterit. Determinentur elementa reliqua per problema in artt. 85...105 tractatum primo e loco primo et secundo cum interuallo temporis respondente, dein vero eodem modo e loco secundo et tertio temporisque interuallo respondente: ita pro singulis elementis duo valores prodibunt, e quorum differentiis duas ad libitum pro X et Y accipere licebit. Magnopere hanc methodum commendat commodum haud spernendum, quod in hypothesibus primis elementa reliqua, praeter duo ea quae ad stabiliendum X et Y eliguntur, omnino negligere licet, quae in vltimo demum calculo, valoribus correctis ipsarum x, y superstructo, determinabuntur siue e sola combinatione prima, siue e sola secunda, siue quod plerumque praeferendum est e combinatione loci primi cum tertio. Ceterum electio illorum duorum elementorum, quae generaliter loquendo arbitraria est, magnam solutionum varietatem suppeditat; adoptari poterunt e. g. logarithmus semiparametri cum logarithmo semiaxis maioris, vel prior cum excentricitate, vel cum eadem posterior, vel cum aliquo horum elementorum longitudo perihelii: combinari quoque poterit aliquod horum quatuor elementorum cum anomalia excentrica loco medio in vtroque calculo respondente, siquidem orbita elliptica euaserit, vbi formulae 27–30 art. 96 calculum maxime expeditum afferent. In casibus specialibus autem haec electio quadam circumspectione indiget; ita e. g. in orbitis ad parabolae similitudinem vergentibus semiaxis maior a ipsiusue logarithmus minus idonei forent, quippe quorum variationes immodicae variationibus ipsarum x, y haud proportionales censeri possent: in tali casu magis e re esset eligere $\frac{1}{a}$. Sed his cautelis eo minus immoramur, quum methodus quinta in art. seq. explicanda quatuor hactenus expositis in omnibus fere casibus palmam praeripiat.

128.

Designemus tres radios vectores eodem modo erutos vt in artt. 125, 126 per r, r', r''; motum angularem heliocentricum in orbita a loco secundo ad tertium per $2f$, a primo ad tertium per $2f'$, a primo ad secundum per $2f''$, ita vt habeatur $f'=f+f''$; sit porro $r'r''\sin 2f=n$, $rr''\sin 2f'=n'$, $rr'\sin 2f''=n''$; denique producta quantitatis constantis k (art. 2) in temporis interualla ab obseruatione secunda ad tertiam, a prima ad tertiam, a prima ad secundam resp. θ, θ', θ''. Incipiatur computus duplex elementorum (perinde vt in art. praec.) tum ex r, r', f'' et θ'', tum ex r', r'', f, θ: in vtroque vero calculo non ad elementa ipsa progredieris, sed subsistes, quamprimum quantitas ea, quae rationem sectoris elliptici ad triangulum exprimit, supraque (art. 91) per y vel $-Y$ denotata est, eruta fuerit. Sit valor huius quantitatis in calculo primo η, in secundo η. Habebimus itaque per formulam 18 art. 95 pro semiparametro p valorem duplicem:

$$\sqrt{p} = \frac{\eta'' n''}{\theta''}, \text{ atque } \sqrt{p} = \frac{\eta n}{\theta}$$

Sed per art. 82 habemus insuper valorem tertium

$$p = \frac{4rr'r'' \sin f \sin f' \sin f''}{n - n' + n''}$$

qui tres valores manifesto identici esse deberent, si pro x, y ab initio valores veri accepti fuissent. Quamobrem esse deberet

$$\frac{\theta''}{\theta} = \frac{\eta'' n''}{\eta n}$$

$$n - n' + n'' = \frac{4\theta\theta'' rr'r'' \sin f \sin f' \sin f''}{\eta\eta'' nn''} = \frac{n'\theta\theta''}{2\eta\eta'' rr'r'' \cos f \cos f' \cos f''}$$

Nisi itaque his aequationibus iam in primo calculo sponte satisfit, statuere licebit

$$X = \log \frac{\eta n \theta''}{\eta'' n'' \theta}$$

$$Y = n - n' + n'' - \frac{n'\theta\theta''}{2\eta\eta'' rr'r'' \cos f \cos f' \cos f''}$$

Haec methodus applicationem aeque generalem patitur, ac secunda in art. 124 explicata, magnum vero lucrum est, quod in hacce quinta hypotheses primae euolutionem elementorum ipsorum non requirunt, sed in media quasi via subsistunt. Ceterum simulatque in hac operatione eo peruentum est, vt praeuideri possit, hypothesin nouam a veritate haud sensibiliter discrepaturam esse, in hac elementa ipsa vel duntaxat ex r, r', f'', θ'', vel ex r', r'', f, θ, vel quod praestat ex r, r'', f' θ', determinare sufficiet.

129.

Quinque methodi hactenus expositae protinus ad totidem alias viam sternunt, quae ab illis eo tantum differunt, quod pro x et y loco distantiarum a terra, inclinatio orbitae atque longitudo nodi ascendentis accipiuntur. Hae igitur methodi nouae ita se habent:

I. Determinantur ex x et y duobusque locis geocentricis extremis secundum artt. 74, 75 longitudines heliocentricae in orbita radiique vectores, atque hinc et ex temporibus respondentibus omnia reliqua elementa; ex his denique locus geocentricus pro tempore obseruationis mediae, cuius differentiae a loco obseruato in longitudinem et latitudinem ipsas X et Y suppeditabunt.

Quatuor reliquae methodi in eo conueniunt, quod e positione plani orbitae locisque geocentricis omnes tres longitudines heliocentricae in orbita radiique vectores respondentes computantur. Dein autem

II. elementa reliqua determinantur e duobus locis extremis tantum atque temporibus respondentibus; secundum haec elementa calculantur pro tempore obseruationis mediae longitudo in orbita atque radius vector, quarum quantitatum differentiae a valoribus prius inuentis, i. e. e loco geocentrico deductis, ipsas X, Y exhibebunt.

III. Aut deriuantur orbitae dimensiones reliquae ex omnibus tribus locis heliocentricis (artt. 82, 83), in quem calculum tempora non ingrediuntur: dein temporum interualla eruuntur, quae in orbita ita inuenta inter obseruationem primam et secundam, atque inter hanc et tertiam elapsa esse deberent, et quorum differentiae a veris ipsas X, Y nobis suggerent.

IV. Calculantur elementa reliqua duplici modo, puta tum e combinatione loci primi cum secundo, tum e combinatione secundi cum tertio, adhibitis temporum interuallis respondentibus. Comparatis hisce duobus elementorum systematibus inter se, e differentiis duae quaecunque pro X, Y accipi poterunt.

V. Siue denique idem calculus duplex tantummodo vsque ad valores quantitatis in art. 91 per y denotatae producitur, ac dein pro X, Y expressiones in art. praec. traditae adoptantur.

Vt quatuor vltimis harum methodorum tuto vti liceat, loci terrae pro omnibus tribus obseruationibus orbitae nodis non nimis vicini esse debent: contra vsus methodi primae tantummodo requirit, vt eadem conditio in duabus obseruationibus extremis locum habeat, siue potius, (quoniam locum medium pro aliquo extremorum substituere licet) vt e tribus locis terrae non plures quam vnus in nodorum viciniis versentur.

130.

Decem methodi inde ab art. 124 explicatae innituntur suppositioni, valores approximatos distantiarum corporis coelestis a terra, aut positionis plani orbitae, iam in potestate esse. Quoties quidem id agitur, vt dimensiones orbitae, quarum valores approximati iam alicunde innotuerunt, puta per calculum anteriorem obseruationibus aliis innixum, per obseruationes magis ab inuicem remotas corrigantur, postulatum illud nullis manifesto difficultatibus obnoxium erit. Sed hinc nondum liquet, quonam modo calculum primum aggredi liceat, vbi omnes orbitae dimensiones penitus adhuc incognitae sunt: hic vero problematis nostri casus longe grauissimus atque difficillimus est, vti iam ex problemate analogo in theoria cometarum praesumi potest, quod quamdiu geometras torserit, quotque tentaminibus irritis originem dederit satis constat. Vt problema nostrum recte solutum censeri possit, manifesto conditionibus sequentibus satisfieri oportet, siquidem solutio ad instar normae inde ab art. 119 explicatae exhibetur: *Primo* quantitates x, y tali modo sunt eligendae, vt valores ipsarum approximatos ex ipsa problematis natura petere liceat, saltem, quamdiu corporis coelestis motus heliocentricus intra obseruationes non nimis magnus est. *Secundo* autem requiritur, vt variationibus exiguis quantitatum x, y variationes non nimis magnae in quantitatibus inde deriuandis respondeant, ne errores in illarum valoribus suppositis forte commissi impediant, quominus has quoque pro approximatis habere liceat. Denique *tertio* postulamus, vt operationes, per quas a quantitatibus x, y successiue vsque ad X, Y progrediendum est, non nimis prolixae euadant.

Hae conditiones criterium subministrabunt, secundum quod de cuiusuis methodi praestantia iudicium ferri poterit: adhuc euidentius quidem ea applicationibus frequentibus se manifestabit. Methodus ea, quam exponere iam accingimur, et quae quodammodo tamquam pars grauissima huius operis consideranda est, illis conditionibus ita satisfacit, vt nihil amplius desiderandum relinquere videatur. Quam antequam in forma ad praxin commodissima explicare aggrediamur, quasdam considerationes praeliminares praemittemus, aditumque quasi ad illam, qui alias forsan obscurior minusque obuius videri possit, illustrabimus atque aperiemus.

131.

In art. 114 ostensum est, si ratio inter quantitates illic atque in art. 128 per n, n', n'' denotatas cognita fuerit, corporis coelestis distantias a terra per formulas persimplices determinari posse. Quodsi itaque pro x, y assumerentur quotientes $\frac{n}{n'}$, $\frac{n''}{n'}$, pro his quantitatibus in eo casu, vbi motus heliocentricus inter obseruationes haud ita magnus est, statim valores approximati $\frac{\theta}{\theta'}$, $\frac{\theta''}{\theta'}$ se offerrent (accipiendo characteres θ, θ', θ'' in eadem significatione vt in art. 128): hinc itaque solutio obuia problematis nostri demanare videtur, si ex x et y distantiae duae a terra eliciantur, ac dein ad instar alicuius ex quinque methodis artt. 124–128 procedatur. Reuera, acceptis quoque characteribus η, η'' in significatione art. 128, designatoque analogice per η' quotiente orto ex diuisione sectoris inter duos radios vectores contenti per aream trianguli inter eosdem, erit $\frac{n}{n'}=\frac{\theta}{\theta'}\cdot\frac{\eta'}{\eta}$, $\frac{n''}{n'}=\frac{\theta''}{\theta'}\cdot\frac{\eta'}{\eta''}$, patetque facile, si n, n', n'' tamquam quantitates paruae primi ordinis spectentur, esse generaliter loquendo $\eta-1$, $\eta'-1$, $\eta''-1$ quantitates secundi ordinis, adeoque valores ipsarum x, y approximatos $\frac{\theta}{\theta'}$, $\frac{\theta''}{\theta'}$ a veris differre tantummodo quantitatibus secundi ordinis. Nihilominus re propius considerata methodus haecce omnino inepta inuenitur, cuius phaenomeni rationem paucis explicabimus. Leui scilicet negotio perspicitur, quantitatem (0, 1, 2), per quam distantiae in formulis 9, 10, 11 art. 114 multiplicatae sunt, ad minimum tertii ordinis fieri, contra e. g. in aequ. 9 quantitates (O. 1. 2), (I. 1. 2), (II. 1. 2) primi ordinis; hinc autem facile sequitur, errorem secundi ordinis in valoribus quantitatum $\frac{n}{n'}$, $\frac{n''}{n'}$ commissum producere in valoribus distantiarum errorem ordinis 0. Quamobrem, secundum vulgarem loquendi vsum, distantiae tunc quoque errore finito affectae prodirent, quando temporum interualla infinite parua sunt, adeoque neque has distantias neque reliquas quantitates inde deriuandas ne pro approximatis quidem habere liceret, methodusque conditioni secundae art. praec. aduersaretur.

132.

Statuendo breuitatis gratia $(0.1.2)=a$, $(0.\text{I}.2)D'=-b$, $(0.\text{O}.2)D=-c$, $(0.\text{II}.2)D''=-d$, ita vt aequatio 10 art. 114 fiat $a\delta'=b+c.\frac{n}{n'}+d.\frac{n''}{n'}$, coëfficientes c et d quidem erunt primi ordinis, facile vero ostendi potest, differentiam $c-d$ ad secundum ordinem referendam esse. Hinc vero sequitur, valorem quantitatis $\frac{cn+dn''}{n+n''}$ ex suppositione approximata $n:n''=\theta:\theta''$ prodeuntem errore quarti tantum ordinis affectum esse, quin adeo quinti tantum, quoties obseruatio media ab extremis aequalibus interuallis distat. Fit enim iste error

$$=\frac{c\theta+d\theta''}{\theta+\theta''}-\frac{cn+dn''}{n+n''}=\frac{\theta\theta''(d-c)(\eta''-\eta)}{(\theta+\theta'')(\eta''\theta+\eta\theta'')}$$

vbi denominator secundi ordinis est, numeratorisque factor alter $\theta\theta''(d-c)$ quarti, alter $\eta''-\eta$ secundi, vel in casu isto speciali tertii ordinis. Exhibita itaque aequatione illa in hacce forma $a\delta'=b+\frac{cn+dn''}{n+n''}\cdot\frac{n+n''}{n'}$, manifestum est, vitium methodi in art. praec. propositae non inde oriri, quod quantitates n, n'' hisce θ, θ'' proportionales suppositae sunt, sed inde, quod *insuper* n' ipsi θ' proportionalis statuta est. Hoc quippe modo loco factoris $\frac{n+n''}{n'}$, valor minus exactus $\frac{\theta+\theta''}{\theta'} = 1$ introducitur, a quo verus $= 1 + \frac{\theta\theta''}{2\eta\eta'' rr'r'' \cos f \cos f' \cos f''}$ quantitate ordinis secundi discrepat (art. 128).

133.

Quum cosinus angulorum f, f', f'', perinde vt quantitates η, η'' ab vnitate differentia secundi ordinis discrepent, patet, si pro $\frac{n+n''}{n'}$ valor approximatus $1 + \frac{\theta\theta''}{2rr'r''}$ introducatur, errorem quarti ordinis committi. Quodsi itaque loco aequationis art. 114. haecce adhibetur

$$a\delta' = b + \frac{c\theta + d\theta''}{\theta'}\left(1 + \frac{\theta\theta''}{2rr'r''}\right)$$

in valorem distantiae δ' redundabit error secundi ordinis, quando obseruationes extremae a media aequidistant, vel primi ordinis in casibus reliquis. Sed haecce noua aequationis illius forma ad determinationem ipsius δ' haud idonea est, quia quantitates adhuc incognitas r, r', r'' inuoluit.

Iam generaliter loquendo quantitates $\frac{r}{r'}, \frac{r''}{r'}$ ab vnitate differentia primi ordinis distant, et perinde etiam productum $\frac{rr''}{r'r'}$: in casu speciali saepius commemorato facile perspicitur, hoc productum differentia secundi ordinis tantum ab vnitate discrepare. Quin adeo quoties orbita ellipsis parum excentrica est, ita vt excentricitatem tamquam quantitatem primi ordinis spectare liceat, differentia $\frac{rr''}{r'r'}$ ad ordinem vno gradu adhuc altiorem referri poterit. Manifestum est itaque, errorem illum eiusdem ordinis vt antea manere, si in aequatione nostra pro $\frac{\theta\theta''}{2rr'r''}$ substituatur $\frac{\theta\theta''}{2r'^3}$, vnde nanciscitur formam sequentem

$$a\delta' = b + \frac{c\theta + d\theta''}{\theta'}\left(1 + \frac{\theta\theta''}{2r'^3}\right)$$

Continet quidem haec aequatio etiamnum quantitatem incognitam r', quam tamen eliminari posse patet, quum tantummodo a δ' atque quantitatibus cognitis pendeat. Quodsi dein aequatio rite ordinaretur, ad *octauum* gradum ascenderet.

134.

Ex praecedentibus iam ratio percipietur, cur in methodo nostra pro x, y resp. quantitates $\frac{n''}{n} = P$ atque $2\left(\frac{n+n''}{n'} - 1\right) r'^3 = Q$ accepturi simus. Patet enim *primo*, si P et Q tamquam cognitae spectentur, δ' inde per aequationem

$$a\delta' = b + \frac{c+dP}{1+P}\left(1 + \frac{Q}{2r'^3}\right)$$

determinari posse, ac dein δ et δ'' per aequationes 4, 6 art. 114, quum habeatur $\frac{n}{n'} = \frac{1}{1+P}\left(1 + \frac{Q}{2r'^3}\right)$, $\frac{n''}{n'} = \frac{P}{1+P}\left(1 + \frac{Q}{2r'^3}\right)$. *Secundo* manifestum est, in hypothesi prima pro quantitatibus P, Q, quarum valores exacte veri sunt $\frac{\theta''}{\theta} \cdot \frac{\eta}{\eta''}$, $\frac{rr''\theta\theta''}{r'r'\eta\eta''\cos f\cos f'\cos f''}$, statim obuios esse valores approximatos $\frac{\theta''}{\theta}$, $\theta\theta''$, ex qua hypothesi in determinationem ipsius δ' et proin etiam ipsarum δ, δ'', redundabunt errores primi ordinis, vel secundi in casu speciali pluries commemorato. Ceterum etiamsi his conclusionibus, generaliter loquendo, tutissime fidendum sit, tamen in casu quodam speciali vim suam perdere possunt, scilicet quoties quantitas (0.1.2), quae in genere est ordinis tertii, fortuito fit $=0$, vel tam parua, vt ad altiorem ordinem referri debeat. Hoc euenit, quoties motus geocentricus in sphaera coelesti prope locum medium punctum inflexionis sistit. Denique apparet, vt methodus nostra in vsum vocari possit, necessario requiri, vt motus heliocentricus inter tres obseruationes non nimis magnus sit: sed haec restrictio, per problematis complicatissimi naturam, nullo modo euitari potest, neque etiam pro incommodo habenda est, quoniam semper in votis erit, determinationem primam orbitae incognitae corporis coelestis noui quam primum licet suscipere. Praeterea restrictio illa sensu satis lato accipi potest, vti exempla infra tradenda ostendent.

135.

Disquisitiones praecedentes eum in finem allatae sunt, vt principia, quibus methodus nostra innititur, verusque eius quasi neruus eo clarius perspiciantur: tractatio ipsa autem methodum in forma prorsus diuersa exhibebit, quam post applicationes frequentissimas tamquam commodissimam inter plures alias a nobis tentatas commendare possumus. Quum in determinanda orbita incognita e tribus obseruationibus totum negotium semper ad aliquot hypotheses, aut potius approximationes successiuas reducatur, pro lucro eximio habendum erit, si calculum ita adornare successerit, vt iam ab initio operationes quam plurimas, quae non a P et Q sed vnice a combinatione quantitatum cognitarum pendeant, ab ipsis hypothesibus separare liceat. Tunc manifesto has operationes praeliminares, singulis hypothesibus communes, semel tantum exsequi oportet, hypothesesque ipsae ad operationes quam paucissimas reducuntur. Perinde maximi momenti erit, si in singulis hypothesibus vsque ad ipsa elementa progredi haud opus fuerit, horumque computum vsque ad hypothesin postremam reseruare liceat. Vtroque respectu methodus nostra, quam exponere iam aggredimur, nihil desiderandum relinquere videtur.

136.

Ante omnia tres locos heliocentricos terrae in sphaera coelesti A, A', A'' (fig. 4) cum tribus locis geocentricis respondentibus corporis coelestis B, B', B'' per circulos maximos iungere, atque tum positionem horum circulorum maximorum respectu eclipticae (siquidem eclipticam pro plano fundamentali adoptamus), tum situm punctorum B, B', B'' in ipsis computare oportet. Sint α, α', α'' tres corporis coelestis longitudines geocentricae; β, β', β'' latitudines, l, l', l'' longitudines heliocentricae terrae, cuius latitudines statuimus $= 0$ (artt. 117, 72). Sint porro γ, γ', γ'', circulorum maximorum ab A, A', A'' resp. ad B, B', B'' ductorum inclinationes ad eclipticam: quas inclinationes, vt in ipsarum determinatione normam fixam sequamur, perpetuo respectu eius eclipticae partis mensurabimus, quae a punctis A, A', A'' secundum ordinem signorum sita est, ita vt ipsarum magnitudo a 0 vsque ad $360°$ numeretur, siue quod eodem redit, in parte boreali a 0 vsque ad $180°$, in australi a 0 vsque ad $-180°$. Arcus AB, $A'B'$, $A''B''$, quos semper intra 0 et $180°$ statuere licebit, designamus per δ, δ', δ''. Ita pro determinatione ipsarum γ, δ habemus formulas

$$[1] \quad \operatorname{tang}\gamma = \frac{\operatorname{tang}\beta}{\sin(\alpha - l)}$$

$$[2] \quad \operatorname{tang}\delta = \frac{\operatorname{tang}(\alpha - l)}{\cos\gamma}$$

quibus si placet ad calculi confirmationem adiici possunt sequentes:

$$\sin\delta = \frac{\sin\beta}{\sin\gamma}, \quad \cos\delta = \cos\beta\cos(\alpha - \lambda)$$

Pro determinandis γ', δ', γ'', δ'', manifesto formulae prorsus analogae habentur. Quodsi simul fuerit $\beta = 0$, $\alpha - \lambda = 0$ vel $= 180°$, i. e. si corpus coeleste simul in oppositione vel coniunctione atque in ecliptica fuerit, γ fieret indeterminata: at supponemus, hunc casum in nulla trium obseruationum locum habere.

Si loco eclipticae aequator tamquam planum fundamentale adoptatum est, ad positionem trium circulorum maximorum respectu aequatoris determinandam praeter inclinationes insuper requirentur rectascensiones intersectionum cum aequatore: nec non praeter distantias punctorum B, B', B'' ab his intersectionibus etiam distantias punctorum A, A', A'' ab iisdem computare oportebit. Quae quum a problemate in art. 110 tractato pendeant, formularum euolutioni hic non immoramur.

137.

Negotium *secundum* erit determinatio situs relatiui illorum trium circulorum maximorum inter se, qui pendebit a situ intersectionum mutuarum et ab inclinationibus. Quae si absque ambiguitate ad notiones claras ac generales reducere cupimus, ita vt non opus sit pro singulis casibus diuersis ad figuras peculiares recurrere, quasdam dilucidationes praeliminares praemittere oportebit. *Primo* scilicet in quouis circulo maximo duae *directiones* oppositae aliquo modo distinguendae sunt, quod fiet, dum alteram tamquam progressiuam seu positiuam, alteram tamquam retrogradam seu negatiuam consideramus. Quod quum per se prorsus arbitrarium sit, vt normam certam stabiliamus, semper directiones ab A, A', A'' versus B, B', B'' ceu positiuas considerabimus; ita e. g. si intersectio circuli primi cum secundo per distantiam positiuam a puncto A exhibetur, haec capienda subintelligetur ab A versus B (vt D'' in figura nostra); si vero negatiua esset, ipsam ab altera parte ipsius A sumere oporteret. *Secundo* vero etiam duo haemisphaeria, in quae omnis circulus maximus sphaeram integram dirimit, denominationibus idoneis distinguenda sunt: et quidem hemisphaerium *superius* vocabimus, quod in superficie interiori sphaerae circulum maximum directione progressiua permeanti ad dextram est, alterum *inferius*. Plaga itaque superior analoga erit hemisphaerio boreali respectu eclipticae vel aequatoris, inferior australi.

His rite intellectis, *ambas* duorum circulorum maximorum intersectiones commode ab inuicem distinguere licebit: in vna scilicet circulus primus e secundi regione inferiori in superiorem tendit, vel quod idem est secundus e primi regione superiori in inferiorem; in altera intersectione opposita locum habent. Per se quidem prorsus arbitrarium est, quasnam intersectiones in problemate nostro eligere velimus: sed vt hic quoque iuxta normam inuariabilem procedamus, eas semper adoptabimus, (D, D', D'' in fig. 4), vbi resp. circulus tertius $A''B''$ in secundi $A'B'$, tertius in primi AB, secundus in primi plagam superiorem transit. Situs harum intersectionum determinabitur per ipsarum distantias a punctis A' et A'', A et A'', A et A', quas simpliciter per $A'D$, $A''D$, AD', $A''D'$, AD'', $A'D''$ designabimus. Quibus ita factis circulorum inclinationes mutuae erunt anguli, qui resp. in his intersectionum punctis D, D', D'' inter circulorum se secantium partes eas continentur, quae in directione progressiua iacent: has inclinationes, semper inter 0 et 180° accipiendas, per ε, ε', ε'' denotabimus. Determinatio harum nouem quantitatum incognitarum e cognitis manifesto ab eodem problemate pendet, quod in art. 55 tractauimus: habemus itaque aequationes sequentes:

[3] $\sin\frac{1}{2}\varepsilon\sin\frac{1}{2}(A'D+A''D)=\sin\frac{1}{2}(l''-l')\sin\frac{1}{2}(\gamma''+\gamma')$

[4] $\sin\frac{1}{2}\varepsilon\cos\frac{1}{2}(A'D+A''D)=\cos\frac{1}{2}(l''-l')\sin\frac{1}{2}(\gamma''-\gamma')$

[5] $\cos\frac{1}{2}\varepsilon\sin\frac{1}{2}(A'D-A''D)=\sin\frac{1}{2}(l''-l')\cos\frac{1}{2}(\gamma''+\gamma')$

[6] $\cos\frac{1}{2}\varepsilon\cos\frac{1}{2}(A'D-A''D)=\cos\frac{1}{2}(l''-l')\cos\frac{1}{2}(\gamma''-\gamma')$

Ex aequationibus 3 et 4 innotescent $\frac{1}{2}(A'D+A''D)$ et $\sin\frac{1}{2}\varepsilon$, e duabus reliquis $\frac{1}{2}(A'D-A''D)$ et $\cos\frac{1}{2}\varepsilon$; hinc $A'D$, $A''D$ et ε. Ambiguitas determinationi arcuum $\frac{1}{2}(A'D+A''D)$, $\frac{1}{2}(A'D-A''D)$ per tangentes adhaerens conditione ea decidetur, quod $\sin\frac{1}{2}\varepsilon$ et $\cos\frac{1}{2}\varepsilon$ positiui euadere debent, consensusque inter $\sin\frac{1}{2}\varepsilon$ et $\cos\frac{1}{2}\varepsilon$ toti calculo confirmando inseruiet.

Determinatio quantitatum AD', $A''D'$, ε', AD'', $A'D''$, ε'' prorsus simili modo perficietur, neque opus erit octo aequationes ad hunc calculum adhibendas huc transscribere, quippe quae ex aequ. 3—6 sponte prodeunt, si

$A'D$	$A''D$	ε	$l''-l'$	γ''	γ'
cum AD'	$A''D'$	ε'	$l''-l$	γ''	γ
vel cum AD''	$A'D''$	ε''	$l'-l$	γ'	γ

resp. commutantur.

Noua adhuc totius calculi confirmatio deriuari potest e relatione mutua inter latera angulosque trianguli sphaerici inter puncta D, D', D'' formati, vnde demanant aequationes generalissime verae, quamcunque situm haec puncta habeant:

$$\frac{\sin(AD'-AD'')}{\sin\varepsilon}=\frac{\sin(A'D-A'D'')}{\sin\varepsilon'}=\frac{\sin(A''D-A''D')}{\sin\varepsilon''}$$

Denique si loco eclipticae aequator tamquam planum fundamentale electus est, calculus mutationem non subit, nisi quod pro terrae locis heliocentricis A, A', A'' substituere oportet ea aequatoris puncta, vbi a circulis AB, $A'B'$, $A''B''$ secatur; accipiendae sunt itaque pro l, l', l'' ascensiones rectae harum intersectionum, nec non pro $A'D$ distantia puncti D ab intersectione secunda etc.

138.

Negotium *tertium* iam in eo consistit, vt duo loci geocentrici extremi corporis coelestis, i. e. puncta B, B'', per circulum maximum iungantur, huiusque intersectio cum circulo maximo $A'B'$ determinetur. Sit $B^\star$ haec intersectio, atque $\delta'-\sigma$ eius distantia a puncto A', nec non $\alpha^\star$ eius longitudo, $\beta^\star$ latitudo. Habemus itaque, propterea quod B, $B^\star$, B'' in eodem circulo maximo iacent, aequationem satis notam

$$0=\operatorname{tang}\beta\sin(\alpha''-\alpha^\star)-\operatorname{tang}\beta^\star\sin(\alpha''-\alpha)+\operatorname{tang}\beta''\sin(\alpha^\star-\alpha)$$

quae, substituendo $\operatorname{tang}\gamma'\sin(\alpha^\star-l')$ pro $\operatorname{tang}\beta^\star$, sequentem formam induit

$$0=\begin{cases}\cos(\alpha^\star-l')\left\{\operatorname{tang}\beta\sin(\alpha''-l')-\operatorname{tang}\beta''\sin(\alpha-l')\right\}\\ -\sin(\alpha^\star-l')\left\{\operatorname{tang}\beta\cos(\alpha''-l')+\operatorname{tang}\gamma'\sin(\alpha''-\alpha)-\operatorname{tang}\beta''\cos(\alpha-l')\right\}\end{cases}$$

Quare quum sit $\operatorname{tang}(\alpha^\star-l')=\cos\gamma'\operatorname{tang}(\delta'-\sigma)$ habebimus

$$\operatorname{tang}(\delta'-\sigma)=\frac{\operatorname{tang}\beta\sin(\alpha''-l')-\operatorname{tang}\beta''\sin(\alpha-l')}{\cos\gamma'\left(\operatorname{tang}\beta\cos(\alpha''-l')-\operatorname{tang}\beta''\cos(\alpha-l')\right)+\sin\gamma'\sin(\alpha''-\alpha)}$$

Hinc deriuantur formulae sequentes, ad calculum numericum magis accommodatae. Statuatur

[7] $\operatorname{tang}\beta\sin(\alpha''-l')-\operatorname{tang}\beta''\sin(\alpha-l')=S$

[8] $\operatorname{tang}\beta\cos(\alpha''-l')-\operatorname{tang}\beta''\cos(\alpha-l')=T\sin t$

[9] $\sin(\alpha''-\alpha)=T\cos t$

(art. 14, II), eritque

[10] $\operatorname{tang}(\delta'-\sigma)=\dfrac{S}{T\sin(t+\gamma')}$

Ambiguitas in determinatione arcus $\delta'-\sigma$ per tangentem inde oritur, quod circuli maximi $A'B'$, BB'' in *duobus* punctis se intersecant: nos pro $B^\star$ semper adoptabimus intersectionem puncto B' proximam, ita vt σ semper cadat inter limites $-90°$ et $+90°$, vnde ambiguitas illa tollitur. Plerumque tunc valor arcus σ (qui pendet a *curuatura* motus geocentrici) quantitas satis modica erit, et quidem gene-

20

raliter loquendo secundi ordinis, si temporum interualla tamquam quantitates primi ordinis spectantur.

Quaenam modificationes calculo applicandae sint, si pro ecliptica aequator tamquam planum fundamentale electum est, ex annotatione art. praec. sponte patebit.

Ceterum manifestum est, situm puncti B^* indeterminatum manere, si circuli BB'', $A'B''$ omnino coinciderent: hunc casum, vbi quatuor puncta A', B, B', B'' in eodem circulo maximo iacerent, a disquisitione nostra excludimus. Conueniet autem in eligendis obseruationibus eum quoque casum euitare, vbi situs horum quatuor punctorum a circulo maximo parum distat: tunc enim situs puncti B^*, qui in operationibus sequentibus magni momenti est, per leuissimos obseruationum errores nimis afficeretur, nec praecisione necessaria determinari posset. — Perinde punctum B^* indeterminatum manere patet, quoties puncta B, B'' in vnum coincidunt *), in quo casu ipsius circuli BB'' positio indeterminata fieret. Quamobrem hunc quoque casum excludemus, quemadmodum, per rationes praecedentibus similes, talibus quoque obseruationibus abstinendum erit, vbi locus geocentricus primus et vltimus in puncta sphaerae sibi proxima cadunt.

139

Sint in sphaera coelesti C, C', C'' tria corporis coelestis loca heliocentrica, quae resp. in circulis maximis AB, $A'B'$, $A''B''$, et quidem inter A et B, A' et B', A'' et B'' sita erunt (art. 64, III): praeterea puncta C, C', C'' in eodem circulo maximo iacebunt, puta in eo, quem planum orbitae in sphaera coelesti proiicit. Designabimus per r, r', r'' tres corporis coelestis distantias a Sole; per ϱ, ϱ', ϱ'' eiusdem distantias a terra; per R, R', R'' terrae distantias a Sole. Porro statuimus arcus $C'C''$, CC'', CC' resp. $=2f$, $2f'$, $2f''$, atque $r'r''\sin 2f = n$, $rr''\sin 2f' = n'$, $rr'\sin 2f'' = n''$. Habemus itaque $f' = f + f''$, $AC + CB = \delta$, $A'C' + C'B' = \delta'$, $A''C'' + C''B'' = \delta''$, nec non

$$\frac{\sin\delta}{r} = \frac{\sin AC}{\varrho} = \frac{\sin CB}{R}$$

$$\frac{\sin\delta'}{r'} = \frac{\sin A'C'}{\varrho'} = \frac{\sin C'B'}{R'}$$

$$\frac{\sin\delta''}{r''} = \frac{\sin A''C''}{\varrho''} = \frac{\sin C''B''}{R''}$$

*) Sine etiam quoties sibi opposita sunt, sed de hoc casu non loquimur, quum methodus nostra ad obseruationes tantum interuallum complectentes non sit extendenda.

Hinc patet, simulac situs punctorum C, C', C'' innotuerit, quantitates r, r', r'' ϱ, ϱ', ϱ'' determinabiles fore. Iam ostendemus, quomodo ille e quantitatibus $\frac{n''}{n} = P$, $2\left(\frac{n+n''}{n'} - 1\right)r'^3 = Q$ elici possit, a quibus methodum nostram proficisci iam supra declarauimus.

140.

Primo obseruamus, si N fuerit punctum quodcunque circuli maximi $CC'C''$, distantiaeque punctorum C, C', C'' a puncto N secundum directionem eandem numerentur, quae tendit a C ad C'', ita vt generaliter fiat

$NC'' - NC' = 2f$, $NC'' - NC = 2f'$, $NC' - NC = 2f''$, haberi aequationem

$$0 = \sin 2f \sin NC - \sin 2f' \sin NC' + \sin 2f'' \sin NC'' \quad \text{(I)}$$

Iam supponemus, N accipi in intersectione circulorum maximorum BB^*B'', $CC'C''$, quasi in nodo ascendente prioris supra posteriorem. Designemus per $\mathfrak{C}$, $\mathfrak{C}'$, $\mathfrak{C}''$, $\mathfrak{D}$, $\mathfrak{D}'$, $\mathfrak{D}''$ resp. distantias punctorum C, C', C'', D, D', D'' a circulo maximo BB^*B'', ab alterutra ipsius parte positiue, ab altera opposita negatiue acceptas. Hinc manifesto $\sin\mathfrak{C}$, $\sin\mathfrak{C}'$, $\sin\mathfrak{C}''$ resp. proportionales erunt ipsis $\sin NC$, $\sin NC'$, $\sin NC''$, vnde aequatio (I) sequentem induit formam

$$0 = \sin 2f \sin\mathfrak{C} - \sin 2f' \sin\mathfrak{C}' + \sin 2f'' \sin\mathfrak{C}''$$

siue multiplicando per $rr'r''$

$$0 = nr \sin\mathfrak{C} - n'r' \sin\mathfrak{C}' + n''r'' \sin\mathfrak{C}'' \quad \text{(II)}.$$

Porro patet, esse $\sin\mathfrak{C}$ ad $\sin\mathfrak{D}'$, vt sinum distantiae puncti C a B ad distantiam puncti D' a B, vtraque distantia secundum eandem directionem mensurata. Habetur itaque

$$-\sin\mathfrak{C} = \frac{\sin\mathfrak{D}' \sin CB}{\sin(AD' - \delta)}$$

prorsusque simili modo eruitur

$$-\sin\mathfrak{C} = \frac{\sin\mathfrak{D}'' \sin CB}{\sin(AD'' - \delta)}$$

$$-\sin\mathfrak{C}' = \frac{\sin\mathfrak{D} \sin C'B^*}{(\sin A'D - \delta' + \sigma)} = \frac{\sin\mathfrak{D}'' \sin C'B^*}{\sin(A'D'' - \delta' + \sigma)}$$

$$-\sin\mathfrak{C}'' = \frac{\sin\mathfrak{D} \sin C''B''}{\sin(A''D - \delta'')} = \frac{\sin\mathfrak{D}' \sin C''B''}{\sin(A''D' - \delta'')}$$

Diuidendo itaque aequationem (II) per $r''\sin\mathfrak{C}''$, prodit

$$o = n.\frac{r\sin CB}{r''\sin C''B''}.\frac{\sin(A''D'-\delta'')}{\sin(AD'-\delta)} - n'.\frac{r'\sin C'B^*}{r''\sin C''B''}.\frac{\sin(A''D-\delta'')}{\sin(A'D-\delta'+\sigma)} + n''$$

Quodsi hic arcum $C'B'$ per z designamus, pro r, r', r'' valores suos ex art. praec. substituimus, breuitatisque caussa ponimus

$$[11]\quad \frac{R\sin\delta\sin(A''D'-\delta'')}{R''\sin\delta''\sin(AD'-\delta)} = a$$

$$[12]\quad \frac{R'\sin\delta'\sin(A''D-\delta'')}{R''\sin\delta''\sin(A'D-\delta'+\sigma)} = b$$

aequatio nostra ita se habebit

$$o = an - bn'.\frac{\sin(z-\sigma)}{\sin z} + n'' \ldots\ldots\ldots\ldots(\text{III})$$

Coëfficientem b etiam per formulam sequentem computare licet, quae ex aequationibus modo allatis facile deducitur:

$$[13]\quad a\times\frac{R'\sin\delta'\sin(AD''-\delta)}{R\sin\delta\sin(A'D''-\delta'+\sigma)} = b$$

Calculi confirmandi caussa haud inutile erit, vtraque formula 12 et 13 vti. Quoties $\sin(A'D''-\delta'+\sigma)$ maior est quam $\sin(A'D-\delta'+\sigma)$, formula posterior a tabularum erroribus ineuitabilibus minus afficietur, quam prior, adeoque huic praeferenda erit, si forte paruula discrepantia illinc explicanda in valoribus ipsius b se prodiderit; contra formulae priori magis fidendum erit, quoties $\sin(A'D''-\delta'+\sigma)$ minor est quam $\sin(A'D-\delta'+\sigma)$: si magis placet, medium idoneum inter ambos valores adoptabitur.

Calculo examinando sequentes quoque formulae inseruire possunt, quarum tamen deriuationem non ita difficilem breuitatis caussa supprimimus:

$$o = \frac{a\sin(l''-l')}{R} - \frac{b\sin(l''-l)}{R'}.\frac{\sin(\delta'-\sigma)}{\sin\delta'} + \frac{\sin(l'-l)}{R''}$$

$$b = \frac{R'\sin\delta'}{R''\sin\delta''}.\frac{U\cos\beta\cos\beta''}{\sin(AD'-\delta)\sin\varepsilon'}$$

vbi U exprimit quotientem $\frac{S}{\sin(\delta'-\sigma)} = \frac{T\sin(t+\gamma')}{\cos(\delta'-\sigma)}$ (art. 138. aequ. 10).

141

Ex $P = \frac{n''}{n'}$, atque aequatione III. art. praec. sequitur $(n+n'')\,\frac{P+a}{P+1} = bn'\,\frac{\sin(z-\sigma)}{\sin z}$; hinc vero et ex $Q = 2\left(\frac{n+n''}{n} - 1\right)r'^3$ atque

$$r' = \frac{R' \sin\delta'}{\sin z}$$ elicitur

$$\sin z + \frac{Q \sin z^4}{2 R'^3 \sin\delta'^3} = b\,\frac{P+1}{P+a}\sin(z-\sigma),$$ siue

$$\frac{Q \sin z^4}{2 R'^3 \sin\delta'^3} = \left(b\,\frac{P+1}{P+a} - \cos\sigma\right)\sin(z-\sigma) - \sin\sigma\cos(z-\sigma)$$

Statuendo itaque breuitatis caussa

$$[14] \quad \frac{1}{2 R'^3 \sin\delta'^3 \sin\sigma} = c$$

introducendoque angulum auxiliarem ω talem vt fiat

$$\tang\omega = \frac{\sin\sigma}{b\,\frac{P+1}{P+a} - \cos\sigma}$$

prodit aequatio (IV)

$$c\,Q \sin\omega \sin z^4 = \sin(z-\omega-\sigma)$$

ex qua incognitam z eruere oportebit. Vt angulus ω commodius computetur, formulam praecedentem pro $\tang\omega$ ita exhibere conueniet

$$\tang\omega = \frac{(P+a)\tang\sigma}{P\left(\frac{b}{\cos\sigma} - 1\right) + \left(\frac{b}{\cos\sigma} - a\right)}$$

Quamobrem statuendo

$$[15] \quad \frac{\frac{b}{\cos\sigma} - a}{\frac{b}{\cos\sigma} - 1} = d$$

$$[16] \quad \frac{\tang\sigma}{\frac{b}{\cos\sigma} - 1} = e$$

habebimus ad determinandum ω formulam simplicissimam

$$\tang\omega = \frac{e(P+a)}{P+d}$$

Computum quantitatum a, b, c, d, e per formulas 11 . . 16, a solis quantitatibus datis pendentem, tamquam negotium quartum consideramus. Quantitates b, c, e ipsae non erunt necessariae, verum soli ipsarum logarithmi.

Ceterum datur casus specialis, vbi haec praecepta aliqua mutatione indigent. Quoties scilicet circulus maximus BB'' cum $A''B''$ coincidit, adeoque puncta B, B^*

resp. cum D', D, quantitates a, b valores infinitos nanciscerentur. Statuendo in hoc casu

$$\frac{R \sin\delta \sin(A'D'' - \delta' + \sigma)}{R' \sin\delta' \sin(AD'' - \delta)} = \pi$$

habebimus loco aequationis III hancce: $0 = \pi n - \frac{n' \sin(z - \sigma)}{\sin z}$, vnde faciendo $\tang \omega = \frac{\pi \sin\sigma}{P + (1 - \pi\cos\sigma)}$, eadem aequatio IV elicitur.

Perinde in casu speciali, vbi $\sigma = 0$, fit c infinita atque $\omega = 0$, vnde factor $c \sin\omega$ in aequatione IV indeterminatus esse videtur: nihilominus reuera determinatus est, ipsiusque valor $= \frac{P + a}{2R'^3 \sin\delta'^3 (b - 1)(P + d)}$, vti leuis attentio docebit. In hoc itaque casu fit $\sin z = R' \sin\delta' \sqrt[3]{\frac{2(b-1)(P+d)}{Q(P+a)}}$

142.

Aequatio IV, quae euoluta ad ordinem octauum ascenderet, in forma sua non mutata expeditissime tentando soluitur. Ceterum e theoria aequationum facile ostendi potest, (quod tamen fusius euoluere breuitatis caussa hic supersedemus), hanc aequationem vel duas vel quatuor solutiones per valores reales admittere. In casu priori valor alter ipsius $\sin z$ positiuus erit, alterum negatiuum reiicere oportebit, quia per problematis naturam r' negatiuus euadere nequit. In casu posteriori inter valores ipsius $\sin z$ vel vnus positiuus erit , tresque reliqui negatiui — vbi igitur haud ambiguum erit, quemnam adoptare oporteat — vel tres positiui cum vno negatiuo; in hoc casu e valoribus positiuis ii quoque si qui adsunt reiici debent, vbi z maior euadit quam δ', quoniam per aliam problematis conditionem essentialem ϱ' adeoque etiam $\sin(\delta' - z)$ quantitas positiua esse debet.

Quoties obseruationes mediocribus temporum interuallis ab inuicem distant, plerumque casus postremus locum habebit, vt tres valores positiui ipsius $\sin z$ aequationi satisfaciant. Inter has solutiones praeter veram reperiri solet aliqua, vbi z parum differt a δ', modo excessu, modo defectu: hoc phaenomenon sequenti modo explicandum est. Problematis nostri tractatio analytica ei soli conditioni superstructa est, quod tres corporis coelestis in spatio loci iacere debent *in* rectis, quarum situs per locum absolutum terrae positionemque obseruatam determinatur. Iam per ipsius rei naturam loci illi iacere quidem debent in *iis* rectarum partibus, vnde lumen ad terram descendit: sed aequationes analyticae hanc restrictionem non agnoscunt, omniaque locorum systemata, qui quidem cum Kepleri legibus consentiunt, perinde complecti debent, siue ab hac terrae parte in illis rectis iaceant, siue ab illa, siue denique cum ipsa terra coincidant. Iam hic vltimus casus vtique problemati nostro satisfaciet, quum terra ipsa ad normam illarum legum moueatur. Hinc patet, aequationes comprehendere debere solutionem, in qua puncta, C, C', C'' cum punctis A, A', A'' coincidant (quatenus variationes minutissimas locis terrae ellipticis a perturbationibus et parallaxi inductas negligimus): aequatio itaque IV semper admittere deberet solutionem $z = \delta'$, si pro P et Q valores veri locis terrae respondentes acciperentur. Quatenus autem illis quantitatibus valores tribuuntur ab his non multum discrepantes (quod semper supponere licet, quoties temporum interualla modica sunt), inter solutiones aequationis IV necessario aliqua reperiri debet, quae proxime ad valorem $z = \delta'$ accedit.

Plerumque quidem in eo casu, vbi aequatio IV tres solutiones per valores positiuos ipsius $\sin z$ admittit, tertia ex his (praeter veram eamque de qua modo diximus) valorem ipsius z maiorem quam δ' sistet, adeoque analytice tantum possibilis, physice vero impossibilis erit: tunc itaque quamnam adoptare oporteat ambiguum esse nequit. Attamen contingere vtique potest, vt aequatio illa duas solutiones idoneas diuersas admittat, adeoque problemati nostro per duas orbitas prorsus diuersas satisfacere liceat. Ceterum in tali casu orbita vera a falsa facile dignoscetur, quamprimum obseruationes alias magis remotas ad examen reuocare licuerit.

143

Simulac angulus z erutus est, statim habetur r' per aequationem

$r' = \frac{R' \sin \delta'}{\sin z}$. Porro ex aequationibus $P = \frac{n''}{n}$ atque IV elicimus

$$\frac{n' r'}{n} = \frac{(P+a) R' \sin \delta'}{b \sin (z - \sigma)}$$

$$\frac{n' r'}{n''} = \frac{1}{P} \cdot \frac{n' r'}{n}$$

Iam vt formulas, secundum quas situs punctorum C, C'' e situ puncti C' determinandus est, tali modo tractemus, vt ipsarum veritas generalis pro iis quoque casibus, quos figura 4 non monstrat, statim eluceat, obseruamus, sinum distantiae puncti C' a circulo maximo CB (positiue sumtae in regione superiori, negatiue in inferiori) aequalem fieri producto ex $\sin\varepsilon''$ in sinum distantiae puncti C' a D'' secundum directionem progressiuam mensuratae, adeoque $= -\sin\varepsilon''\sin C'D'' = -\sin\varepsilon''\sin(z+A'D''-\delta')$; perinde fit sinus distantiae puncti C'' ab eodem circulo maximo $= -\sin\varepsilon'\sin C''D'$. Manifesto autem iidem sinus sunt vt $\sin CC'$ ad $\sin CC''$, siue vt $\frac{n''}{rr'}$ ad $\frac{n'}{rr''}$, siue vt $n''r''$ ad $n'r'$. Statuendo itaque $C''D'=\zeta''$, habemus

$$\text{V.}\quad r''\sin\zeta'' = \frac{n'r'}{n''}.\frac{\sin\varepsilon''}{\sin\varepsilon'}\sin(z+A'D''-\delta')$$

Prorsus simili modo statuendo $CD'=\zeta$ eruitur

$$\text{VI.}\quad r\sin\zeta = \frac{n'r'}{n}.\frac{\sin\varepsilon}{\sin\varepsilon'}\sin(z+A'D-\delta')$$

$$\text{VII.}\quad r\sin(\zeta+AD''-AD') = r''P.\frac{\sin\varepsilon}{\sin\varepsilon''}\sin(\zeta''+A''D-A''D')$$

Combinando aequationes V et VI cum sequentibus ex art. 139 transscriptis

$$\text{VIII.}\quad r''\sin(\zeta''-A''D'+\delta'') = R''\sin\delta''$$

$$\text{IX.}\quad r\sin(\zeta-AD'+\delta) = R\sin\delta$$

quantitates ζ, ζ'', r, r'' ad normam art. 78 inde deriuabuntur. Qui calculus quo commodius absoluatur, formulas ipsas huc attulisse haud ingratum erit. Statuatur

$$[17]\quad \frac{R\sin\delta}{\sin(AD'-\delta)} = \varkappa$$

$$[17]\quad \frac{R''\sin\delta''}{\sin(A''D'-\delta'')} = \varkappa''$$

$$[19]\quad \frac{\cos(AD'-\delta)}{R\sin\delta} = \lambda$$

$$[20]\quad \frac{\cos(A''D'-\delta'')}{R''\sin\delta''} = \lambda''$$

Computus harum quantitatum, aut potius logarithmorum earum, a P et Q etiamnum independens, tamquam negotium *quintum* et vltimum in operationibus quasi praeliminaribus spectandum est, commodeque statim cum computo ipsarum a, b siue cum negotio quarto absoluitur, vbi fit $a = \frac{\varkappa}{\varkappa''}$. — Faciendo dein

$$\frac{n'r'}{n}.\frac{\sin\varepsilon}{\sin\varepsilon'}.\sin(z+A'D-\delta') = p$$

$$\frac{n'r'}{n''}.\frac{\sin\varepsilon''}{\sin\varepsilon'}\sin(z+A'D''-\delta') = p''$$

$\varkappa(\lambda p - 1) = q$

$\varkappa''(\lambda'' p'' - 1) = q''$

eliciemus ζ et r ex $r\sin\zeta = p$, $r\cos\zeta = q$, atque ζ'' et r'' ex $r''\sin\zeta'' = p''$, $r''\cos\zeta'' = q''$. Ambiguitas in determinandis ζ et ζ'' hic adesse nequit, quia r et r'' necessario euadere debont quantitates positiuae. Calculus perfectus per aequationem VII si lubet confirmari poterit.

Sunt tamen duo casus, vbi aliam methodum sequi oportet. Quoties scilicet punctum D' cum B vel coincidit vel ipsi in sphaera oppositum est, siue quoties $AD' - \delta = 0$ vel $= 180°$, aequationes VI et IX necessario identicae esse debent, fieretque $\varkappa = \infty$, $\lambda p - 1 = 0$, adeoque q indeterminata. In hoc casu ζ'' et r'' quidem eo quo docuimus modo determinabuntur, dein vero ζ et r e combinatione aequationis VII cum V vel IX elicere oportebit. Formulas ipsas ex art. 78 desumendas huc transscribere supersedemus; obseruamus tantummodo, quod in eo quoque casu, vbi est $AD' - \delta$ non quidem $= 0$ neque $= 180°$, attamen arcus valde paruus, eandem methodum sequi praestat, quoniam tunc methodus prior praecisionem necessariam non admitteret. Et quidem adoptabitur combinatio aequationis VII cum V vel cum IX, prout $\sin(AD'' - AD')$ maior vel minor est quam $\sin(AD' - \delta)$.

Perinde in casu, vbi punctum D', vel ipsi oppositum, cum B'' vel coincidit vel parum ab eodem distat, determinatio ipsarum ζ'', r'' per methodum praecedentem vel impossibilis vel parum tuta foret. Tunc itaque ζ et r quidem per illam methodum determinabuntur, dein vero ζ'' et r'' e combinatione aequationis VII vel cum VI vel cum IX, prout $\sin(A''D - A''D')$ maior vel minor est quam $\sin(A''D' - \delta'')$ Ceterum haud metuendum est, ne *simul* D' cum punctis B, B'' vel cum punctis oppositis coincidat, vel parum ab ipsis distet: casum enim eum, vbi B cum B'' coincidit, vel perparum ab eo distat, iam supra art. 138 a disquisitione nostra exclusimus.

144.

Arcubus ζ, ζ'' inuentis, punctorum C, C'' positio data erit, poteritque distantia $CC'' = 2f'$ ex ζ, ζ'' et ε' determinari. Sint u, u'' inclinationes circulorum maximorum AB, $A''B''$ ad circulum maximum CC'' (quae in figura 4 resp. erunt anguli $C''CD'$ et $180° - CC''D'$), habebimusque aequationes sequentes, aequationibus 3 — 6 art. 137 prorsus analogas:

$$\sin f' \sin \tfrac{1}{2}(u'' + u) = \sin \tfrac{1}{2}\varepsilon \sin \tfrac{1}{2}(\zeta + \zeta'')$$
$$\sin f' \cos \tfrac{1}{2}(u'' + u) = \cos \tfrac{1}{2}\varepsilon \sin \tfrac{1}{2}(\zeta - \zeta'')$$
$$\cos f' \sin \tfrac{1}{2}(u'' - u) = \sin \tfrac{1}{2}\varepsilon \cos \tfrac{1}{2}(\zeta + \zeta'')$$
$$\cos f' \cos \tfrac{1}{2}(u'' - u) = \cos \tfrac{1}{2}\varepsilon \cos \tfrac{1}{2}(\zeta - \zeta'')$$

Duae priores dabunt $\tfrac{1}{2}(u'' + u)$ et $\sin f'$, duae posteriores $\tfrac{1}{2}(u'' - u)$ et $\cos f'$; ex $\sin f'$ et $\cos f'$ habebitur f'. Angulos $\tfrac{1}{2}(u'' + u)$ et $\tfrac{1}{2}(u'' - u)$, qui in ultima demum hypothesi ad determinandum situm plani orbitae adhibebuntur, in hypothesibus primis negligere licebit.

Prorsus simili modo f ex ε, $C'D$ et $C''D$, nec non f'' ex ε'', CD'' $C'D''$ deriuari possent: sed multo commodius ad hunc finem formulae sequentes adhibentur.

$$\sin 2f = r \sin 2f' \cdot \frac{n}{n'r'}$$

$$\sin 2f'' = r'' \sin 2f' \cdot \frac{n''}{n'r'}$$

vbi logarithmi quantitatum $\frac{n}{n'r'}$, $\frac{n''}{n'r'}$ iam e calculis praecedentibus adsunt. Totus denique calculus confirmationem nouam inde nanciscetur, quod fieri debet $2f + 2f'' = 2f'$: si qua forte differentia prodeat, nullius certe momenti esse poterit, siquidem omnes operationes quam accuratissime peractae fuerint. Interdum tamen, calculo vbique septem figuris decimalibus subducto, ad aliquot minuti secundi partes decimas assurgere poterit, quam si operae pretium videtur facillimo negotio inter $2f$ $2f''$ ita dispertiemur, vt logarithmi sinuum aequaliter vel augeantur vel diminuantur, quo pacto aequationi $p = \frac{r \sin 2f''}{r'' \sin 2f} = \frac{n''}{n}$ omni quam tabulae permittunt praecisione satisfactum erit. Quoties f et f'' parum differunt, differentiam illam inter $2f$ et $2f''$ aequaliter distribuisse sufficiet.

145.

Postquam hoc modo corporis coelestis positiones in orbita determinatae sunt, duplex elementorum calculus tum e combinatione loci secundi cum tertio, tum e combinatione primi cum secundo, vna cum temporum interuallis respondentibus, inchoabitur. Antequam vero haec operatio suscipiatur, ipsa temporum interualla quadam correctione opus habent, siquidem constitutum fuerit, secundum methodum tertiam art. 118. aberrationis rationem habere. In hocce scilicet casu pro temporibus veris ficta substituenda sunt, illis resp. 493ρ, $493\rho'$, $493\rho''$ minutis secundis anteriora. Pro computandis distantiis ρ, ρ', ρ'' habemus formulas

$$\rho = \frac{R\sin(AD'-\zeta)}{\sin(\zeta - AD' + \delta)} = \frac{r\sin(AD'-\zeta)}{\sin\delta}$$

$$\rho' = \frac{R'\sin(\delta'-z)}{\sin z} = \frac{r'\sin(\delta'-z)}{\sin\delta'}$$

$$\rho'' = \frac{R''\sin(A''D'-\zeta'')}{\sin(\zeta''-A''D'-+\delta'')} = \frac{r''\sin(A''D'-\zeta'')}{\sin\delta''}$$

Ceterum si obseruationes ab initio statim per methodum primam vel secundam art. 118 ab aberratione purgatae fuissent, hicce calculus omittendus, neque adeo necessarium foret, valores distantiarum ρ, ρ', ρ'' eruere, nisi forte ad confirmandum, an ii, quibus calculus aberrationum superstructus erat, satis exacti fuerint. Denique sponte patet, totum istum calculum tunc quoque supprimendum esse, quando aberrationem omnino negligere placuerit.

146.

Calculus elementorum, hinc ex r', r'', $2f$ atque temporis interuallo correcto inter obseruationem secundam et tertiam, cuius productum in quantitatem k (art. 1) per θ denotamus, illinc ex r, r', $2f''$ atque temporis interuallo inter obseruationem primam et secundam, cuius productum per k esto $=\theta''$, secundum methodum in artt. 88 — 105 expositam tantummodo vsque ad quantitatem illic per y denotatam producendus est, cuius valorem in combinatione priori per η, in posteriori per η'' denotabimus. Fiat deinde

$$\frac{\theta''\eta}{\theta\eta''} = P', \quad \frac{r'r'\theta\theta''}{rr''\eta\eta''\cos f\cos f'\cos f''} = Q'$$

patetque, si valores quantitatum P, Q, quibus totus hucusque calculus superstructus erat, ipsi veri fuerint, euadere debere $P'=P$, $Q'=Q$. Vice versa facile perspicitur, si prodeat $P'=P$, $Q'=Q$, duplicem elementorum calculum, si vtrimque ad finem perducatur, numeros prorsus aequales suppeditaturum esse, per quos itaque omnes tres obseruationes exacte repraesentabuntur, adeoque problemati ex asse satisfiet. Quoties autem non fit $P'=P$, $Q'=Q$, accipientur $P'-P$, $Q'-Q$ pro X et Y, siquidem P et Q pro x et y acceptae fuerint: adhuc magis commodum erit statuere $\log P = x$, $\log Q = y$, $\log P' - \log P = X$, $\log Q' - \log Q = Y$. Dein calculus cum aliis valoribus ipsarum x, y repetendus erit.

147.

Proprie quidem etiam hic, sicuti in decem methodis supra traditis, arbitrarium esset, quosnam valores nouos pro x et y in hypothesi secunda supponamus, si modo conditionibus generalibus supra explicatis non aduersentur: attamen quum manifesto pro lucro magno habendum sit, si statim a valoribus magis exactis proficisci liceat, in methodo hacce parum prudenter ageres, si valores secundos temere quasi adoptares, quum ex ipsa rei natura facile perspiciatur, si valores primi ipsarum P, Q leuibus erroribus affecti fuerint, ipsas P', Q' valores multo exactiores exhibituras esse, siquidem motus heliocentricus fuerit modicus. Quamobrem semper ipsas P', Q' pro valoribus secundis ipsarum P, Q adoptabimus, siue $\log P'$, $\log Q'$ pro valoribus secundis ipsarum x, y si $\log P$, $\log Q$ primos designare suppositi sint.

Iam in hac hypothesi secunda, vbi omnes operationes praeliminares per formulas 1 — 20 exhibitae inuariatae retinendae sunt, calculus prorsus simili modo repetetur. Primo scilicet determinabitur angulus ω; dein z, r', $\frac{n'r'}{n}$, $\frac{n'r'}{n''}$, ζ, r, ζ'', r'', f', f, f''. E differentia plus minusue considerabili inter valores nouos harum quantitatum atque primos facile aestimabitur, vtrum operae pretium sit, necne, correctionem quoque temporum propter aberrationem denuo computare: in casu posteriori temporum interualla, adeoque etiam quantitates θ et θ'' eaedem manebunt vt ante. Denique ex f, r', r''; f'', r, r' temporumque interuallis eruentur η, η'' atque hinc valores noui ipsarum P', Q', qui plerumque ab iis, quos hypothesis prima suppeditauerat, multo minus different, quam hi ipsi a valoribus primis ipsarum P, Q. Valores secundi ipsarum X, Y itaque multo minores erunt, quam primi, valoresque secundi ipsarum P', Q' tamquam valores tertii ipsarum P, Q adoptabuntur, et cum his calculus denuo repetetur. Hoc igitur modo sicuti ex hypothesi secunda numeri exactiores resultauerant, quam ex prima, ita e tertia iterum exactiores resultabunt, quam e secunda, possentque valores tertii ipsarum P', Q' tamquam quarti ipsarum P, Q adoptari, atque sic calculus toties repeti, vsque dum ad hypothesin perueniatur, in qua X et Y pro euanescentibus habere liceret: sed quoties hypothesis tertia nondum sufficiens videatur, valores ipsarum P, Q in hypothesi quarta adoptandos secundum methodum in artt 120 121 explicatam e tribus primis deducere praestabit, quo pacto approximatio celerior obtinebitur, raroque opus erit, ad hypothesin quintam progredi.

148.

Quoties elementa e tribus obseruationibus deriuanda adhuc penitus incognita sunt (cui casui methodus nostra imprimis accommodata est), in hypothesi prima vt iam monuimus pro P et Q valores approximati $\frac{\theta''}{\theta}$ et $\theta\theta''$ accipientur, vbi θ et θ'' aliquantisper ex interuallis temporum non correctis deriuandae sunt. Quorum ratione ad interualla correcta per μ: 1 et μ'': 1 resp. expressa, habebimus in hypothesi prima

$$X = \log\mu - \log\mu'' + \log\eta - \log\eta''$$

$$Y = \log\mu + \log\mu'' - \log\eta - \log\eta'' + \text{Comp.}\log\cos f + \text{Comp.}\log\cos f' + \text{Comp.}\log\cos f'' + 2\log r' - \log r - \log r''$$

Logarithmi quantitatum μ, μ'' respectu partium reliquarum nullius sunt momenti; $\log\eta$ et $\log\eta''$, qui ambo sunt positiui, in X aliquatenus se inuicem destruunt, praesertim quoties temporum interualla fere aequalia sunt, vnde X valorem exiguum modo positiuum modo negatiuum obtinet; contra in Y e partibus negatiuis $\log\eta$ et $\log\eta''$ compensatio quidem aliqua partium positiuarum Comp. $\log\cos f$, Comp. $\log\cos f'$, Comp. $\log\cos f''$ oritur, sed minus perfecta, plerumque enim hae illas notabiliter superant. De signo ipsius $\log\frac{r'r'}{rr''}$ in genere nihil determinare licet.

Iam quoties motus heliocentricus inter obseruationes modicus est, raro opus erit, vsque ad hypothesin quartam progredi: plerumque tertia, saepius iam secunda praecisionem sufficientem praestabit, quin adeo interdum numeris ex ipsa hypothesi prima resultantibus acquiescere licebit. Iuuabit semper, ad maiorem minoremue praecisionis gradum, qua obseruationes gaudent, respicere: ingratum enim foret opus, in calculo praecisionem affectare centies milliesue maiorem ea quam obseruationes permittunt. In his vero rebus iudicium per exercitationem frequentem practicam melius quam per praecepta acuitur, peritique facile acquirent facultatem quandam, vbi consistere conueniat recte diiudicandi.

149.

In vltima demum hypothesi elementa ipsa calculabuntur, vel ex f, r', r'', vel ex f'', r, r', perducendo scilicet ad finem calculum alterutrum, quem in hypothesibus antecedentibus tantummodo vsque ad η vel η'' prosequi oportuerat: si vtrumque perficere placuerit, harmonia numerorum resultantium nouam totius laboris confirmationem suppeditabit. Attamen praestat, quam primum f, f', f'' erutae sunt, elementa e sola combinatione loci primi cum tertio deriuare, puta ex f', r, r'' atque temporis interuallo, tandemque ad maiorem calculi certitudinem locum medium in orbita secundum elementa inuenta determinare.

Hoc itaque modo sectionis conicae dimensiones innotescent, puta excentricitas, semiaxis maior siue semiparameter, positio perihelii respectu locorum heliocentricorum C, C', C'', motus medius, atque anomalia media pro epocha arbitraria, siquidem orbita elliptica est, vel tempus transitus per perihelium, si orbita fit hyperbolica vel parabolica. Superest itaque tantummodo, vt positio locorum heliocentricorum in orbita respectu nodi ascendentis, positio huius nodi respectu puncti aequinoctialis, atque inclinatio orbitae ad eclipticam (vel aequatorem) determinentur. Haec omnia per solutionem vnius trianguli sphaerici efficere licet. Sit ☊ longitudo nodi ascendentis; i inclinatio orbitae; g et g'' argumenta latitudinis in obseruatione prima et tertia; denique $l - ☊ = h$, $l'' - ☊ = h''$. Exprimente iam in fig. quarta ☊ nodum ascendentem, trianguli ☊AC latera erunt $AD' - \zeta$, g, h, angulique his resp. oppositi i, $180° - \gamma$, u. Habebimus itaque

$$\sin\tfrac{1}{2}i \sin\tfrac{1}{2}(g+h) = \sin\tfrac{1}{2}(AD' - \zeta)\sin\tfrac{1}{2}(\gamma + u)$$
$$\sin\tfrac{1}{2}i \cos\tfrac{1}{2}(g+h) = \cos\tfrac{1}{2}(AD' - \zeta)\sin\tfrac{1}{2}(\gamma - u)$$
$$\cos\tfrac{1}{2}i \sin\tfrac{1}{2}(g-h) = \sin\tfrac{1}{2}(AD' - \zeta)\cos\tfrac{1}{2}(\gamma + u)$$
$$\cos\tfrac{1}{2}i \cos\tfrac{1}{2}(g-h) = \cos\tfrac{1}{2}(AD' - \zeta)\cos\tfrac{1}{2}(\gamma - u)$$

Duae primae aequationes dabunt $\frac{1}{2}(g+h)$ et $\sin\frac{1}{2}i$, duae reliquae $\frac{1}{2}(g-h)$ et $\cos\frac{1}{2}i$; ex g innotescet situs perihelii respectu nodi ascendentis, ex h situs nodi in ecliptica; denique innotescet i, sinu et cosinu se mutuo confirmantibus. Ad eundem scopum peruenire possumus adiumento trianguli ☊$A''C''$, vbi tantummodo in formulis praecedentibus characteres g, h, A, ζ, γ, u in g'', h'', A'', ζ'', γ'', u'' mutare oportet. Vt toti labori adhuc alia confirmatio concilietur, haud abs re erit, calculum vtroque modo perficere: vnde si quae leuiusculae differentiae inter valores ipsius i, ☊ atque longitudinis perihelii in orbita prodeunt, valores medios adoptare conueniet. Raro tamen hae differentiae ad 0″1 vel 0″2 ascendent, siquidem omnes calculi septem figuris decimalibus accurate elaborati fuerant.

Ceterum quoties loco eclipticae aequator tamquam planum fundamentale adoptatum est, nulla hinc in calculo differentia orietur, nisi quod loco punctorum A, A'' intersectiones aequatoris cum circulis maximis AB, $A''B''$ accipiendae sunt.

150.

Progredimur iam ad illustrationem huius methodi per aliquot exempla copiose explicanda, quae simul euidentissime ostendent, quam late pateat, et quam commode et expedite semper ad finem exoptatum perducat *).

Exemplum *primum* planeta nouus Iuno nobis suppeditabit, ad quem finem obseruationes sequentes Grenouici factas et a cel. Maskelyne nobiscum communicatas eligimus.

Temp. med. Grenov.	Ascens. recta app.	Decl. austr. app.
1804 Oct. 5. 10^h 51′ 6″	357° 10′ 22″ 35	6° 40′ 8″
17 9 58 10	355 43 45, 30	8 47 25
27 9 16 41	355 11 10, 95	10 2 28

E tabulis Solaribus pro iisdem temporibus inuenitur

	longit. Solis ab aequin. appar.	nutatio	distantia a terra	latitudo Solis	obliquitas appar. eclipticae
Oct. 5	192° 28′ 53″ 72	+ 15″ 43	0,9988839	— 0″ 49	23° 27′ 59″ 48
17	204 20 21, 54	+ 15, 51	0,9953968	+ 0, 79	59, 26
27	214 16 52, 21	+ 15, 60	0,9928340	— 0, 15	59, 06

Calculum ita adstruemus, ac si orbita adhuc penitus incognita esset: quamobrem loca Iunonis a parallaxi liberare non licebit, sed hanc ad loca terrae transferre oportebit. Primo itaque ipsa loca obseruata ab aequatore ad eclipticam reducimus, adhibita obliquitate apparente, vnde prodit:

	Longit. appar. Iunonis	Latit. appar. Iunonis
Oct. 5	354° 44′ 54″ 27	— 4° 59′ 31″ 59
17	352 34 44, 51	— 6 21 56, 25
27	351 34 51, 57	— 7 17 52, 70

*) Male loquuntur, qui methodum aliquam alia *magis minusue exactam* pronunciant. Ea enim sola methodus problema soluisse censeri potest, per quam quemuis praecisionis gradum attingere saltem in potestate est. Quamobrem methodus alia alii eo tantum nomine palmam praeripit, quod *eundem* praecisionis gradum per aliam celerius minorique labore, per aliam tardius grauiorique opera assequi licet.

Cum hoc calculo statim iungimus determinationem longitudinis et latitudinis ipsius zenith loci obseruationis in tribus obseruationibus: rectascensio quidem cum rectascensione Iunonis conuenit (quod obseruationes in ipso meridiano sunt factae), declinatio autem aequalis est altitudini poli $= 51°28'39''$. Ita obtinemus

	Long. ipsius zenith	latitudo
Oct. 5	24° 29'	46° 53'
17	23 25	47 24
27	23 1	47 36

Iam ad normam praeceptorum in art. 72 traditorum determinabuntur terrae loci ficti in ipso plano eclipticae, in quibus corpus coeleste perinde apparuisset, atque in locis veris obseruationum. Hoc modo prodit, statuendo parallaxin Solis mediam $= 8''6$

	Reductio longit.	Reductio distantiae	Reductio temporis
Oct. 5	— 22'' 59	+ 0,0005856	— 0'' 19
17	— 27, 21	+ 0,0002329	— 0, 12
27	— 35, 82	+ 0,0002085	— 0, 12

Reductio temporis ideo tantum adiecta est, vt appareat, eam omnino insensibilem esse

Deinde omnes longitudines tum planetae tum terrae reducendae sunt ad aequinoctium vernale medium pro aliqua epocha, pro qua adoptabimus initium anni 1805; subducta itaque nutatione adhuc adiicienda est praecessio, quae pro tribus obseruationibus resp. est 11''87, 10''23, 8''86, ita vt pro obseruatione prima addere oporteat —3''56, pro secunda — 5''28, pro tertia — 6''74.

Denique longitudines et latitudines Iunonis ab aberratione fixarum purgandae sunt; sic per regulas notas inuenitur, a longitudinibus resp. subtrahi debere 19''12, 17''11, 14''82, latitudinibus vero addi 0''53, 1''18, 1''75, per quam additionem valores absoluti diminutionem patientur, quoniam latitudines australes tamquam negatiuae spectantur.

151.

Omnibus hisce reductionibus rite applicatis, vera problematis data ita se habent:

Obseruationum tempora ad meridianum Parisinum reducta............	Oct. 5,458644	17,421885	27,393077
Iunonis longitudines α, α', α''.........	354°44′31″60	352°34′22″12	351°34′30″01
latitudines β, β', β''..................	—4 59 31,06	—6 21 55,07	—7 17 50,95
longitudines terrae l, l', l''.........	12 28 27,76	24 19 49,05	34 16 9,65
logarithmi distantiarum R, R', R''	9,9996826	9,9980979	9,9969678

Hinc calculi artt. 136, 137 numeros sequentes producunt

γ, γ', γ''.....................	196° 0′ 8″36	191°58′ 0″53	190°41′40″17
δ, δ', δ''....................	18 25 59,20	32 19 24,93	43 11 42,03
logarithmi sinuum......	9,4991995	9,7281105	9,8353631
$A'D$, AD', AD''.......	232 6 26,44	213 12 29,82	209 43 7,47
$A''D$, $A''D'$, $A'D''$....	241 51 15,22	234 27 0,90	221 13 57,87
ε, ε', ε''..................	2 19 34,00	7 13 37,70	4 55 46,19
logarithmi sinuum......	8,6083885	9,0996915	8,9341440
log sin $\frac{1}{2}\varepsilon'$..............		8,7995259	
log cos $\frac{1}{2}\varepsilon'$.................		9,9991357	

Porro secundum art. 138 habemus

log tang β.............. 8,9412494 n	log tang β''.............. 9,1074080 n
log sin $(\alpha''-l')$.......9,7332391 n	log sin $(\alpha-l')$........9,6933181 n
log cos $(\alpha''-l')$......9,9247904	log cos $(\alpha-l')$.......9,9393180

Hinc

log(tang β cos $(\alpha''-l')$ — tang β'' cos $(\alpha-l')$) = log T sin t......................8,5786513

log sin $(\alpha''-\alpha)$ = log T cos t..8,7423191 n

Hinc $t = 145°32'57''78$, log T...8,8260683

$t+\gamma' = 337\ 30\ 58,11$, log sin $(t+\gamma')$..9,5825441 n

Denique

log (tang β sin $(\alpha''-l')$ — tang β'' sin $(\alpha-l')$) = log S.........................8,2033319 n

log T sin $(t+\gamma')$...8,4086124 n

vnde log tang $(\delta'-\sigma)$..9,7947195

$\delta'-\sigma = 31°56'11''81$, adeoque $\sigma = 0°23'13''12$.

Secundum art. 140 fit

$A''D' - \delta'$	$=$	$191° 15' 18'' 85$	log sin...9,2904352 n	log cos...9,9915661 n
$AD' - \delta$	$=$	$194\ 48\ 30,62$	- - ...9,4075427 n	- - ...9,9853301 n
$A''D - \delta''$	$=$	$198\ 59\ 33,17$	- - ...9,5050667 n	
$A'D - \delta' + \sigma$	$=$	$200\ 10\ 14,63$	- - ...9,5375909 n	
$AD'' - \delta$	$=$	$191\ 19\ 8,27$	- - ...9,2928554 n	
$A'D'' - \delta' + \sigma$	$=$	$189\ 17\ 46,06$	- - ...9,2082723 n	

Hinc sequitur

log a......9,5494437, $a = +0,3543592$

log b......9,8613533

Formula 13 produceret log $b = 9,8615531$, sed valorem illum praeferimus, quoniam sin$(A'D - \delta' + \sigma)$ maior est quam sin$(A'D'' - \delta' + \sigma)$.

Porro fit per art. 141

3 log R' sin δ'......9,1786252

log 2....................0,3010300

log sin σ.............7,8295601

7,3092153 adeoque log $c = 2,6907847$.

log b..................9,8613533

log cos σ.............9,9999901

9,8613632, vnde $\dfrac{b}{\cos\sigma} = 0,7267135$. Hinc eruitur $d = -1,3625052$, log $e = 8,3929518$.

Denique per formulas art. 143 eruitur

log $\varkappa$............0,0913394 n

log $\varkappa''$...........0,5418957 n

log λ............0,4864480 n

log λ''............0,1592352 n

152.

Calculis praeliminaribus hoc modo absolutis, ad hypothesin primam transimus. Interuallum temporis (non correctum) inter obseruationem secundam et tertiam est dierum 9,971192, inter primam et secundam 11,963241. Logarithmi horum numerorum sunt 0,9987471 et 1,0778489, vnde log $\theta = 9,2343285$, log $\theta'' = 9,3134303$. Statuemus itaque ad *hypothesin primam*

$x = \log P = 0,0791018$

$y = \log Q = 8,5477588$

Hinc fit $P = 1{,}1997804$, $P + a = 1{,}5541396$, $P + d = -0{,}1627248$;

log e..................8,3929518 n
log $(P+a)$..........0,1914900
C. log $(P+d)$......0,7885463 n
log tang ω............9,3729881, vnde $\omega = +13°16'51''89$, $\omega + \sigma = +13°40'5''01$
log Q..................8,5477588
log c...................2,6907847
log sin ω.............9,3612147
log Qc sin ω 0,5997582

Aequationi $Qc \sin\omega \sin z^4 = \sin(z - 13°40'5''01)$ paucis tentaminibus factis satisfieri inuenitur per valorem $z = 14°35'4''90$, vnde fit log sin $z = 9{,}4010744$, log $r' = 0{,}3251340$. Aequatio illa praeter hanc solutionem tres alias admittit, puta

$z = 32°\ 2'\ 28''$
$z = 137\ 27\ 59$
$z = 193\ \ 4\ 18$

Tertiam reiicere oportet, quod sin z negatiuus euadit; secundam, quod z maior fit quam δ'; prima respondet approximationi ad orbitam terrae, de qua in art. 142 loquuti sumus.

Porro habemus secundum art. 143

log $\frac{R' \sin\delta'}{b}$...........9,8648511
log $(P+a)$...............0,1914900
C. log sin $(z-\sigma)$......0,6103578
log $\frac{n'r'}{n}$..................0,6667029
log P......................0,0791018
log $\frac{n'r'}{n''}$ 0,5876011

$z + A'D - \delta' = z + 199°47'1''51 = 214°22'6''41$; log sin $= 9{,}7516736\ n$
$z + A'D'' - \delta' = z + 188\ 54\ 32{,}94 = 203\ 29\ 37{,}84$; log sin $= 9{,}6005923\ n$

Hinc fit log $p = 9{,}9270755\ n$, log $p'' = 0{,}0226459\ n$, ac dein log $q = 0{,}2930977\ n$, log $q'' = 0{,}2580086\ n$, vnde prodit

$\zeta = 203°17'31''22$ log $r = 0{,}3300178$
$\zeta'' = 210\ 10\ 58.88$ log $r'' = 0{,}3212819$

Denique per art. 144 obtinemus

$$\tfrac{1}{2}(u''+u) = 205^\circ\, 18'\, 10''\, 53$$
$$\tfrac{1}{2}(u''-u) = -5\;\; 14\;\; 2,02$$
$$f' = \;\;3\;\; 48\;\; 14,66$$

$\log \sin 2f'$......9,1218791	$\log \sin 2f'$......9,1218791
$\log r$..............0,3300178	$\log r''$............0,3212819
$C.\log \frac{n'r'}{n}$...9,3332971	$C.\log \frac{n'r'}{n''}$...9,4123989
$\log \sin 2f$........8,7851940	$\log \sin 2f''$......8,8555599
$2f = 3^\circ\, 29'\, 46''\, 03$	$2f'' = 4^\circ\, 6'\, 43''\, 28$

Aggregatum $2f+2f''$ hic a $2f'$ tantummodo $0''01$ differt.

Iam vt tempora propter aberrationem corrigantur, distantias ϱ, ϱ', ϱ'' per formulas art. 145 computare, ac dein per ipsas tempus $493''$ vel $0^d,003706$ multiplicare oportet. Ecce calculum

$\log r$....................0,33002	$\log r'$....................0,32515	$\log r''$....................0,32128
$\log \sin(AD'-\zeta)$...9,23606	$\log \sin(\delta'-z)$.....9,48384	$\log \sin(A''D'-\zeta'')$...9,61384
$C.\log \sin \delta$...........0,50080	$C.\log \sin \delta'$.........0,27189	$C.\log \sin \delta''$.............0,16464
$\log \varrho$....................0,06688	$\log \varrho'$....................0,08086	$\log \varrho''$....................0,09976
log const.............7,75633	7,75633	7,75633
log reductionis......7,82321	7,83719	7,85609
reductio = 0,006656	0,006874	0,007179

Obseruationum	tempora correcta	interualla	logarithmi
I.	Oct. 5,451988		
		$11^d963023$	1,0778409
II.	17,415011		
		9,970887	0,9987339
III.	27,385898		

Fiunt itaque logarithmi quantitatum θ, θ'' correcti 9,2343153 et 9,3134223. Incipiendo iam determinationem elementorum ex f, r', r'', θ prodit $\log \eta = 0,0002285$, perinde ex f'', r, r', θ'' fit $\log \eta'' = 0,0003191$. Hunc calculum in Libri primi Sect. III copiose explicatum hic apponere supersedemus.

Tandem habemus per art. 146

$\log\theta''$	9,3134223	$2\log r'$	0,6502680
$\mathrm{C}.\log\theta$	0,7656847	$\mathrm{C}.\log rr''$	9,3487003
$\log\eta$	0,0002285	$\log\theta\theta''$	8,5477376
$\mathrm{C}.\log\eta''$	9,9996809	$\mathrm{C}.\log\eta\eta''$	9,9994524
$\log P'$	0,0790161	$\mathrm{C}.\log\cos f$	0,0002022
		$\mathrm{C}.\log\cos f'$	0,0009579
		$\mathrm{C}.\log\cos f''$	0,0002797
		$\log Q'$	8,5475981

E prima itaque hypothesi resultat $X = -0{,}0000854$, $Y = -0{,}0001607$.

153.

In *hypothesi secunda* ipsis P, Q eos ipsos valores tribuemus, quos in prima pro P', Q' inuenimus. Statuemus itaque

$$x = \log P = 0{,}0790164$$
$$y = \log Q = 8{,}5475981$$

Quum calculus hic prorsus eodem modo tractandus sit, vt in hypothesi prima, praecipua eius momenta hic apposuisse sufficiet:

ω	15° 15′ 38″13	ζ''	210° 8′ 24″ 98
$\omega+\sigma$	15 58 51,25	$\log r$	0,3307676
$\log Qc\sin\omega$	0,5989389	$\log r''$	0,3222280
z	14 33 19,00	$\frac{1}{2}(u''+u)$	205 22 15,38
$\log r'$	0,3259918	$\frac{1}{2}(u''-u)$	−3 14 4,79
$\log\frac{n'r'}{n}$	0,6675193	$2f'$	7 34 33,32
$\log\frac{n'r'}{n''}$	0,5885029	$2f$	3 29 0,18
ζ	203 16 38,16	$2f''$	4 5 53,12

Reductiones temporum propter aberrationem denuo computare operae haud pretium esset, vix enim 1″ ab iis quas in hypothesi prima eruimus differunt.

Calculi vlteriores praebent $\log\eta = 0{,}0002270$, $\log\eta'' = 0{,}0003173$, vnde deducitur

$$\log P' = 0{,}0790167, \quad X = +0{,}0000003$$
$$\log Q' = 8{,}5476110, \quad Y = +0{,}0000129$$

Hinc patet, quanto adhuc magis exacta sit hypothesis secunda quam prima.

154.

Ne quidquam desiderandum relinquatur, adhuc *tertiam hypothesin* extruemus, vbi rursus valores ipsarum P', Q' in hypothesi secunda erutos tamquam valores ipsarum P, Q adoptabimus. Statuendo itaque

$$x = \log P = 0{,}0790167$$
$$y = \log Q = 8{,}5476110$$

praecipua calculi momenta haec inueniuntur:

ω	$13°\ 15'\ 38''\ 39$	ζ''	$210°\ 8'\ 25''\ 65$
$\omega+\sigma$	$13\ 38\ 31,\ 51$	$\log r$	$0{,}3307640$
$\log Qc \sin\omega$	$0{,}5989512$	$\log r''$	$0{,}3222239$
z	$14\ 33\ 19,\ 50$	$\frac{1}{2}(u''+u)$	$205\ 22\ 14,\ 57$
$\log r'$	$0{,}3259878$	$\frac{1}{2}(u''-u)$	$-3\ 14\ \ 4,\ 78$
$\log \frac{n'r'}{n}$	$0{,}6675154$	$2f'$	$7\ 34\ 53,\ 73$
$\log \frac{n'r'}{n''}$	$0{,}5884987$	$2f$	$3\ 29\ \ 0,\ 39$
ζ	$203\ 16\ 58,\ 41$	$2f''$	$4\ \ 5\ 53,\ 34$

Omnes hi numeri ab iis quos hypothesis secunda suppeditauerat tam parum differunt, vt certo concludere liceat, hypothesin tertiam nulla amplius correctione indigere *). Progredi itaque licet ad ipsam elementorum determinationem ex $2f'$, r, r'', θ', quam huc transscribere supersedemus, quum iam supra art. 97 exempli loco in extenso allata sit. Nihil itaque superest, nisi vt positionem plani orbitae ad normam art. 149 computemus, epochamque ad initium anni 1805 transferamus. Calculus ille superstruendus est numeris sequentibus:

$$AD' - \zeta = 9°\ 55'\ 51''\ 41$$
$$\tfrac{1}{2}(\gamma+u) = 202\ \ 18\ \ 13{,}855$$
$$\tfrac{1}{2}(\gamma-u) = -6\ \ 18\ \ \ 5{,}495$$

vnde deriuamus

$$\tfrac{1}{2}(g+h) = 196°\ 43'\ 14''\ 62$$
$$\tfrac{1}{2}(g-h) = -4\ \ 37\ \ 24{,}41$$
$$\tfrac{1}{2}\,i = 6\ \ 33\ \ 22{,}05$$

*) Si calculus perinde vt in hypothesibus antecedentibus ad finem perduceretur, prodiret $X=0$, $Y=+0{,}0000003$, qui valor tamquam euanescens considerandus est, et vix supra incertitudinem figurae decimali vltimae semper inhaerentem exsurgit.

Fit igitur $h = 201° 20' 39'' 03$, adeoque $\Omega = l - h = 171° 7' 48'' 73$; porro $g = 192° 5' 50'' 21$, et proin, quum anomalia vera pro obseruatione prima in art. 97 inuenta sit $= 310° 55' 29'' 64$, distantia perihelii a nodo ascendente in orbita $= 241° 10' 20'' 57$, longitudoque perihelii $= 52° 18' 9'' 30$; denique inclinatio orbitae $= 13° 6' 44'' 10$. — Si ad eundem calculum a loco tertio proficisci malumas, habemus

$$A''D' - \zeta'' = 24° 18' 35'' 25$$
$$\tfrac{1}{2}(\gamma'' + u'') = 196\ 24\ 54,98$$
$$\tfrac{1}{2}(\gamma'' - u'') = -\ 5\ 45\ 14,81$$

Hinc elicitur

$$\tfrac{1}{2}(g'' + h'') = 211° 24' 52'' 45$$
$$\tfrac{1}{2}(g'' - h'') = -\ 11\ 43\ 48,48$$
$$\tfrac{1}{2} i \quad = \quad 6\ 33\ 22,05$$

atque hinc longitudo nodi ascendentis $= l'' - h'' = 171° 7' 48'' 72$, longitudo perihelii $= 52° 18' 9'' 30$, inclinatio orbitae $= 13° 6' 44'' 10$, prorsus eaedem vt ante.

Interuallum temporis ab obseruatione vltima vsque ad initium anni 1805 est dierum 64,614102; cui respondet motus heliocentricus medius $53293'' 66 = 14° 48' 13'' 66$; hinc fit epocha anomaliae mediae pro initio anni 1805 in meridiano Parisino $= 349° 34' 12'' 38$, atque epocha longitudinis mediae $= 41° 52' 21'' 68$.

155.

Quo clarius elucescat, quanta praecisione elementa inuenta gaudeant, locum medium ex ipsis computabimus. Pro Oct. 17,415011 anomalia media inuenitur $= 332° 28' 54'' 77$, hinc vera $315° 1' 23'' 02$ atque $\log r' = 0,3259877$ (vid. exempla artt. 13, 14); illa aequalis esse deberet anomaliae verae in obseruatione prima auctae angulo $2f''$, vel anomaliae verae in obseruatione tertia diminutae angulo $2f$, i. e. $= 315° 1' 22'' 98$; logarithmus radii vectoris vero $= 0,3259878$: differentiae pro nihilo habandae sunt. Si calculus pro obseruatione media vsque ad locum geocentricum continuatur, numeri resultant ab obseruatione paucis tantum minuti secundi partibus centesimis deuiantes (art. 63), quales differentiae ab erroribus ineuitabilibus e tabularum praecisione limitata oriundis quasi absorbentur.

Exemplum praecedens summa praecisione ideo tractauimus, vt appareat, quam facile per methodum nostram solutio quam accuratissima obtineri possit. In ipsa praxi raro opus erit, hunc typum aeque anxie imitari: plerumque sufficiet, *sex* figuras decimales vbique adhibere, et in exemplo nostro secunda iam hypothesis praecisionem haud minorem, primaque praecisionem abunde sufficientem suppeditauisset. Haud ingratam fore lectoribus censemus comparationem elementorum ex hypothesi tertia erutorum cum iis, quae prodeunt, si hypothesis secunda vel adeo prima perinde ad eundem scopum adhibitae fuissent. Haee tria elementorum systemata in schemate sequente exhibemus:

	ex hypothesi III	ex hypothesi II	ex hypothesi I
Epocha longit. med. 1803	41° 52′ 21″ 68	41° 52′ 18″ 40	42° 12′ 37″ 83
Motus medius diurnus	824″ 7989	824″ 7983	823″ 5025
Perihelium	52 18 9, 50	52 18 6, 66	52 41 9, 81
φ	14 12 1, 87	14 11 59, 94	14 24 27, 49
Logar. semiaxis maioris	0, 4224389	0, 4224392	0, 4228944
Nodus ascendens	171 7 48, 73	171 7 49, 15	171 5 48, 86
Inclinatio orbitae	13 6 44, 10	13 6 45, 12	13 2 37, 30

Computando locum heliocentricum in orbita pro obseruatione media per secundum elementorum systema, inuenitur error logarithmi radii vectoris = 0, error longitudinis in orbita = 0″03; computando vero istum locum per systema ex hypothesi prima deriuatum prodit error logarithmi radii vectoris = 0,0000002, error longitudinis in orbita = 1″31. Continuando vero calculum vsque ad locum geocentricum inuenitur

	ex hypothesi II	ex hypothesi I
longitudo geocentrica	352° 34′ 22″ 26	352° 34′ 19″ 97
error	0, 14	2, 15
latitudo geocentrica	6 21 55, 06	6 21 54, 47
error	0, 01	0, 60

156.

Exemplum *secundum* a Pallade sumemus, cuius obseruationes sequentes Mediolani factas e Commercio literario clar. de Zach., Vol. XIV. pag. 90 excerpimus.

Tempus medium Mediol.	Asc. recta app.	Declin. app.
1805 Nov. 5 14$''$ 14$'$ 4$''$	78° 20$'$ 37$''$8	27° 16$'$ 56$''$7 Austr.
Dec. 6 11 51 27	73 8 48,8	32 52 44,3
1806 Jan. 15 8 50 36	67 14 11,1	28 38 8,1

Loco eclipticae hic aequatorem tamquam planum fundamentale accipiemus, calculoque ita defungemur, ac si orbita penitus adhuc incognita esset. Primo e tabulis Solis pro temporibus propositis sequentia petimus:

	longitudo Solis ab aequin. med.	distantia a terra	latitudo Solis
Nov. 5	223° 14$'$ 7$''$61	0,9804311	+ 0$''$ 59
Dec. 6	254 28 42,59	0,9846753	+ 0, 12
Jan. 15	295 5 47,62	0,9838153	— 0, 19

Longitudines Solis, adiectis praecessionibus + 7$''$59, + 3$''$36, — 2$''$11 ad initium anni 1806 reducimus, ac dein, adhibita obliquitate media 23° 27$'$ 53$''$53 latitudinumque ratione rite habita, ascensiones rectas et declinationes inde deducimus. Ita inuenimus

	ascensio recta Solis	declinatio Solis
Nov. 5	220° 46$'$ 44$''$65	15° 49$'$ 43$''$94 Austr.
Dec. 6	253 9 23,26	22 33 39,45
Jan. 15	297 2 51,11	21 8 12,98

Hae positiones ad centrum terrae referuntur, adeoque parallaxi adiecta ad locum obseruationis reducendae sunt, quum positiones planetae a parallaxi purgare non liceat. Rectascensiones ipsius zenith in hoc calculo adhibendae cum rectascensionibus planetae conueniunt (quoniam obseruationes in ipso meridiano sunt institutae), declinatio vero vbique erit altitudo poli = 45° 28$'$. Hinc eruuntur numeri sequentes:

	Asc. recta terrae	declinatio terrae	log. dist. a Sole
Nov. 5	40° 46′ 48″ 51	15° 49′ 48″ 59 Bor.	9,9958575
Dec. 6	73 9 23, 26	22 33 42,83	9,9933099
Ian. 15	117 2 46, 09	21 8 17,29	9,9929259

Loca obseruata Palladis a nutatione et aberratione fixarum liberanda, ac dein adiecta praecessione ad initium anni 1806 reducenda sunt. Hisce titulis sequentes correctiones positionibus obseruatis applicare oportebit:

	obseruatio I		obseruatio II		obseruatio III	
	Asc. R.	decl.	asc. r.	decl.	asc r.	decl.
Nutatio	— 12″86	— 3″08	— 13″68	— 3, 42	— 13″06	— 3″75
Aberratio	— 18, 13	— 9, 89	— 21, 51	— 1, 63	— 15, 60	+ 9, 76
Praecessio	+ 5, 43	+ 0, 62	+ 2, 55	+ 0, 39	— 1, 51	— 0, 33
Summa	— 25, 56	— 12, 35	— 32, 64	— 4, 66	— 30, 17	+ 5, 68

Hinc prodeunt positiones sequentes Palladis, calculo substruendae:

T. m. Parisinum	asc. recta	declinatio
Nov. 5,574074	78° 20′ 12″ 24	— 27° 17′ 9″ 05
36,475055	73 8 16, 16	— 32 52 48, 96
76,349444	67 13 40, 93	— 28 58 2, 42

157.

Primo nunc situm circulorum maximorum a locis heliocentricis terrae ad locos geocentricos planetae ductorum determinabimus. Intersectionibus horum circulorum cum aequatore, aut si mauis illorum nodis ascendentibus, characteres $\mathfrak{A}$, $\mathfrak{A}'$, $\mathfrak{A}''$ adscriptos concipimus, distantiasque punctorum B, B', B'' ab his punctis per Δ, Δ', Δ'' designamus. In maiori operationum parte pro A, A', A'' iam $\mathfrak{A}$, $\mathfrak{A}'$, $\mathfrak{A}''$, et pro δ, δ', δ'' iam Δ, Δ', Δ'' substituere oportebit; vbi vero A, A', A'', δ, δ', δ'' retinere oporteat, lector attentus vel nobis non monentibus facile intelliget.

Calculo facto iam inuenimus

Ascens. recta punctorum			
$\mathfrak{A}, \mathfrak{A}', \mathfrak{A}''$	233° 54′ 57″ 10	253° 8′ 57″ 01	276° 40′ 25″ 87
$\gamma, \gamma', \gamma''$	51 17 15, 74	90 1 3, 19	131 59 58, 03
$\Delta, \Delta', \Delta''$	215 58 49, 27	212 52 48, 96	220 9 12, 96
$\delta, \delta', \delta''$	56 26 54, 19	55 26 31, 79	69 10 57, 84
$\mathfrak{A}'D, \mathfrak{A}D', \mathfrak{A}D''$	23 54 52, 13	30 18 3, 25	29 8 43, 52
$\mathfrak{A}''D, \mathfrak{A}''D', \mathfrak{A}'D''$	33 3 26, 35	31 59 21, 14	22 20 6, 91
$\varepsilon, \varepsilon', \varepsilon''$	47 1 54, 69	89 34 57, 17	42 33 41, 17
logarithmi sinuum	9,8643525	9,9999885	9,8301910
$\log\sin\frac{1}{2}\varepsilon'$		9,8478971	
$\log\cos\frac{1}{2}\varepsilon'$		9,8510614	

In calculo art. 138 pro l' ascensio recta puncti $\mathfrak{A}'$ adhibebitur. Sic inuenitur

$\log T\sin t$......8,4868236 n

$\log T\cos t$......9,2848162 n

Hinc $t = 189° 2' 48'' 83$, $\log T = 9{,}2902527$; porro $t+\gamma' = 279° 5' 52'' 02$,

$\log S$......................9,0110566 n

$\log T\sin(t+\gamma')$......9,2847950 n

vnde $\Delta' - \sigma = 208° 1' 55'' 64$, atque $\sigma = 4° 50' 53'' 32$.

In formulis art. 140 pro a, b et $\frac{b}{a}$ ipsos $\sin\delta$, $\sin\delta'$, $\sin\delta''$ retinere oportet, et perinde in formulis art. 142. Ad hos calculos habemus

$\mathfrak{A}''D' - \Delta'' =$	171° 50′ 8″ 18	log sin......9,1523306	log cos......9,9955759 n
$\mathfrak{A}D' - \Delta =$	174 19 13, 98	8,9954722	...............9,9978629 n
$\mathfrak{A}''D - \Delta'' =$	172 54 13, 39	9,0917972	
$\mathfrak{A}'D - \Delta' + \sigma =$	175 52 56, 49	8,8561520	
$\mathfrak{A}D'' - \Delta =$	173 9 54, 05	9,0755844	
$\mathfrak{A}'D'' - \Delta' + \sigma =$	174 18 11, 27	8,9967978	

Hinc elicimus

$\log \varkappa = 0{,}9211850$, $\log\lambda = 0{,}0812057$ n

$\log \varkappa'' = 0{,}8112762$, $\log\lambda'' = 0{,}0319691$ n

$\log a = 0{,}1099088$, $a = +1{,}2879790$

$\log b = 0{,}1810404$

$\log\frac{b}{a} = 0{,}0711314$, vnde fit $\log b = 0{,}1810402$. Inter hos duos valores tantum non aequales medium $\log b = 0{,}1810403$ adoptabimus. Denique prodit

$$\log c = 1{,}0450295$$
$$d = +\ 0{,}4489906$$
$$\log e = 9{,}2102894$$

quo pacto calculi praeliminares absoluti sunt.

Temporis interuallum inter obseruationem secundam et tertiam est dierum 39,874409, inter primam et secundam dierum 30,900961: hinc fit $\log\theta = 9{,}8362757$ $\log\theta'' = 9{,}7255533$. Statuimus itaque *ad hypothesin primam*

$$x = \log P = 9{,}8892776$$
$$y = \log Q = 9{,}5618290$$

Praecipua dein calculi momenta haec prodeunt:

$$\omega + \sigma = 20^\circ\, 8'\, 46''\, 72$$
$$\log Qc \sin\omega = 0{,}0282028$$

Hinc fit valor verus ipsius $z = 21^\circ\, 11'\, 24''\, 30$, atque $\log r' = 0{,}3509379$. Tres reliqui valores ipsius z aequationi IV art. 141 satisfacientes in hoc casu fiunt

$$z = 63^\circ\, 41\ 12''$$
$$z = 101\ 12\ 58$$
$$z = 199\ 24\ 7$$

e quibus primus tamquam approximatio ad orbitam terrestrem spectandus est, cuius quidem aberratio, propter nimium temporis interuallum, longe hic maior est, quam in exemplo praecedente. — E calculo vlteriori sequentes numeri resultant:

ζ .... $195^\circ\, 12'\ 2''\, 48$
ζ'' .... $196\ 57\ 50{,}78$
$\log r$ .... $0{,}3647022$
$\log r''$ .... $0{,}3355758$
$\frac{1}{2}(u''+u)$ ...... $266\ 47\ 50{,}47$
$\frac{1}{2}(u''-u)$ ... $-43\ 39\ 5{,}33$
$2f'$ .... $22\ 32\ 40{,}86$
$2f$ .... $13\ 5\ 41{,}17$
$2f''$ .... $9\ 27\ 0{,}05$

Differentiam inter $2f'$ et $2f + 2f''$, quae hic est $0'\, 56$, inter $2f$ et $2f''$ ita dispertiemur, vt statuamus $2f = 13^\circ\, 5'\, 40''\, 96$, $2f'' = 9^\circ\, 26'\, 59''\, 90$.

Corrigenda iam sunt tempora propter aberrationem, vbi in formulis art. 145 statuendum est $AD' - \zeta = \mathfrak{A}D' - \Delta + \delta - \zeta$, $A''D' - \zeta'' = \mathfrak{A}''D' - \Delta'' + \delta'' - \zeta''$. Habemus itaque

$\log r$	0,36470	$\log r'$	0,35094	$\log r''$	0,33557
$\log \sin (AD' - \zeta)$	9,76462	$\log (\delta' - z)$	9,75038	$\log \sin (A''D' - \zeta'')$	9,84220
C. $\log \sin \delta$	0,07918	C. $\log \sin \delta'$	0,08431	C. $\log \sin \delta''$	0,02932
log const.	7,75633	log const.	7,75633	log const.	7,75633
	7,96483		7,94196		7,96342
Reductio temporis	0,009222		0,008749		0,009192

Hinc prodeunt

tempora correcta	internalla	logarithmi
Nov. 5,564852		
	30,901434	1,4899785
36,466286		
	39,873966	1,6006894
76,340252		

vnde deriuantur logarithmi correcti quantitatum θ, θ'' resp. 9,8362708 atque 9,7255599. Incipiendo dein calculum elementorum ex r', r'', $2f$, θ, prodit $\log \eta = 0{,}0031921$, sicuti ex r, r', $2f''$, θ'' obtinemus $\log \eta'' = 0{,}0017300$. Hinc colligitur $\log P = 9{,}8907512$, $\log Q' = 9{,}5712864$, adeoque

$$X = +0{,}0014736, \quad Y = +0{,}0094574$$

Praecipua momenta *hypothesis secundae*, in qua statuimus

$$x = \log P = 9{,}8907512,$$
$$y = \log Q = 9{,}5712864$$

haec sunt:

$\omega + \sigma$	20° 8′ 0″ 87
$\log Qc \sin \omega$	0,0373071
z	21 12 6, 09
$\log r'$	0,3507110
ζ	195 16 59, 90
ζ''	196 52 40, 63
$\log r$	0,3630642
$\log r''$	0,3369708
$\frac{1}{2}(u'' + u)$	267 6 10, 75
$\frac{1}{2}(u'' - u)$	— 43 39 4, 00

$2f' \ldots\ldots 22° 32' 8'' 69$
$2f \ldots\ldots 13 \; 1 \; 54, 65$
$2f'' \ldots\ldots 9 \; 30 \; 14, 38$

Differentia 0'' 54 inter $2f'$ et $2f + 2f''$, ita distribuenda est, vt statuatur $2f = 13° 1' 54'' 45$, $2f'' = 9° 30' 14'' 24$.

Si operae pretium videtur, correctiones temporum hic denuo computare, invenietur pro obseruatione prima 0,009169, pro secunda 0,008742, pro tertia 0,009236, adeoque tempora correcta Nov. 5,564905, Nov. 36,466293, Nov. 76,340280. Hinc fit

$\log \theta \ldots\ldots 9,8362703$
$\log \theta'' \ldots\ldots 9,7255594$
$\log \eta \ldots\ldots 0,0031790$
$\log \eta'' \ldots\ldots 0,0017413$
$\log P' \ldots\ldots 9,8907268$
$\log Q' \ldots\ldots 9,5710593$

Hoc itaque modo ex hypothesi secunda resultat

$$X = -0,0000244, \quad Y = -0,0002271$$

Denique in *hypothesi tertia*, in qua statuimus

$$x = \log P = 9,8907268$$
$$y = \log Q = 9,5710593$$

praecipua calculi momenta ita se habent:

$\omega + \sigma \ldots\ldots 20° 8' 1'' 62$	$\log r'' \ldots\ldots 0,3369536$
$\log Qc \sin \omega \ldots\ldots 0,0370857$	$\frac{1}{2}(u'' + u) \ldots\ldots 267 \; 5 \; 53, 09$
$z \ldots\ldots 21 \; 12 \; 4, 60$	$\frac{1}{2}(u'' - u) \ldots -43 \; 39 \; 4, 19$
$\log r' \ldots\ldots 0,3507191$	$2f' \ldots\ldots 22 \; 32 \; 7, 67$
$\zeta \ldots\ldots 195 \; 16 \; 54, 08$	$2f \ldots\ldots 13 \; 1 \; 57, 42$
$\zeta'' \ldots\ldots 196 \; 52 \; 44, 45$	$2f'' \ldots\ldots 9 \; 30 \; 10, 65$
$\log r \ldots\ldots 0,3630960$	

Differentia 0'' 38 hic ita distribuetur, vt statuatur $2f = 13° 1' 57'' 20$, $2f'' = 9° 30' 10'' 47$ *).

Quum differentiae omnium horum numerorum ab iis, quos hypothesis secunda suppeditauerat, leuissimae sint, tuto iam concludere licebit, hypothesin ter-

*) Haecce differentia maiuscula, in omnibusque hypothesibus tantum non aequalis, ad maximam partem inde orta est, quod σ duabus fere partibus centesimis minuti secundi iusto minor, logarithmusque ipsius b aliquot vnitatibus iusto maior erutus erat.

tiam nulla amplius correctione opus habituram, adeoque hypothesin nouam superfluam esse. Quocirca nunc ad calculum elementorum ex $2f'$, θ', r, r'' progredi licebit: qui quum operationibus supra amplissime iam explicatis contineatur, elementa ipsa inde resultantia in eorum gratiam, qui proprio marte eum exsequi cupient, hic apposuisse sufficiet:

Ascensio recta nodi ascendentis in aequatore	158° 40′ 38″ 93
Inclinatio orbitae ad aequatorem	11 42 49, 13
Distantia perihelii a nodo illo ascendente	323 14 56, 92
Anomalia media pro epocha 1806	335 4 13 05
Motus medius (sidereus) diurnus	770″ 2662
φ	14 9 3, 91
Logarithmus semiaxis maioris	0,4422438

158.

Duo exempla praecedentia occasionem nondum suppeditauerunt, methodum art. 120 in vsum vocandi: hypotheses enim successiuae tam rapide conuergebant, vt iam in secunda subsistere licuisset, tertiaque a veritate vix sensibiliter aberraret. Reuera hocce commodo semper fruemur, quartaque hypothesi supersedere poterimus, quoties motus heliocentricus modicus est, tresque radii vectores non nimis inaequales sunt, praesertim si insuper temporum interualla parum inter se discrepant. Quanto magis autem problematis conditiones hinc recedunt, tanto fortius valores primi suppositi quantitatum P, Q a veris different, tantoque lentius valores sequentes ad veros conuergent. In tali itaque casu tres quidem primae hypotheses ita absoluendae sunt, vti duo exempla praecedentia monstrant (ea sola differentia, quod in hypothesi tertia non elementa ipsa, sed, perinde vt in hypothesi prima et secunda, quantitates η, η'', P', Q', X, Y computare oportet): dein vero haud amplius valores postremi ipsarum P', Q' tamquam valores noui quantitatum P, Q in hypothesi quarta accipientur, sed hi per methodum art. 120 e combinatione trium primarum hypothesium eruentur. Rarissime tunc opus erit, ad hypothesin quintam secundum praecepta art. 121 progredi. — Iam hos quoque calculos exemplo illustrabimus, ex quo simul elucebit, quam late methodus nostra pateat.

159.

Ad exemplum *tertium* obseruationes sequentes Cereris eligimus, quarum prima Bremae a clar. Olbers, secunda Gottingae a clar. Harding, tertia Lilienthalii a clar. Bessel instituta est.

Tempus medium loci obseruationis	Asc. recta	Declin. boreal.
1805 Sept. 5. 13^h 8′ 54″	95° 59′ 25″	22° 21′ 25″
1806 Jan. 17. 10. 58. 51	101 18 40,6	30 21 22,3
1806 Maii 23. 10. 23. 53	121 56 7	28 2 45

Quum methodi, per quas parallaxis et aberrationis rationem habere licet, si distantiae a terra tamquam omnino incognitae spectantur, per duo exempla praecedentia abunde iam illustratae sint: superfluae laboris augmentationi in hoc tertio exemplo renunciabimus, distantiasque approximatas e Commercio litterario clar. de Zach (Vol. XI p. 284) eum in finem excerpemus, vt obseruationes ab effectu parallaxis et aberrationis purgentur. Has distantias vna cum reductionibus inde derivatis tabula sequens exhibet:

Distantia Cereris a terra	2, 899	1, 638	2, 964
Tempus, intra quod lumen ad terram descendit	23′ 49″	13′ 28″	24′ 21″
Tempus obseruationis reductum	12^h 45′ 5″	10^h 45′ 23″	9^h 59′ 52″
Tempus sidereum in gradibus	355° 55′	97° 59′	210° 41′
Parallaxis ascensionis rectae	+ 1″ 90	+ 0″ 22	— 1″ 97
Parallaxis declinationis	— 2, 08	— 1, 90	— 2, 04

Problematis itaque data, postquam a parallaxi et aberratione liberata, temporaque ad meridianum Parisinum reducta sunt, ita se habent:

	Asc. recta	Declinatio
1805. Sept. 5. 12^h 19′ 14″	95° 59′ 23″ 10	22° 21′ 27″ 08
1806. Jan. 17 10 15 2	101 18 40, 38	30 21 24, 20
1806. Maii 23 9 33 18	121 56 8, 97	28° 2 47, 04

Ex his ascensionibus rectis et declinationibus deductae sunt longitudines et latitudines adhibita obliquitate eclipticae 23° 27′ 55″ 90, 23° 27′ 54″ 59, 23° 27′ 53″ 27; dein longitudines a nutatione purgatae sunt, quae resp. fuit + 17″ 31, + 17″ 88, + 18″ 00, posteaque ad initium anni 1806 reductae, applicata praecessione + 15″ 98, — 2″ 39, — 19″ 68. Denique pro temporibus reductis e tabulis excerpta sunt loca Solis, vbi in longitudinibus nutatio praetermissa, contra praecessio perinde vt longitudinibus Cereris adiecta est. Latitudo Solis omnino neglecta. Hoc modo numeri sequentes in calculo adhibendi resultauerunt:

Tempus 1805. Sept.	5, 51336	139, 42711	265, 39813
$\alpha, \alpha', \alpha''$	95° 32′ 18″ 56	99° 49′ 5″, 87	118° 5′ 28″ 85
β, β', β''	— 0 59 34, 06	+ 7 16 56, 80	+ 7 38 49, 39
l, l', l''	342 54 56, 00	117 12 43, 25	241 58 50, 71
$\log R$, $\log R'$, $\log R''$	0, 0031514	9, 9929861	0,0056974

Iam calculi praeliminares in artt. 136 — 140 explicati sequentia suppeditant:

$\gamma, \gamma', \gamma''$	358° 55′ 28″ 09	156° 52′ 11″ 49	170° 48′ 44″ 79
$\delta, \delta', \delta''$	112 37 9, 66	18 48 39, 81	123 32 52, 13
$A'D$, AD', AD''	15 32 41, 40	252 42 19, 14	136 2 22, 58
$A''D$, $A''D'$, $A'D''$	138 45 4, 60	6 26 41, 10	558 5 57, 00
$\varepsilon, \varepsilon', \varepsilon''$	29 18 8, 21	170 32 59, 08	156 6 25, 25

$\sigma = 8° 52' 4'' 05$

$\log a = 0{,}1840193\, n \quad a = -1{,}5276340$

$\log b = 0{,}0040987$

$\log c = 2{,}0066735$

$d = 117{,}50873$

$\log e = 0{,}8568244$

$\log \varkappa = 0{,}1611012$

$\log \varkappa'' = 9{,}9770819\, n$

$\log \lambda = 9{,}9164090\, n$

$\log \lambda'' = 9{,}7320127\, n$

Interuallum temporis inter obseruationem primam et secundam est dierum 133,91375, inter secundam et tertiam 125,97102: hinc fit $\log \theta = 0{,}3338520$, $\log \theta'' = 0{,}3624066$, $\log \frac{\theta''}{\theta} = 0{,}0265546$, $\log \theta\theta'' = 0{,}6982586$. Iam praecipua momenta hypothesium trium primarum deinceps formatarum in conspectu sequenti exhibemus:

	I	II	III
$\log P = x$	0,0265546	0,0256968	0, 0256275
$\log Q = y$	0,6982586	0,7390190	0, 7481055
$\omega + \sigma$	7° 13′ 13″ 523	7° 14′ 47″ 139	7° 14′ 45″ 071

$\log Qc \sin \omega$	1,1546650 n	1,1973925 n	1,2066327 n
z	7° 5′ 59″ 018	7° 2′ 32″ 870	7° 2′ 16″ 900
$\log r'$	0,4114726	0,4129371	0,4132107
ζ	160 10 46, 74	160 20 7, 82	160 22 9, 42
ζ''	262 6 1, 05	262 12 18, 26	262 14 19, 49
$\log r$	0,4523934	0,4291773	0,4284841
$\log r''$	0,4094712	0,4071975	0,4064697
$\frac{1}{2}(u''+u)$	262 55 23, 22	262 57 6, 83	262 57 31, 17
$\frac{1}{2}(u''-u)$	273 28 50, 95	273 29 15, 06	273 29 19, 56
$2f'$	62 34 28, 40	62 49 56, 50	62 53 57, 06
$2f$	31 8 50, 03	31 15 59, 09	31 18 13, 83
$2f''$	31 25 58, 43	31 33 57, 32	31 35 43, 32
$\log \eta$	0,0202496	0,0203158	0,0203494
$\log \eta''$	0,0211074	0,0212429	0,0212751
$\log P'$	0,0256968	0,0256275	0,0256289
$\log Q'$	0,7590190	0,7481055	0,7502337
X	— 0,0008578	— 0,0000693	+ 0,0000014
Y	+ 0,0407604	+ 0,0090865	+ 0,0021282

Iam designando tres valores ipsius X per A, A', A''; tres valores ipsius Y per B, B', B''; quotientes e diuisione quantitatum $A'B''-A''B'$, $A''B-AB''$, $AB'-A'B$ per eorundem aggregatum ortas resp. per k, k', k'', ita vt habeatur $k+k'+k''=1$, denique valores ipsorum $\log P'$ et $\log Q'$ in hypothesi tertia per M et N (qui forent valores noui ipsarum x, y, si hypothesin quartam perinde e tertia deriuare conueniret, vt tertia e secunda deriuata fuerat): e formulis art. 120 facile colligitur, valorem correctum ipsius x fieri $=M-k(A'+A'')-k'A''$, valoremque correctum ipsius $y=N-k(B'+B'')-k'B''$. Calculo facto prior eruitur $=0{,}0256331$, posterior $=0{,}7509143$. Hisce valoribus correctis iam *hypothesin quartam* superstruimus, cuius praecipua momenta haec sunt:

$\omega+\sigma$ .... 7° 14′ 45″ 247	$\log r''$ 0,4062033
$\log Qc \sin \omega$ .... 1,2094284 n	$\frac{1}{2}(u''+u)$ .... 262° 57′ 38″ 78
z 7 2 12, 736	$\frac{1}{2}(u''-u)$ 273 29 20, 73
$\log r$ 0,4132817	$2f'$ 62 55 16, 64
ζ 160 22 45, 38	$2f$ 31 19 1, 49
ζ'' 262 15 3, 90	$2f''$ 31 36 13, 20
$\log r$ 0,4282792	

Inter $2f'$ et $2f + 2f''$ differentia 0",05 emergit, quam ita distribuemus, vt statuamus $2f = 31° 19' 1'' 47$, $2f'' = 31° 56' 15'' 17$. Quodsi iam e duobus locis extremis elementa ipsa determinantur, sequentes numeri resultant:

Anomalia vera pro loco primo.................................289° 7′ 39″ 75
Anomalia vera pro loco tertio.................................352 2 56, 39
Anomalia media pro loco primo.................................297 41 35, 65
Anomalia media pro loco tertio.................................353 15 22, 49
Motus medius diurnus sidereus.................................769, 6755
Anomalia media pro initio anni 1806.................................322 35 52, 51
Angulus φ.................................4 37 57 78
Logarithmus semiaxis maioris.................................0,4424661

Computando ex hisce elementis locum heliocentricum pro tempore obseruationis mediae, inuenitur anomalia media 326° 19′ 25″ 72, logarithmus radii vectoris 0,4132825, anomalia vera 320° 43′ 54″ 87: haecce distare deberet ab anomalia vera pro loco primo differentia $2f''$, siue ab anomalia vera pro loco tertio differentia $2f$, adeoque fieri deberet $= 320° 43' 54'' 92$, sicuti logarithmus radii vectoris $= 0,4132817$: differentia 0″05 in anomalia vera, octoque vnitatum in isto logarithmo nullius momenti censenda est.

Si hypothesis quarta eodem modo ad finem perduceretur, vt tres praecedentes, prodiret $X = 0$, $Y = -0,0000168$, vnde valores correcti ipsarum x, y hi colligerentur

$$x = \log P = 0,0256331 \text{ (idem vt in hypothesi quarta)}$$
$$y = \log Q = 0,7508917$$

Quibus valoribus si hypothesis quinta superstrueretur, solutio vltimam quam tabulae permittunt praecisionem nancisceretur: sed elementa hinc resultantia vix sensibiliter ab iis discreparent, quae hypothesis quarta suggessit.

Vt elementa completa habeantur, nihil iam superest, nisi vt situs plani orbitae computetur. Ad normam praeceptorum art. 142 hic prodit

	e loco primo		e loco tertio
g	354° 9′ 44″ 22	g''	57° 5′ 0″ 91
h	261 56 6 94	h''	161 0 1, 61
i	10 37 33, 02		10 37 33, 00
☊	80 58 49, 06		80 58 49, 10

distantia perihelii a nodo ascendente... 65 2 4,47......... 65 2 4,52
longitudo perihelii.......................146 0 53,53.........146 0 53,62

Sumto itaque medio statuetur $i = 10° 37' 33'' 01$, ☊ $= 80° 58' 49'' 08$, longitudo perihelii $= 146° 0' 55'' 57$. Denique longitudo media pro initio anni 1806 erit $= 108° 36' 46'' 08$.

160.

In expositione methodi, cui disquisitiones praecedentes dicatae fuerunt, in quosdam casus speciales incidimus, vbi applicationem non patitur, saltem non in forma ea, in qua a nobis exhibita est. Hunc defectum locum habere vidimus *primo*, quoties aliquis trium locorum geocentricorum vel cum loco respondente heliocentrico terrae, vel cum puncto opposito coincidit (casus posterior manifesto tunc tantum occurrere potest, vbi corpus coeleste inter Solem et terram transiit):

secundo, quoties locus geocentricus primus corporis coelestis cum tertio coincidit:

tertio, quoties omnes tres loci geocentrici vna cum loco heliocentrico terrae secundo in eodem circulo maximo siti sunt.

In casu primo situs alicuius circulorum maximorum AB, $A'B'$, $A''B''$ indeterminatus manebit, in secundo atque tertio situs puncti B^*. In hisce itaque casibus methodi supra expositae, per quas, si quantitates P, Q tamquam cognitae spectantur, e locis geocentricis heliocentricos determinare docuimus, vim suam perdunt: attamen discrimen essentiale hic notandum est, scilicet in casu primo hic defectus soli methodo attribuendus erit, in casu secundo et tertio autem ipsius problematis naturae; in casu primo itaque ista determinatio vtique effici poterit, si modo methodus apte varietur, in secundo et tertio autem absolute impossibilis erit, locique heliocentrici indeterminati manebunt. Haud pigebit, hasce relationes paucis euolvere: omnia vero, quae ad hoc argumentum pertinent exhaurire eo minus e re esset, quod in omnibus his casibus specialibus orbitae determinatio exacta impossibilis est, vbi a leuissimis obseruationum erroribus enormiter afficeretur. Idem defectus etiamnum valebit, quoties obseruationes haud quidem exacte, attamen proxime ad aliquem horum casuum referuntur: quamobrem in eligendis obseruationibus huc respiciendum, probeque cauendum est, ne adhibeatur vllus locus, vbi corpus coeleste simul in viciniis nodi atque oppositionis vel coniunctionis versatur, neque obseruationes tales, vbi corpus coeleste in vltima ad eundem locum geocentricum proxime rediit, quem in prima occupauerat, neque demum tales, vbi circulus maximus a loco heliocentrico terrae medio ad locum geocentricum medium corporis coelestis ductus angulum acutissimum cum directione motus geocentrici format, atque locum primum et tertium quasi stringit.

161.

Casus primi tres subdiuisiones faciemus.

I. Si punctum B cum A vel cum puncto opposito coincidit, erit $\delta = 0$ vel $= 180°$; γ, ε', ε'' atque puncta D', D'' indeterminata erunt; contra γ', γ'', ε atque puncta D, B^* determinata; punctum C necessario coincidet cum A. Per ratiocinia, iis, quae in art. 140 tradita sunt, analoga, facile elicietur aequatio haecce:

$$0 = n' \frac{\sin(z-\sigma)}{\sin z} \cdot \frac{R' \sin\delta'}{R'' \sin\delta''} \cdot \frac{\sin(A''D - \delta'')}{\sin(A'D - \delta' + \sigma)} - n''$$

Omnia itaque, quae in artt. 141, 142 exposita sunt, etiam huc transferre licebit, si modo statuatur $a = 0$, atque b per ipsam aequationem 12 art. 140 determinetur, quantitatesque z, r', $\frac{n'r'}{n}$, $\frac{n'r'}{n''}$ perinde vt supra computabuntur. Iam simulac z adeoque situs puncti C' innotuit, assignare licebit situm circuli maximi CC', huius intersectionem cum circulo maximo $A''B''$ i. e. punctum C'', et proin arcus CC', CC'', $C'C''$ siue $2f''$, $2f'$, $2f$: hinc denique habebitur $r = \frac{n'r'}{n} \cdot \frac{\sin 2f}{\sin 2f'}$, $r'' = \frac{n'r'}{n''} \cdot \frac{\sin 2f''}{\sin 2f'}$.

II. Ad casum eum, vbi punctum B'' cum A'' vel cum puncto opposito coincidit, omnia quae modo tradidimus transferre licet, si modo omnia, quae ad locum primum spectant, cum iis, quae ad tertium referuntur, permutantur.

III. Paullo aliter vero casum eum tractare oportet, vbi B' vel cum A' vel cum puncto opposito coincidit. Hic punctum C' cum A' coincidet; γ', ε, ε'' punctaque D, D'', B^* indeterminata erunt: contra assignari poterit intersectio circuli maximi BB'' cum ecliptica *), cuius longitudo ponatur $= l' + \pi$. Per ratiocinia, iis, quae in art. 140 euoluta sunt, similia, eruetur aequatio

$$0 = n \frac{R \sin\delta \sin(A''D' - \delta'')}{R'' \sin\delta'' \sin(AD' - \delta)} + n'r' \frac{\sin\pi}{R'' \sin(l'' - l' - \pi)} + n''$$

Designemus coëfficientem ipsius n, qui conuenit cum a art. 140, per eundem characterem a, coëfficientemque ipsius $n'r'$ per β: ipsum a hic etiam per formulam

*) Generalius, cum circulo maximo AA'': sed breuitatis caussa eum tantummodo casum hic consideramus, vbi ecliptica tamquam planum fundamentale accipitur.

$a = -\frac{R \sin(l' + \pi - l)}{R'' \sin(l'' - l' - \pi)}$ determinare licet. Habemus itaque $0 = an + \beta n' r' + n''$, qua aequatione cum his combinata $P = \frac{n''}{n}$, $Q = 2\left(\frac{n+n''}{n'} - 1\right) r'^3$, emergit

$$\frac{\beta(P+1)}{P+a} r'^4 + r'^3 + \tfrac{1}{2} Q = 0$$

vnde distantiam r' elicere poterimus, siquidem non fuerit $\beta = 0$, in quo casu nihil aliud illinc sequeretur, nisi $P = -a$. Ceterum etiamsi non fuerit $\beta = 0$ (vbi ad casum tertium in art. sequ. considerandum delaberemur), tamen semper β quantitas perexigua erit, adeoque P parum a $-a$ differre debebit: hinc vero manifestum est, determinationem coëfficientis $\frac{\beta(P+1)}{P+a}$ valde lubricam fieri, neque adeo r vlla praecisione determinabilem esse.

Porro habebimus $\frac{n'r'}{n} = -\frac{P+a}{\beta}$, $\frac{n'r'}{n''} = -\frac{P+a}{\beta P}$: dein simili modo vt in art. 143 facile euoluentur aequationes

$$r \sin \zeta = \frac{n'r'}{n} \cdot \frac{\sin \gamma''}{\sin \varepsilon'} \sin(l'' - l')$$

$$r'' \sin \zeta'' = -\frac{n'r'}{n''} \cdot \frac{\sin \gamma}{\sin \varepsilon'} \sin(l' - l)$$

$$r \sin(\zeta - AD') = r'' P \frac{\sin \gamma''}{\sin \gamma} \sin(\zeta'' - A''D')$$

e quarum combinatione cum aequatt. VIII et IX art. 147, quantitates r, ζ, r'', ζ'' determinare licebit. Calculi operationes reliquae cum supra descriptis conuenient.

162.

In casu *secundo*, vbi B'' cum B coincidit, etiam D' cum iisdem vel cum puncto opposito coincidet. Erunt itaque $AD' - \delta$ et $A''D' - \delta''$ vel $= 0$ vel $= 180°$: vnde ex aequationibus art. 146 deriuamus

$$\frac{n'r'}{n} = \pm \frac{\sin \varepsilon'}{\sin \varepsilon} \cdot \frac{R \sin \delta}{\sin(z + A'D - \delta')}$$

$$\frac{n'r'}{n''} = \pm \frac{\sin \varepsilon'}{\sin \varepsilon''} \cdot \frac{R'' \sin \delta''}{\sin(z + A'D'' - \delta')}$$

$$R \sin \delta \sin \varepsilon'' \sin(z + A'D'' - \delta') = PR'' \sin \delta'' \sin \varepsilon \sin(z + A'D - \delta')$$

Hinc manifestum est, z, independenter a Q, per solam P determinabilem esse (nisi forte fuerit $A'D'' = A'D$ vel $= A'D \pm 180°$, vbi ad casum tertium delaberemur): inuenta autem z, innotescet etiam r', et proin adiumento valorum quantitatum $\frac{n'r'}{n}$, $\frac{n'r'}{n''}$ etiam $\frac{n}{n'}$ et $\frac{n''}{n'}$; hinc denique etiam $Q = 2\left(\frac{n}{n'} + \frac{n''}{n'} - 1\right)r'^3$. Manifesto igitur, P et Q tamquam data ab inuicem independentia considerari nequeunt, sed vel vnicum tantummodo datum exhibebunt, vel data incongrua. Situs punctorum C, C'' in hoc casu arbitrarius manebit, si modo in eodem circulo maximo cum C' capiantur.

In casu *tertio*, vbi A', B, B', B'' in eodem circulo maximo iacent, D et D'' resp. cum punctis B'', B, vel cum punctis oppositis coincident: hinc e combinatione aequationum VII, VIII, IX art. 143 colligitur $P = \frac{R'' \sin\delta'' \sin\varepsilon}{R\sin\delta\sin\varepsilon''} = \frac{R''\sin(l''-l')}{R'\sin(l'-l)}$ In hoc. itaque casu valor ipsius P, per ipsa problematis data iam habetur, adeoque positio punctorum C, C', C'' indeterminata manebit.

163.

Methodus, quam inde ab art. 136 exposuimus, praecipue quidem determinationi primae orbitae penitus adhuc incognitae accommodata est: attamen successu aeque feliai tunc quoque in vsum vocatur, vbi de correctione orbitae proxime iam cognitae per tres obseruationes quantumuis ab inuicem distantes agitur. In tali autem casu quaedam immutare conueniet. Scilicet quoties obseruationes motum heliocentricum permagnum complectuntur, haud amplius licebit, $\frac{\theta''}{\theta}$ atque $\theta\theta''$ tamquam valores approximatos quantitatum P, Q considerare: quin potius ex elementis proxime cognitis valores multo magis exacti elici poterunt. Calculabuntur itaque leui calamo per ista elementa pro tribus obseruationum temporibus loca heliocentrica in orbita, vnde designando anomalias veras per v, v', v'', radios vectores per r, r', r'', semiparametrum per p, prodibunt valores approximati sequentes:

$$P = \frac{r\sin(v'-v)}{r''\sin(v''-v')},\quad Q = \frac{4r'^4 \sin\frac{1}{2}(v'-v)\sin\frac{1}{2}(v''-v')}{p\cos\frac{1}{2}(v''-v)}$$

His itaque hypothesis prima superstruetur, paullulumque ad libitum immutatis secunda et tertia: haud enim e re esset, P' et Q' hic pro nouis valoribus adoptare (vti supra fecimus), quum hos valores magis exactos euadere haud amplius supponere liceat. Hac ratione omnes tres hypotheses commodissime *simul* absolui poterunt: quarta dein secundum praecepta art. 120 formabitur. Ceterum haud abnuemus, si quis vnam alteramue decem methodorum in artt. 124–129 expositarum in tali casu si non magis tamen aeque fere expeditam existimet, ideoque in vsum vocare malit.

SECTIO SECVNDA

Determinatio orbitae e quatuor obseruationibus, quarum duae tantum completae sunt.

164.

Iam in ipso limine Libri secundi (art. 115) declarauimus, vsum problematis in Sect. praec. pertractati ad eas orbitas limitari, quarum inclinatio nec euanescit, nec nimis exigua est, determinationemque orbitarum parum inclinatarum necessario quatuor obseruationibus superstrui debere. Quatuor autem obseruationes completae, quum octo aequationibus aequiualeant, incognitarumque numerus ad sex tantum ascendat, problema plus quam determinatum redderent: quapropter a duabus obseruationibus latitudines (siue declinationes) seponere oportebit, vt datis reliquis exacte satisfieri possit. Sic oritur problema, cui haec Sectio dicata erit: solutio autem, quam hic trademus, non solum ad orbitas parum inclinatas patebit, sed etiam ad orbitas inclinationis quantumuis magnae pari successu applicari poterit. Etiam hic, perinde vt in problemate Sect. praec., casum eum, vbi orbitae dimensiones approximatae iam in potestate sunt, segregare oportet a determinatione prima orbitae penitus adhuc incognitae: ab illo initium faciemus.

165.

Methodus simplicissima, orbitam proxime iam cognitam quatuor obseruationibus adaptandi, haec esse videtur. Sint x, y distantiae approximatae corporis coelestis a terra in duabus obseruationibus completis: harum adiumento computentur loci respondentes heliocentrici, atque hinc ipsa elementa: ex his dein elementis longitudines vel ascensiones rectae geocentricae pro duabus reliquis obseruationibus. Quae si forte cum obseruatis conueniunt, elementa nulla amplius correctione egebunt: sin minus, differentiae X, Y notabuntur, idemque calculus iterum bis repetetur, valoribus ipsarum x, y paullulum mutatis. Ita prodibunt tria systemata valorum quantitatum x, y atque differentiarum X, Y, vnde per praecepta art. 120 valores correcti quantitatum x, y eruentur, quibus valores $X = 0$, $Y = 0$ respondebunt. Calculo itaque simili huic quarto systemati superstructo elementa emergent, per quae omnes quatuor obseruationes rite repraesentabuntur.

Ceterum, siquidem eligendi potestas datur, eas obseruationes completas retinere praestabit, e quibus situm orbitae maxima praecisione determinare licet, proin duas obseruationes extremas, quoties motum heliocentricum 90 graduum minoremue complectuntur. Sin vero praecisione aequali non gaudent, earum latitudines vel declinationes sepones, quas minus exactas esse suspicaberis.

166.

Ad determinationem primam orbitae penitus adhuc incognitae e quatuor obseruationibus necessario eiusmodi positiones adhibendae erunt, quae motum heliocentricum non nimis magnum complectuntur: alioquin enim careremus subsidiis ad approximationem primam commode formandam. Methodus tamen ea quam statim trademus extensione tam lata gaudet, vt absque haesitatione obseruationes motum heliocentricum 30 vel 40 graduum complectentes in vsum vocare liceat, si modo distantiae a Sole non nimis inaequales fuerint: quoties eligendi copia datur, temporum interualla inter primam et secundam, secundam et tertiam, tertiam et quartam ab aequalitate parum recedentia accipere iuuabit. Sed hoc quoque respectu anxietate nimia haud opus erit, vti exemplum subnexum monstrabit, vbi temporum interualla sunt 48, 55 et 59 dierum, motusque heliocentricus vltra 50°.

Porro solutio nostra requirit, vt completae sint obseruatio secunda et tertia, adeoque latitudines vel declinationes in obseruationibus extremis negligantur. Supra quidem monuimus, praecisionis maioris gratia plerumque praestare, si elementa duabus obseruationibus extremis completis, atque intermediarum longitudinibus vel ascensionibus rectis accommodentur: attamen in prima orbitae determinatione huic lucro renuntiauisse haud poenitebit, quum approximatio expeditissima longe maioris momenti sit, iacturamque illam, quae praecipue tantum in longitudinem nodi atque inclinationem orbitae cadit, elementaque reliqua vix sensibiliter afficiat, postea facile explere liceat.

Breuitatis caussa methodi expositionem ita adornabimus, vt omnes locos ad eclipticam referamus, adeoque quatuor longitudines cum duabus latitudinibus datas esse supponemus: attamen quoniam in formulis nostris ad terrae latitudinem quoque respicietur, sponte ad eum casum transferri poterunt, vbi aequator tamquam planum fundamentale accipitur, si modo ascensiones rectae ad declinationes in locum longitudinum et latitudinum substituuntur.

Ceterum respectu nutationis, praecessionis et parallaxis, nec non aberrationis, omnia quae in Sectione praec. exposuimus etiam hic valent: nisi itaque distantiae approximatae a terra aliunde iam innotuerunt, vt respectu aberrationis methodum I art 118 in vsum vocare liceat, loca obseruata initio tantum ab aberratione fixarum purgabuntur, temporaque corrigentur, quamprimum inter calculi decursum distantiarum determinatio approximata in potestatem venit, vti infra clarius elucebit.

167.

Solutionis expositioni signorum praecipuorum indicem praemittimus. Erunt nobis

t, t', t'', t''' quatuor obseruationum tempora

$\alpha, \alpha', \alpha'', \alpha'''$ corporis coelestis longitudines geocentricae

$\beta, \beta', \beta'', \beta'''$ eiusdem latitudines

r, r', r'', r''' distantiae a Sole

$\varrho, \varrho', \varrho'', \varrho'''$ distantiae a terra

l, l', l'', l''' terrae longitudines heliocentricae

B, B', B'', B''' terrae latitudines heliocentricae

R, R', R'', R''' terrae distantiae a Sole.

$(n\,01)$, $(n\,12)$, $(n\,23)$, $(n\,02)$, $(n\,13)$ areae duplicatae triangulorum, quae resp. inter Solem atque corporis coelestis locum primum et secundum, secundum et tertium, tertium et quartum, primum et tertium, secundum et quartum continentur.

$(\eta\,01)$, $(\eta\,12)$, $(\eta\,23)$ quotientes e diuisione arearum $\frac{1}{2}(n\,01)$, $\frac{1}{2}(n\,12)$, $\frac{1}{2}(n\,23)$ per areas sectorum respondentium oriundi.

$$P' = \frac{(n\,12)}{(n\,01)}, \quad P'' = \frac{(n\,12)}{(n\,23)}$$

$$Q' = \left(\frac{(n\,01)+(n\,12)}{(n\,02)} - 1\right) r'^3, \quad Q'' = \left(\frac{(n\,12)+(n\,23)}{(n\,13)} - 1\right) r''^3$$

v, v', v'', v''' corporis coelestis longitudines in orbita a puncto arbitrario numeratae.

Denique pro obseruatione secunda et tertia locos heliocentricos terrae in sphaera coelesti per A', A'' denotabimus, locos geocentricos corporis coelestis per B', B'', eiusdemque locos heliocentricos per C', C''.

His ita intellectis negotium primum perinde vt in problemate Sect. praec. (art. 136) consistet in determinatione situs circulorum maximorum $A'C'B'$, $A''C''B''$, quorum inclinationes ad eclipticam per γ', γ'' designamus: cum hoc calculo simul iungetur determinatio arcuum $A'B' = \delta'$, $A''B'' = \delta''$. Hinc manifesto erit

$$r' = \surd(\varrho'\varrho' + 2\varrho' R' \cos\delta' + R'R')$$

$$r'' = \surd(\varrho''\varrho'' + 2\varrho'' R'' \cos\delta'' + R''R'')$$

siue statuendo $\varrho' + R'\cos\delta' = x'$, $\varrho'' + R''\cos\delta'' = x''$, $R'\sin\delta' = a$, $R''\sin\delta'' = a''$,

$$r' = \sqrt{(x'x' + a'a')}$$
$$r'' = \sqrt{(x''x'' + a''a'')}$$

168.

Combinando aequationes 1 et 2 art. 112, prodeunt in signis disquisitionis praesentis aequationes sequentes:

$$0 = (n\,12)\, R \cos B \sin(l - \alpha) - (n\,02)\,\big(\varrho' \cos\beta' \sin(\alpha' - \alpha) + R' \cos B' \sin(l' - \alpha)\big)$$
$$+ (n\,02)\,\big(\varrho'' \cos\beta'' \sin(\alpha'' - \alpha) + R'' \cos B'' \sin(l'' - \alpha)\big)$$

$$0 = (n\,23)\,\big(\varrho' \cos\beta' \sin(\alpha''' - \alpha') + R' \cos B' \sin(\alpha''' - l')\big) - (n\,13)\,\big(\varrho'' \cos\beta'' \sin(\alpha''' - \alpha'')$$
$$+ R'' \cos B'' \sin(\alpha''' - l'')\big) + (n\,12)\, R''' \cos B''' \sin(\alpha''' - l''')$$

Hae aequationes, statuendo

$$\frac{R' \cos B' \sin(l' - \alpha)}{\cos\beta' \sin(\alpha' - \alpha)} - R' \cos\delta' = b'$$
$$\frac{R'' \cos B'' \sin(\alpha''' - l'')}{\cos\beta'' \sin(\alpha''' - \alpha'')} - R'' \cos\delta'' = b''$$
$$\frac{R' \cos B' \sin(\alpha''' - l')}{\cos\beta' \sin(\alpha''' - \alpha')} - R' \cos\delta' = \varkappa'$$
$$\frac{R'' \cos B'' \sin(l'' - \alpha)}{\cos\beta'' \sin(\alpha'' - \alpha)} - R'' \cos\delta'' = \varkappa''$$
$$\frac{R \cos B \sin(l - \alpha)}{\cos\beta'' \sin(\alpha'' - \alpha)} = \lambda$$
$$\frac{R''' \cos B''' \sin(\alpha''' - l''')}{\cos\beta' \sin(\alpha''' - \alpha')}\ \lambda'''$$
$$\frac{\cos\beta' \sin(\alpha' - \alpha)}{\cos\beta'' \sin(\alpha'' - \alpha)} = \mu'$$
$$\frac{\cos\beta'' \sin(\alpha''' - \alpha'')}{\cos\beta \sin(\alpha''' - \alpha')} = \mu''$$

omnibusque rite reductis, transeunt in sequentes

$$\frac{\mu'(1 + P')(x' + b')}{1 + \dfrac{Q'}{(x'x' + a'a')^{\frac{3}{2}}}} = x'' + \varkappa'' + \lambda P'$$

$$\frac{\mu''(1 + P'')(x'' + b'')}{1 + \dfrac{Q''}{(x''x'' + a''a'')^{\frac{3}{2}}}} = x' + \varkappa' + \lambda''' P''$$

siue, statuendo insuper

$$-\varkappa''-\lambda P' = c', \quad \mu'(1+P') = d'$$
$$-\varkappa'-\lambda'' P'' = c'', \quad \mu''(1+P'') = d''$$

in hasce

$$\text{I. } x'' = c' + \frac{d'(x'+b')}{1+\frac{Q'}{(x'x'+a'a')^{\frac{3}{2}}}}$$

$$\text{II. } x' = c'' + \frac{d''(x''+b'')}{1+\frac{Q''}{(x''x''+a''a'')^{\frac{3}{2}}}}$$

Adiumento harum duarum aequationum x' et x'' ex a', b', c', d', Q', a'', b'', c'', d'', Q'', determinari poterunt. Quodsi quidem x' vel x'' inde eliminanda esset, ad aequationem ordinis permagni delaberemur: attamen per methodos indirectas incognitarum x', x'' valores ex illis aequationibus forma non mutata satis expedite elicientur. Plerumque valores incognitarum approximati iam prodeunt, si primo Q' atque Q'' negliguntur; scilicet

$$x' = \frac{c''+d''(b''+c')+d'd''b'}{1-d'd''}$$

$$x'' = \frac{c'+d'(b'+c'')+d'd''b''}{1-d'd''}$$

Quamprimum autem valor approximatus alterutrius incognitae habetur, valores aequationibus exacte satisfacientes facillime elicientur. Sit scilicet ξ' valor approximatus ipsius x', quo in aequatione I substituto prodeat $x'' = \xi''$; perinde substituto $x'' = \xi''$ in aequatione II prodeat inde $x' = X'$; repetantur eaedem operationes, substituendo pro x' in I valorem alium $\xi'+\nu'$, vnde prodeat $x'' = \xi''+\nu''$, quo valore in II substituto prodeat inde $x' = X'+N'$. Tum valor correctus ipsius x' erit $= \xi' + \frac{(\xi'-X')\nu'}{N'-\nu'} = \frac{\xi' N'-X'\nu'}{N'-\nu'}$, valorque correctus ipsius $x'' = \xi'' + \frac{(\xi'-X')\nu''}{N'-\nu'}$. Si operae pretium videtur, cum valore correcto ipsius x' alioque leuius mutato eaedem operationes repetentur, donec valores ipsarum x', x'' aequationibus I, II exacte satisfacientes prodierint. Ceterum analystae vel mediocriter tantum exercitato subsidia calculum contrahendi haud deerunt.

In his operationibus quantitates irrationales $(x'x'+a'a')^{\frac{3}{2}}$, $(x''x''+a''a'')^{\frac{3}{2}}$ commode calculantur per introductionem arcuum z', z'', quorum tangentes resp.

sunt $\frac{a'}{x'}$, $\frac{a''}{x''}$, vnde fit

$$\sqrt{(x'x' + a'a')} = r' = \frac{a'}{\sin z'} = \frac{x'}{\cos z'}$$

$$\sqrt{(x''x'' + a''a'')} = r'' = \frac{a''}{\sin z''} = \frac{x''}{\cos z''}$$

Hi arcus auxiliares, quos inter 0 et 180° accipere oportet, vt r', r'' positiui euadant, manifesto cum arcubus $C'B'$, $C''B''$ identici erunt, vnde patet, hacce ratione non modo r' et r'', sed etiam situm punctorum C', C'' innotescere.

Haecce determinatio quantitatum x', x'' requirit, vt a', a'', b', b'', c', c'', d', d'', Q', Q'' cognitae sint, quarum quantitatum quatuor primae quidem per problematis data habentur, quatuor sequentes autem a P', P'' pendent. Jam quantitates P', P', Q', Q'', exacte quidem nondum determinari possunt; attamen quum habeatur

$$\text{III.}\quad P' = \frac{t'' - t'}{t' - t} \cdot \frac{(\eta\,01)}{(\eta\,12)}$$

$$\text{IV.}\quad P'' = \frac{t'' - t'}{t''' - t''} \cdot \frac{(\eta\,23)}{(\eta\,12)}$$

$$\text{V.}\quad Q' = \tfrac{1}{2}kk\,(t' - t)(t'' - t')\frac{r'r'}{rr''} \cdot \frac{1}{(\eta 01)(\eta 12)\cos\frac{1}{2}(v' - v)\cos\frac{1}{2}(v'' - v)\cos\frac{1}{2}(v'' - v')}$$

$$\text{VI.}\quad Q'' = \tfrac{1}{2}kk(t'' - t')(t''' - t'') \cdot \frac{r''r''}{r'r'''} \cdot \frac{1}{(\eta 12)(\eta 23)\cos\frac{1}{2}(v'' - v')\cos\frac{1}{2}(v''' - v')\cos\frac{1}{2}(v''' - v'')}$$

statim adsunt valores approximati

$$P' = \frac{t'' - t'}{t' - t},\quad P'' = \frac{t'' - t'}{t''' - t''}$$

$$Q' = \tfrac{1}{2}kk\,(t' - t)(t'' - t'),\quad Q'' = kk\,(t'' - t')\,t''' - t'')$$

quibus calculus primus superstruetur.

169.

Absoluto calculo art. praec. ante omnia arcum $C'C''$ determinare oportebit. Quod fiet commodissime, si antea perinde vt in art. 137 intersectio D circulorum maximorum $A'C'B'$, $A''C''B''$, mutuaque inclinatio ε eruta fuerit: inuenietur dein ex ε, $C'D = z' + B'D$, atque $C''D = z'' + B''D$, per formulas easdem quas in art. 144 tradidimus, non modo $C'C'' = v'' - v'$, sed etiam anguli (u', u''), sub quibus circuli maximi $A'B'$, $A''B''$ circulum maximum $C'C''$ secant.

Postquam arcus $v'' - v'$ inuentus est, $v' - v$ et r eruentur e combinatione aequationum

$$r\sin(v'-v) = \frac{r''\sin(v''-v')}{P'}$$

$$r\sin(v'-v+v''-v') = \frac{1+P'}{P'}\cdot\frac{r'\sin(v''-v')}{1+\frac{Q'}{r'^3}}$$

et perinde r''' atque $v''' - v''$ e combinatione harum

$$r'''\sin(v'''-v'') = \frac{r'\sin(v''-v')}{P''}$$

$$r'''\sin(v'''-v''+v''-v') = \frac{1+P''}{P''}\cdot\frac{r''\sin(v''-v')}{1+\frac{Q''}{r''^3}}$$

Omnes numeri hoc modo inuenti exacti forent, si ab initio a valoribus veris ipsarum P', P'', Q', Q'' proficisci licuisset: tumque situm plani orbitae perinde vt in art. 149 vel ex $A'C'$, u' et γ', vel ex $A''C''$, u'' et γ'' determinare conueniret, ipsasque orbitae dimensiones vel ex r', r'', t', t'', et $v''-v'$, vel, quod exactius est, ex r, r''', t, t''', et $v'''-v$. Sed in calculo primo haec omnia praeteribimus, atque in id potissimum incumbemus, vt valores magis approximatos pro quantitatibus P', P'', Q', Q'' obtineamus. Hunc finem assequemur, si per methodum inde ab art. 88 expositam

ex r, r', $v'-v$, $t'-t$ eliciamus $(\eta 01)$
r', r'', $v''-v'$, $t''-t'$............$(\eta 12)$
r'', r''', $v'''-v''$, $t'''-t''$............$(\eta 23)$

Has quantitates, nec non valores ipsarum r, r', r'', r''', $\cos\frac{1}{2}(v'-v)$ etc. in formulis III-VI substituemus, vnde valores ipsarum P', Q', P'', Q'' resultabunt multo magis exacti quam ii, quibus hypothesis prima superstructa erat. Cum illis itaque hypothesis secunda formabitur, quae si prorsus eodem modo vt prima ad finem perducitur, valores ipsarum P', Q', P'', Q'' multo adhuc exactiores suppeditabit, atque sic ad hypothesin tertiam deducet. Hae operationes tam diu iterabuntur, donec valores ipsarum P', Q', P'', Q'' nulla amplius correctione opus habere videantur, quod recte iudicare exercitatio frequens mox docebit. Quoties motus heliocentricus paruus est, plerumque prima hypothesis illos valores iam satis exacte subministrat: si vero ille arcum maiorem complectitur, si insuper temporum interualla ab aequalitate notabiliter recedunt, hypothesibus pluries repetitis opus erit; in tali vero casu hypotheses primae magnam calculi praecisionem haud postulant. In vltima denique hypothesi elementa ipsa ita vt modo indicauimus determinabuntur.

170.

In hypothesi prima quidem temporibus non correctis t, t', t'', t''' vti oportebit, quum distantias a terra computare nondum liceat: simulac vero valores approximati quantitatum x', x'' innotuerunt, illas distantias quoque proxime determinare poterimus. Attamen quum formulae pro ρ et ρ''' hic paullo complicatiores euadant, computum correctionis temporum eousque differre conueniet, vbi distantiarum valores satis praecisi euaserunt, ne calculo repetito opus sit. Quamobrem e re erit, hanc operationem iis valoribus quantitatum x', x'' superstruere, ad quas hypothesis penvltima produxit, ita vt vltima demum hypothesis a valoribus correctis temporum atque quantitatum P', P'', Q', Q'' proficiscatur. Ecce formulas, ad hunc finem in vsum vocandas:

VII. $\rho' = x' - R' \cos\delta'$

VIII. $\rho'' = x'' - R'' \cos\delta''$

IX. $$\rho\cos\beta = -R\cos B\cos(\alpha - l) + \frac{1+P'}{P'(1+\frac{Q'}{r'^3})}\Big(\rho'\cos\beta'\cos(\alpha'-\alpha) + R'\cos B'\cos(l'-\alpha)\Big)$$
$$- \frac{1}{P'}\Big(\rho''\cos\beta''\cos(\alpha''-\alpha) + R''\cos B''\cos(l''-\alpha)\Big)$$

X. $$\rho\sin\beta = -R\sin B + \frac{1+P'}{P'(1+\frac{Q'}{r'^3})}(\rho'\sin\beta' + R'\sin B') - \frac{1}{P'}(\rho''\sin\beta'' + R''\sin B'')$$

XI. $$\rho'''\cos\beta''' = -R'''\cos B'''\cos(\alpha'''-l''') + \frac{1+P''}{P''(1+\frac{Q''}{r''^3})}\Big(\rho''\cos\beta''\cos(\alpha'''-\alpha'') +$$
$$R''\cos B''\cos(\alpha'''-l'')\Big) - \frac{1}{P''}\Big(\rho'\cos\beta'\cos(\alpha'''-\alpha') + R'\cos B'\cos(\alpha'''-l')\Big)$$

XII. $$\rho'''\sin\beta''' = -R'''\sin B''' + \frac{1+P''}{P''(1+\frac{Q''}{r''^3})}(\rho''\sin\beta'' + R''\sin B'')$$
$$- \frac{1}{P''}(\rho'\sin\beta' + R'\sin B')$$

Formulae IX-XII nullo negotio ex aequationibus 1, 2, 3 art. 112 deriuantur, si modo characteres illic adhibiti in eos quibus hic vtimur rite conuertuntur. Manifesto formulae multo simpliciores euadunt, si B, B', B'' euanescunt. E combinatione formularum IX et X non modo ϱ sed etiam β, et perinde ex XI et XII praeter r''' etiam β''' demanat: valores harum latitudinum cum obseruatis (calculum non ingredientibus), siquidem datae sunt, comparati ostendent, quonam praecisionis gradu latitudines extremae per elementa sex reliquis datis adaptata repraesentari possint.

171.

Exemplum ad illustrationem huius disquisitionis a *Vesta* desumere conueniet, quae inter omnes planetas recentissime detectos inclinatione ad eclipticam minima gaudet *). Eligimus obseruationes sequentes Bremae, Parisiis, Lilienthalii et Mediolani ab astronomis clarr. Olbers, Bouvard, Bessel et Oriani institutas:

Tempus med. loci obseruationis	Ascensio recta	Declinatio
1807 Martii 30, $12^h 33' 17''$	$183° 52' 40'' 8$	$11° 54' 27''$ Bor.
Maii 17, 8 16 5	178 36 42,3	11 39 46,8 —
Iulii 11, 10 30 19	189 49 7,7	3 9 10,1 —
Sept. 8, 7 22 16	212 50 3,4	8 38 17,0 Austr.

Pro iisdem temporibus e tabulis motuum Solis inuenimus

	longit. Solis ab aequin. app.	nutatio	distantia a terra	latitudo Solis	obliquitas eclipt. apparens
Martii 30	$9° 21' 59'' 5$	+ 16,8	0,9996448	+ 0''23	$23° 27' 50'' 82$
Maii 17	55 56 20,0	+ 16,2	1,0119789	—0,63	49,83
Iulii 11	108 34 53,3	+ 17,3	1,0165795	—0,46	49,19
Sept. 8	165 8 57,1	+ 16,7	1,0067421	+ 0,29	49,26

Iam loca obseruata planetae, adhibita eclipticae obliquitate apparente, in longitudines et latitudines conuersa, a nutatione et aberratione fixarum purgata,

---

*) Nihilominus haec inclinatio etiamnum satis considerabilis est, vt orbitae determinationem satis tuto atque exacte *tribus* obseruationibus superstruere liceat: reuera elementa prima, quae hoc modo ex obseruationibus 19 tantum diebus ad inuicem distantibus deducta erant (vid. Von Zach Monatl. Corresp. Vol. XV. p. 595), proxime iam accedunt ad ea, quae hic ex obseruationibus quatuor, 162 diebus ad inuicem dissitis, deriuabuntur.

tandemque demta praecessione ad initium anni 1807 reducta sunt, dein e locis Solis ad normam praeceptorum art. 72 deriuata sunt loca terrae ficta (vt parallaxis ratio habeatur), longitudinesque demta nutatione et praecessione ad eandem epocham translatae; tandem tempora ab initio anni numerata et ad meridianum Parisinum reducta. Hoc modo orti sunt numeri sequentes:

t, t', t'', t'''	89,505162	137,344502	192,419502	251,288102
$\alpha, \alpha', \alpha'', \alpha'''$	178° 43′ 38″ 87	174° 1′ 30″ 08	187° 45′ 42″ 23	213° 34′ 15″ 63
$\beta, \beta', \beta'', \beta'''$	12 27 6, 16	10 8 7, 80	6 47 25, 51	4 20 21, 63
l, l', l'', l'''	189 21 33, 71	235 56 0, 65	288 35 20, 32	345 9 18, 69
$\log R, R', R'', R'''$	9,9997990	0,0051376	0,0071739	0,0030625

Hinc deducimus

$\gamma' = 168° 32' 41'' 34$, $\delta' = 62° 23' 4'' 88$, $\log a' = 9{,}9526104$

$\gamma'' = 173\ 5\ 15{,}68$, $\delta'' = 100\ 45\ 1{,}40$, $\log a'' = 9{,}9994839$

$b' = -11{,}009449$, $\varkappa' = -1{,}083306$, $\log \lambda = 0{,}0728800$, $\log \mu' = 9{,}7159702\, n$

$b'' = -2{,}082036$, $\varkappa'' = +6{,}322006$, $\log \lambda''' = 0{,}0798512\, n$, $\log \mu'' = 9{,}8587061$

$A'D = 37° 17' 51'' 50$, $A''D = 89° 24' 11'' 84$, $\varepsilon = 9° 5' 5'' 48$

$B'D = -25\ 5\ 13{,}38$, $B''D = -11\ 20\ 49{,}56$

His calculis praeliminaribus absolutis, *hypothesin primam* aggredimur. E temporum interuallis elicimus

$$\log k(t'-t) = 9{,}9153666$$
$$\log k(t''-t') = 9{,}9765359$$
$$\log k(t'''-t'') = 0{,}0054651$$

atque hinc valores primos approximatos

$$\log P' = 0{,}06117,\ \log(1+P') = 0{,}33269,\ \log Q' = 9{,}59087$$
$$\log P'' = 9{,}97107,\ \log(1+P'') = 0{,}28681,\ \log Q'' = 9{,}68097$$

hinc porro

$$c' = -7{,}68361,\ \log d' = 0{,}04666\, n$$
$$c'' = +2{,}20771,\ \log d'' = 0{,}12552$$

Hisce valoribus, paucis tentaminibus factis, solutio sequens aequationum I, II elicitur:

$$x' = 2{,}04856,\ z' = 23° 38' 17'',\ \log r' = 0{,}34951$$
$$x'' = 1{,}95745,\ z'' = 27\ 2\ 0,\ \log r'' = 0{,}34194$$

Ex z', z'' atque ε eruimus $C'C'' = v'' - v' = 17° 7' 5''$: hinc $v' - v$, r, $v''' - v''$, r''' per aequationes sequentes determinandae erunt:

$\log r \sin(v' - v) = 9{,}74942$, $\log r \sin(v' - v + 17° 7' 5'') = 0{,}07500$

$\log r''' \sin(v''' - v'') = 9{,}84729$, $\log r''' \sin(v''' - v'' + 17° 7' 5'') = 0{,}10733$

vnde eruimus

$$v' - v = 14° 14' 52'', \quad \log r = 0{,}35865$$

$$v''' - v'' = 18\ 48\ 33, \quad \log r''' = 0{,}35887$$

Denique inuenitur $\log(n\,01) = 0{,}00426$, $\log(n\,12) = 0{,}00599$, $\log(n\,23) = 0{,}00711$. atque hinc valores correcti ipsarum P', P'', Q', Q''

$$\log P' = 0{,}05944, \quad \log Q' = 9{,}60374$$

$$\log P'' = 9{,}97219, \quad \log Q'' = 9{,}69581$$

quibus *hypothesis secunda* superstruenda erit. Huius praecipua momenta ita se habent:

$$c' = -7{,}67820, \quad \log d' = 0{,}045736\,n$$

$$c'' = +2{,}21061, \quad \log d'' = 0{,}126054$$

$$x' = 2{,}03308, z' = 23° 47' 54'', \quad \log r' = 0{,}346747$$

$$x'' = 1{,}94290, z'' = 27\ 12\ 25, \quad \log r'' = 0{,}339373$$

$$C'C'' = v'' - v' = 17° 8' 0''$$

$$v' - v = 14° 21' 36'', \quad \log r = 0{,}354687$$

$$v''' - v'' = 18\ 50\ 43, \quad \log r''' = 0{,}334564$$

$$\log(n\,01) = 0{,}004359, \quad \log(n\,12) = 0{,}006102, \quad \log(n\,23) = 0{,}007280$$

Hinc prodeunt valores denuo correcti ipsarum P', P'', Q', Q''

$$\log P' = 0{,}059426, \quad \log Q' = 9{,}604749$$

$$\log P'' = 9{,}972249, \quad \log Q'' = 9{,}697564$$

quibus si ad *tertiam hypothesin* progredimur, numeri sequentes resultant:

$$c' = -7{,}67815, \quad \log d' = 0{,}045729\,n$$

$$c'' = +2{,}21076, \quad \log d'' = 0{,}126082$$

$$x' = 2{,}03255, \quad z' = 23° 48' 14'', \quad \log r' = 0{,}346653$$

$$x'' = 1{,}94235, \quad z'' = 27\ 12\ 49, \quad \log r'' = 0{,}339276$$

$$C'C'' = v'' - v' = 17° 8' 4''$$

$$v' - v = 14° 21' 49'', \quad \log r = 0{,}354522$$

$$v''' - v'' = 18\ 51\ 7, \quad \log r''' = 0{,}334290$$

$$\log(n\,01) = 0{,}004363, \quad \log(n\,12) = 0{,}006106, \quad \log(n\,23) = 0{,}007290$$

Quodsi iam ad normam praeceptorum art. praec. distantiae a terra supputantur, prodit:

$$\varrho' = 1{,}5635, \quad \varrho'' = 2{,}1319$$

$\log \varrho \cos \beta = 0{,}09876$ $\quad \log \varrho''' \cos \beta''' = 0{,}42842$

$\log \varrho \sin \beta = 9{,}44252$ $\quad \log \varrho''' \sin \beta''' = 9{,}30905$

$\beta = 12^\circ 26' 40''$ $\quad \beta''' = 4^\circ 20' 59''$

$\log \varrho = 0{,}10909$ $\quad \log \varrho''' = 0{,}42967$

Hinc inueniuntur

	Correctiones temporum	tempora correcta.
I	0,007335	89,497827
II	0,008921	133,335581
III	0,012165	192,407337
IV	0,015346	251,272756

vnde prodeunt valores quantitatum P', P'', Q', Q'' denuo correcti

$$\log P' = 0{,}059415, \quad \log Q' = 9{,}604782$$
$$\log P'' = 9{,}972253, \quad \log Q'' = 9{,}697687$$

Tandem si hisce valoribus nouis *hypothesis quarta* formatur, numeri sequentes prodeunt:

$$c' = -7{,}678116, \quad \log d' = 0{,}045723$$
$$c'' = +2{,}210773, \quad \log d'' = 0{,}126084$$
$$x' = 2{,}032473, \quad z' = 23^\circ 48' 16'' 7, \quad \log r' = 0{,}346638$$
$$x'' = 1{,}942281, \quad z'' = 27\ 12\ 51{,}7, \quad \log r'' = 0{,}339263$$
$$v'' - v' = 17^\circ\ 8' 5'' 1; \quad \tfrac{1}{2}(u'' + u') = 176^\circ 7' 50'' 5, \quad \tfrac{1}{2}(u'' - u') = 4^\circ 33' 23'' 6$$
$$v' - v = 14\ 21\ 51{,}9, \quad \log r = 0{,}354503$$
$$v''' - v'' = 18\ 51\ 9{,}5, \quad \log r''' = 0{,}334263$$

Hi numeri ab iis, quos hypothesis tertia suppeditauerat, tam parum differunt, vt iam tuto ad ipsorum elementorum determinationem progredi liceat. Primo situm plani orbitae eruimus. Per praecepta art. 149 inuenitur ex γ', u' atque $A'C' = \delta' - z'$, inclinatio orbitae $= 7^\circ 8' 14'' 8$, longitudo nodi ascendentis $103^\circ 16' 37'' 2$, argumentum latitudinis in obseruatione secunda $94^\circ 36' 4'' 9$, adeoque longitudo in orbita $197^\circ 52' 42'' 1$; perinde ex γ'', u'' atque $A''C'' = \delta'' - z''$ elicitur inclinatio orbitae $= 7^\circ 8' 14'' 8$, longitudo modi ascendentis $103^\circ 16' 37'' 5$, argumentum latitudinis in obseruatione tertia $111^\circ 44' 9'' 7$, adeoque longitudo in orbita $215^\circ 0' 47'' 2$. Hinc erit longitudo in orbita pro obseruatione prima $183^\circ 30' 50'' 2$, pro quarta $233^\circ 51' 56'' 7$. Quodsi iam ex $t''' - t$, r, r''' atque $v''' - v = 50^\circ 21' 6'' 5$ orbitae dimensiones determinantur, prodit

Anomalia vera pro loco primo.............................293° 33′ 43″ 7
Anomalia vera pro loco quarto...........................343 54 50,2
Hinc longitudo perihelii......................................249 57 6,5
Anomalia media pro loco primo..........................302 33 32,6
Anomalia media pro loco quarto.........................346 32 25,2
Motus medius diurnus sidereus.................................978″ 7216
Anomalia media pro initio anni 1807.....................278 15 39,1
Longitudo media pro eadem epocha.......................168 10 45,6
Angulus φ.. 5 2 58,1
Logarithmus semiaxis maioris............................ 0,372898

Si secundum haecce elementa pro temporibus t, t', t'', t''' correctis loca planetae geocentrica computantur, quatuor longitudines cum α, α', α'', α''', duaeque latitudines intermediae cum β', β'' ad vnam minuti secundi partem decimam conspirant; latitudines extremae vero prodeunt 12° 26′ 43″ 7 atque 4° 20′ 40″ 1, illa 22″ 4 errans defectu, haec 18″ 5 excessu. Attamen si manentibus elementis reliquis tantummodo inclinatio orbitae 6″ augeatur, longitudoque nodi 4′ 40″ diminuatur, errores inter omnes latitudines distributi ad pauca minuta secunda deprimentur, longitudinesque leuissimis tantum erroribus afficientur, qui et ipsi propemodum ad nihilum reducentur, si insuper epocha longitudinis 2″ diminuatur.

SECTIO TERTIA

Determinatio orbitae obseruationibus quotcunque quam proxime satisfacientis.

172.

Si obseruationes astronomicae ceterique numeri, quibus orbitarum computus innititur, absoluta praecisione gauderent, elementa quoque, siue tribus obseruationibus siue quatuor superstructa fuerint, absolute exacta statim prodirent (quatenus quidem motus secundum leges Kepleri exacte fieri supponitur), adeoque accitis aliis aliisque obseruationibus confirmari tantum possent, haud corrigi. Verum enim vero quum omnes mensurationes atque obseruationes nostrae nihil sint nisi approximationes ad veritatem, idemque de omnibus calculis illis innitentibus valere debeat, scopum summum omnium computorum circa phaenomena concreta institutorum in eo ponere oportebit, vt ad veritatem quam proxime fieri potest accedamus. Hoc autem aliter fieri nequit, nisi per idoneam combinationem obseruationum *plurium,* quam quot ad determinationem quantitatum incognitarum absolute requiruntur. Hoc negotium tunc demum suscipere licebit, quando orbitae cognitio approximata iam innotuit, quae dein ita rectificanda est, vt omnibus obseruationibus *quam exactissime* satisfaciat. Etiamsi haec expressio aliquid vagi implicare videatur, tamen infra principia tradentur, secundum quae problema solutioni legitimae ac methodicae subiicietur.

Praecisionem summam ambire tunc tantummodo operae pretium esse potest, quando orbitae determinandae postrema quasi manus apponenda est. Contra quamdiu spes affulget, mox nouas obseruationes nouis correctionibus occasionem daturas esse, prout res fert plus minusue ab extrema praecisione remittere conueniet, si tali modo operationum prolixitatem notabiliter subleuare licet. Nos vtrique casui consulere studebimus.

173.

Maximi imprimis momenti est, vt singulae corporis coelestis positiones geocentricae, quibus orbitam superstruere propositum est, non ex obseruationibus solitariis petitae sint, sed si fieri potest e pluribus ita combinatis, vt errores forte commissi quantum licet sese mutuo destruxerint. Obseruationes scilicet tales, quae paucorum dierum interuallo ab inuicem distant — vel adeo prout res fert intervallo 15 aut 20 dierum — in calculo non adhibendae erunt tamquam totidem positiones diuersae, sed potius positio vnica inde deriuabitur, quae inter cunctas quasi media est, adeoque praecisionem longe maiorem admittit, quam obseruationes singulae seorsim consideratae. Quod negotium sequentibus principiis innititur.

Corporis coelestis loca geocentrica ex elementis approximatis calculata a locis veris parum discrepare, differentiaeque inter haec et illa mutationes lentissimas tantum subire debent, ita vt intra paucorum dierum decursum propemodum pro constantibus haberi queant, vel saltem variationes tamquam temporibus proportionales spectandae sint. Si itaque obseruationes ab omni errore immunes essent, differentiae inter locos obseruatos temporibus t, t', t'', t''' etc. respondentes, eosque qui ex elementis computati sunt, i. e. differentiae tum longitudinum tum latitudinum, siue tum ascensionum rectarum tum declinationum, obseruatarum a computatis, forent quantitates vel sensibiliter aequales, vel saltem vniformiter lentissimeque increscentes aut decrescentes. Respondeant e. g. illis temporibus ascensiones rectae obseruatae α, α', α'', α''' etc., computatae autem sint $\alpha+\delta$, $\alpha'+\delta'$, $\alpha''+\delta''$, $\alpha'''+\delta'''$ etc.; tunc differentiae δ, δ', δ'', δ''' etc. a veris elementorum deuiationibus eatenus tantum discrepabunt, quatenus obseruationes ipsae sunt erroneae: si itaque illas deuiationes pro omnibus istis obseruationibus tamquam constantes spectare licet, exhibebunt quantitates δ, δ', δ'', δ''' etc. totidem determinationes diuersas eiusdem magnitudinis, pro cuius valore correcto itaque assumere conueniet medium arithmeticum inter illas determinationes, quatenus quidem nulla adest ratio, cur vnam alteramue praeferamus. Sin vero obseruationibus singulis idem praecisionis gradus haud attribuendus videtur, supponamus praecisionis gradum in singulis resp. proportionalem aestimandum esse numeris e, e', e'', e''' etc., i. e. errores his numeris reciproce proportionales in obseruationibus aeque facile committi potuisse; tum secundum principia infra tradenda valor medius maxime probabilis haud amplius erit medium arithmeticum simplex, sed $= \dfrac{ee\delta+e'e'\delta'+e''e''\delta''+e'''e'''\delta'''+\text{etc.}}{ee+e'e'+e''e''+e'''e'''+\text{etc.}}$. Statuendo iam hunc valorem medium $=\Delta$, pro ascensionibus rectis veris assumere licebit resp. $\alpha+\delta-\Delta$, $\alpha'+\delta'-\Delta$, $\alpha''+\delta''-\Delta$, $\alpha'''+\delta'''-\Delta$, tumque arbitrarium erit, quanam in calculo vtamur. Quodsi vero vel obseruationes temporis interuallo nimis magno ab inuicem distant, aut si orbitae elementa satis approximata nondum innotuerant, ita vt non licuerit, horum deuiationes tamquam constantes pro obseruationibus cunctis spectare, facile perspicietur, aliam hinc differentiam non oriri, nisi quod deuiatio media sic inuenta non tam omnibus obseruationibus communis supponenda erit, quam potius ad tempus medium quoddam referenda, quod perinde e singulis temporum momentis deriuare oportet, vt Δ ex singulis deuiationibus, adeoque generaliter ad tempus $\frac{eet + e'e't' + e''e''t'' + e'''e'''t''' + \text{etc.}}{ee + e'e' + e''e'' + e'''e''' + \text{etc.}}$. Si itaque summam praecisionem appetere placet, pro eodem tempore locum geocentricum ex elementis computare, ac dein ab errore medio Δ liberare oportebit, vt positio quam accuratissima emergat: plerumque tamen abunde sufficiet, si error medius ad obseruationem tempori medio proximam referatur. Quae hic de ascensionibus rectis diximus, perinde de declinationibus, aut si mauis de longitudinibus et latitudinibus valent: attamen semper praestabit, immediate ascensiones rectas et declinationes ex elementis computatas cum obseruatis comparare; sic enim non modo calculum magis expeditum lucramur, praesertim si methodis in artt. 53 - 60 expositis vtimur, sed eo insuper titulo illa ratio se commendat, quod obseruationes incompletas quoque in vsum vocare licet, praetereaque si omnia ad longitudines et latitudines referrentur metuendum esset, ne obseruatio quoad ascensionem recte, quoad declinationem male instituta (vel vice versa) ab vtraque parte deprauetur, atque sic prorsus inutilis euadat. — Ceterum gradus praecisionis medio ita inuento attribuendus secundum principia mox explicanda erit $= \sqrt{(ee + e'e' + e''e'' + e'''e''' + \text{etc.})}$, ita vt quatuor vel nouem obseruationes aeque exactae requirantur, si medium praecisione dupla vel tripla gaudere debet, et sic porro.

174.

Si corporis coelestis orbita secundum methodos in Sectionibus praecc. traditas e tribus quatuorue positionibus geocentricis talibus determinata est, quae ipsae singulae ad normam art. praec. e compluribus obseruationibus petitae fuerant, orbita ista inter omnes hasce obseruationes medium quasi tenebit, neque in differentiis inter locos obseruatos et calculatos vllum ordinis vestigium remanebit, quod per elementorum correctionem tollere vel sensibiliter extenuare liceret. Iam quoties tota obseruationum copia interuallum temporis non nimis magnum complectitur, hoc modo consensum exoptatissimum elementorum cum omnibus obseruationibus assequi licebit, si modo tres quatuorue positiones quasi normales scite eligantur. In determinandis orbitis cometarum planetarumue nouorum, quorum obseruationes annum vnum nondum egrediuntur, ista ratione plerumque tantum proficiemus, quantum ipsa rei natura permittit. Quoties itaque orbita determinanda angulo considerabili versus eclipticam inclinata est, in genere tribus obseruationibus superstruetur, quas quam remotissimas ab inuicem eligemus: si vero hoc pacto in aliquem casuum supra exclusorum (artt. 160 – 162) fortuito incideremus, aut quoties orbitae inclinatio nimis parua videtur, determinationem ex positionibus quatuor praeferemus, quas itidem quam remotissimas ab inuicem accipiemus.

Quando autem iam adest obseruationum series longior plures annos complectens, plures inde positiones normales deriuari poterunt: quamobrem praecisioni maximae male consuleremus, si ad orbitae determinationem tres tantum quatuorue positiones excerperemus, omnesque reliquas omnino negligeremus. Quin potius in tali casu, si summam praecisionem assequi propositum est, operam dabimus, vt positiones exquisitas quam plurimas congeramus, atque in vsum vocemus. Tunc itaque aderunt data plura, quam ad incognitarum determinationem requiruntur: sed omnia ista data erroribus vtut exiguis obnoxia erunt, ita vt generaliter impossibile sit, omnibus ex asse satisfacere. Iam quum nulla adsit ratio, cur ex hisce datis sex haec vel illa tamquam absolute exacta consideremus, sed potius, secundum probabilitatis principia, in cunctis promiscue errores maiores vel minores aeque possibiles supponere oporteat; porro quum generaliter loquendo errores leuiores saepius committantur quam grauiores; manifestum est, orbitam talem, quae dum sex datis ad amussim satisfacit a reliquis plus minusue deuiat, principiis calculi probabilitatis minus consentaneam censendam esse, quam aliam, quae dum ab illis quoque sex datis aliquantulum discrepat, consensum tanto meliorem cum reliquis praestat. Inuestigatio orbitae, sensu stricto *maximam* probabilitatem prae se ferentis a cognitione legis pendebit, secundum quam errorum crescentium probabilitas decrescit: illa vero a tot considerationibus vagis vel dubiis — physiologicis quoque — pendet, quae calculo subiici nequeunt, vt huiusmodi legem vix ac ne vix quidem in vllo astronomiae practicae casu rite assignare liceat. Nihilominus indagatio nexus inter hanc legem orbitamque maxime probabilem, quam summa iam generalitate suscipiemus, neutiquam pro speculatione sterili habenda erit.

175.

Ad hunc finem a problemate nostro speciali ad disquisitionem generalissimam in omni calculi ad philosophiam naturalem applicatione foecundissimam ascendemus. Sint V, V', V'' etc. functiones incognitarum p, q, r, s etc., μ multitudo illarum functionum, ν multitudo incognitarum, supponamusque, per obseruationes immediatas valores functionum ita inuentos esse $V = M$, $V' = M'$, $V'' = M''$ etc. Generaliter itaque loquendo euolutio valorum incognitarum constituet problema indeterminatum, determinatum, vel plus quam determinatum, prout fuerit $\mu < \nu$, $\mu = \nu$, vel $\mu > \nu$ *). Hic de vltimo tantum casu sermo erit, in quo manifesto exacta cunctarum obseruationum repraesentatio tunc tantum possibilis foret, vbi illae omnes ab erroribus absolute immunes essent. Quod quum in rerum natura locum non habeat, omne systema valorum incognitarum p, q, r, s etc. pro possibili habendum erit, ex quo valores functionum $V - M$, $V' - M'$, $V'' - M''$ etc. oriuntur, limitibus errorum, qui in istis obseruationibus committi potuerunt, non maiores: quod tamen neutiquam ita intelligendum est, ac si singula haec systemata possibilia aequali probabilitatis gradu gauderent.

Supponemus primo, eum rerum statum fuisse in omnibus obseruationibus, vt nulla ratio adsit, cur aliam alia minus exactam esse suspicemur, siue vt errores aeque magnos in singulis pro aeque probabilibus habere oporteat. Probabilitas itaque cuilibet errori Δ tribuenda exprimetur per functionem ipsius Δ, quam per $\varphi\Delta$ denotabimus. Iam etiamsi hanc functionem praecise assignare non liceat, saltem affirmare possumus, eius valorem fieri debere maximum pro $\Delta = 0$, plerumque aequalem esse pro valoribus aequalibus oppositis ipsius Δ, denique euanescere, si pro Δ accipiatur error maximus vel maior valor. Proprie itaque $\varphi\Delta$ ad functionum discontinuarum genus referre oportet, et si quam functionem analyticam istius loco substituere ad vsus practicos nobis permittimus, haec ita comparata esse debebit, vt vtrimque a $\Delta = 0$ asymptotice quasi ad 0 conuergat, ita vt vltra istum limitem tamquam vere euanescens considerari possit. Porro probabilitas, errorem iacere inter limites Δ et $\Delta + d\Delta$ differentia infinite parua $d\Delta$ ab inuicem distantes, exprimenda erit per $\varphi\Delta . d\Delta$; proin generaliter probabilitas, errorem iacere inter D et D', exhibebitur per integrale $\int \varphi\Delta . d\Delta$, a $\Delta = D$ vsque ad $\Delta = D'$ extensum. Hoc integrale a valore maximo negatiuo ipsius Δ vsque ad valorem maximum positiuum, siue generalius a $\Delta = -\infty$ vsque ad $\Delta = +\infty$ sumtum, necessario fieri debet $= 1$.

Supponendo igitur, systema aliquod determinatum valorum quantitatum p, q, r, s etc. locum habere, probabilitas, pro V ex obseruatione proditurum esse valorem M, exprimetur per $\varphi(M - V)$, substitutis in V pro p, q, r, s etc. valo-

*) Si in casu tertio functiones V, V', V'', etc. ita comparatae essent, vt $\mu + 1 - \nu$ ex ipsis vel plures tamquam functiones reliquarum spectare liceret, problema respectu harum functionum etiamnum plus quam determinatum foret, respectu quantitatum p, q, r, s etc. autem indeterminatum: harum scilicet valores ne tunc quidem determinare liceret, quando valores functionum V, V', V'' etc. absolute exacti dati essent: sed hunc casum a disquisitione nostra excludemus.

ribus suis; perinde $\varphi(M'-V')$, $\varphi(M''-V'')$ etc. expriment probabilitates, ex obseruationibus resultaturos esse functionum V', V'' etc. valores M', M'' etc. Quamobrem quandoquidem omnes obseruationes tamquam euentus ab inuicem independentes spectare licet, productum

$$\varphi(M-V).\varphi(M'-V').\varphi(M''-V'')\text{ etc.}=\Omega$$

exprimet exspectationem seu probabilitatem, omnes istos valores simul ex obseruationibus prodituros esse.

176.

Iam perinde, vt positis valoribus incognitarum determinatis quibuscunque, cuiuis systemati valorum functionum V, V', V'' etc. ante obseruationem factam probabilitas determinata competit, ita vice versa, postquam ex obseruationibus valores determinati functionum prodierunt, ad singula systemata valorum incognitarum, e quibus illi demanare potuerunt, probabilitas determinata redundabit: manifesto enim systemata ea pro magis probabilibus habenda erunt, in quibus euentus eius qui prodiit exspectatio maior affuerat. Huiusce probabilitatis aestimatio sequenti theoremati innititur:

Si posita hypothesi aliqua H *probabilitas alicuius euentus determinati* E *est* = h, *posita autem hypothesi alia* H′ *illam excludente et per se aeque probabili eiusdem euentus probabilitas est* = h′: *tum dico, quando euentus* E *reuera apparuerit, probabilitatem, quod* H *fuerit vera hypothesis, fore ad probabilitatem, quod* H′ *fuerit hypothesis vera, vt* h *ad* h′.

Ad quod demonstrandum supponamus, per distinctionem omnium circumstantiarum, a quibus pendet, num H aut H' aut alia hypothesis locum habeat, vtrum euentus E an alius emergere debeat, formari systema quoddam casuum diuersorum, qui singuli per se (i. e. quamdiu incertum est, vtrum euentus E an alius proditurus sit) tamquam aeque probabiles considerandi sint, hosque casus ita distribui,

vt inter ipsos reperiantur	vbi locum habere debet hypothesis	cum modificationibus talibus vt prodire debeat euentus
m	H	E
n	H	ab E diuersus
m'	H'	E
n'	H'	ab E diuersus
m''	ab H et H' diuersa	E
n''	ab H et H' diuersa	ab E diuersus

Tunc erit $h = \frac{m}{m+n}$, $h' = \frac{m'}{m'+n'}$; porro ante euentum cognitum probabilitas hypothesis H erat $= \frac{m+n}{m+n+m'+n'+m''+n''}$, post euentum cognitum autem, vbi casus n, n', n'' e possibilium numero abeunt, eiusdem hypothesis probabilitas erit $= \frac{m}{m+m'+m''}$; perinde hypothesis H' probabilitas ante et post euentum resp. exprimetur per $\frac{m'+n'}{m+n+m'+n'+m''+n''}$ et $\frac{m'}{m+m'+m''}$: quoniam itaque hypothesibus H et H' ante euentum cognitum eadem probabilitas supponitur, erit $m+n = m'+n'$, vnde theorematis veritas sponte colligitur.

Iam quatenus supponimus, praeter obseruationes $V = M$, $V' = M'$, $V'' = M''$ etc. nulla alia data ad incognitarum determinationem adesse, adeoque omnia systemata valorum harum incognitarum ante illas obseruationes aeque probabilia fuisse, manifesto probabilitas cuiusuis systematis determinati post illas obseruationes ipsi Ω proportionalis erit. Hoc ita intelligendum est, probabilitatem, quod valores incognitarum resp. iaceant inter limites infinite vicinos p et $p + \mathrm{d}p$, q et $q + \mathrm{d}q$, r et $r + \mathrm{d}r$, s et $s + \mathrm{d}s$ etc., exprimi per $\lambda\Omega \mathrm{d}p\mathrm{d}q\mathrm{d}r\mathrm{d}s$ etc. vbi λ erit quantitas constans a p, q, r, s etc. independens. Et quidem manifesto erit $\frac{1}{\lambda}$ valor integralis ordinis ν^{ti} $\int^{\nu} \Omega \mathrm{d}p\mathrm{d}q\mathrm{d}r\mathrm{d}s \ldots$, singulis variabilibus p, q, r, s etc. a valore $-\infty$ vsque ad valorem $+\infty$ extensis.

177.

Hinc iam sponte sequitur, systema maxime probabile valorum quantitatum p, q, r, s etc. id fore, in quo Ω valorem maximum obtineat, adeoque ex ν aequationibus $\frac{\mathrm{d}\Omega}{\mathrm{d}p} = 0$, $\frac{\mathrm{d}\Omega}{\mathrm{d}q} = 0$, $\frac{\mathrm{d}\Omega}{\mathrm{d}r} = 0$, $\frac{\mathrm{d}\Omega}{\mathrm{d}s} = 0$ etc. eruendum esse. Hae aequationes, statuendo $V - M = v$, $V' - M' = v'$, $V'' - M'' = v''$ etc., atque $\frac{\mathrm{d}\varphi\Delta}{\varphi\Delta \,.\, \mathrm{d}\Delta} = \varphi'\Delta$, formam sequentem nanciscuntur:

$$\frac{\mathrm{d}v}{\mathrm{d}p}\varphi'v + \frac{\mathrm{d}v'}{\mathrm{d}p}\varphi'v' + \frac{\mathrm{d}v''}{\mathrm{d}p}\varphi'v'' + \text{etc.} = 0$$

$$\frac{\mathrm{d}v}{\mathrm{d}q}\varphi'v + \frac{\mathrm{d}v'}{\mathrm{d}q}\varphi'v' + \frac{\mathrm{d}v''}{\mathrm{d}q}\varphi'v'' + \text{etc.} = 0$$

$$\frac{dv}{dr}\varphi' v + \frac{dv'}{dr}\varphi' v' + \frac{dv''}{dr}\varphi' v'' + \text{etc.} = 0$$

$$\frac{dv}{ds}\varphi' v + \frac{dv'}{ds}\varphi' v' + \frac{dv''}{ds}\varphi' v'' + \text{etc.} = 0$$

Hinc itaque per eliminationem problematis solutio plene determinata deriuari poterit, quamprimum functionis φ' indoles innotuit. Quae quoniam a priori definiri nequit, rem ab altera parte aggredientes inquiremus, cuinam fnnctioni, tacite quasi pro basi acceptae, proprie innixum sit principium triuium, cuius praestantia generaliter agnoscitur. Axiomatis scilicet loco haberi solet hypothesis, si quae quantitas per plures obseruationes immediatas, sub aequalibus circumstantiis aequalique cura institutas, determinata fuerit, medium arithmeticum inter omnes valores obseruatos exhibere valorem maxime probabilem, si non absoluto rigore, tamen proxime saltem, ita vt semper tutissimum sit illi inhaerere. Statuendo itaque $V = V' = V''$ etc. $= p$, generaliter esse debebit $\varphi'(M-p) + \varphi'(M'-p) + \varphi'(M''-p) + \text{etc.} = 0$, si pro p substituitur valor $\frac{1}{\mu}(M + M' + M'' + \text{etc.})$, quemcunque integrum positiuum exprimat μ. Supponendo itaque $M' = M'' = \text{etc.} = M - \mu N$, erit generaliter, i. e. pro quouis valore integro positiuo ipsius μ, $\varphi'(\mu - 1)N = (1-\mu)\varphi'(-N)$, vnde facile colligitur, generaliter esse debere $\frac{\varphi'\Delta}{\Delta}$ quantitatem constantem, quam per k designabimus. Hinc fit $\log \varphi\Delta = \frac{1}{2}k\Delta\Delta + \text{Const.}$, siue designando basin logarithmorum hyperbolicorum per e, supponendoque $\text{Const.} = \log \varkappa$,

$$\Delta\varphi = \varkappa e^{\frac{1}{2}k\Delta\Delta}$$

Porro facile perspicitur, k necessario negatiuam esse debere, quo Ω reuera fieri possit maximum, quamobrem statuemus $\frac{1}{2}k = -hh$; et quum per theorema elegans primo ab ill. Laplace inuentum, integrale $\int e^{-hh\Delta\Delta} d\Delta$, a $\Delta = -\infty$ vsque ad $\Delta = +\infty$, fiat $= \frac{\sqrt{\pi}}{h}$, (denotando per π semicircumferentiam circuli cuius radius 1), functio nostra fiet

$$\varphi\Delta = \frac{h}{\sqrt{\pi}} e^{-hh\Delta\Delta}$$

178.

Functio modo eruta omni quidem rigore errorum probabilitates exprimere certo non potest: quum enim errores possibiles semper limitibus certis coërceantur, errorum maiorum probabilitas semper euadere deberet $= 0$, dum formula nostra semper valorem finitum exhibet. Attamen hic defectus, quo omnis functio analytica natura sua laborare debet, ad omnes vsus practicos nullius momenti est, quum valor functionis nostrae tam rapide decrescat, quamprimum $h\Delta$ valorem considerabilem acquisiuit, vt tuto ipsi o aequiualens censeri possit. Praeterea ipsos errorum limites absoluto rigore assignare, rei natura numquam permittet.

Ceterum constans h tamquam mensura praecisionis obseruationum considerari poterit. Si enim probabilitas erroris Δ in aliquo obseruationum systemate per $\frac{h}{\sqrt{\pi}}e^{-hh\Delta\Delta}$, in alio vero systemate obseruationum magis minusue exactarum per $\frac{h'}{\sqrt{\pi}}e^{-h'h'\Delta\Delta}$ exprimi concipitur, exspectatio, in obseruatione aliqua e systemate priori errorem inter limites $-\delta$ et $+\delta$ contineri, exprimetur per integrale $\int\frac{h}{\sqrt{\pi}}e^{-hh\Delta\Delta}d\Delta$ a $\Delta = -\delta$ vsque ad $\Delta = +\delta$ sumtum, et perinde exspectatio, errorem alicuius obseruationis e systemate posteriori limites $-\delta'$ et $+\delta'$ non egredi, exprimetur per integrale $\int\frac{h'}{\sqrt{\pi}}e^{-h'h'\Delta\Delta}d\Delta$ a $\Delta = -\delta'$ vsque ad $\Delta = +\delta'$ extensum: ambo autem integralia manifesto aequalia fiunt, quoties habetur $h\delta = h'\delta'$. Quodsi igitur e. g. $h' = 2h$, aeque facile in systemate priori error duplex committi poterit, ac simplex in posteriori, in quo casu obseruationibus posterioribus secundum vulgarem loquendi morem praecisio duplex tribuitur.

179.

Iam ea quae ex hac lege sequuntur euoluemus. Sponte patet, vt productum $\Omega = h^{\mu}\pi^{-\frac{1}{2}\mu}e^{-hh(vv+v'v'+v''v''+\ldots)}$ fiat maximum, aggregatum $vv + v'v' + v''v''$ + etc. minimum fieri debere. *Systema itaque maxime probabile valorum incognitarum* p, q, r, s *etc. id erit, in quo quadrata differentiarum inter functionum* V, V′, V″ etc. *valores obseruatos et computatos summam minimam efficiunt*, siquidem in omnibus obseruationibus idem praecisionis gradus praesumendus est.

Hocce principium, quod in omnibus applicationibus mathesis ad philosophiam naturalem vsum frequentissimum offert, vbique axiomatis loco eodem iure valere debet, quo medium arithmeticum inter plures valores obseruatos eiusdem quantitatis tamquam valor maxime probabilis adoptatur.

Ad obseruationes praecisionis *inaequalis* principium nullo iam negotio extendi potest. Scilicet si mensura praecisionis obseruationum, per quas inuentum est $V = M$, $V' = M'$, $V'' = M''$ etc. resp. per h, h', h'' etc. exprimitur, i. e. si supponitur, errores his quantitatibus reciproce proportionales in istis obseruationibus aeque facile committi potuisse, manifesto hoc idem erit, ac si per obseruationes praecisionis aequalis (cuius mensura $= 1$) valores functionum hV, $h'V'$, $h''V''$ etc. immediate inuenti essent $= hM$, $h'M'$, $h''M''$ etc.: quamobrem systema maxime probabile valorum pro quantitatibus p, q, r, s etc. id erit, vbi aggregatum $hhvv + h'h'v'v' + h''h''v''v'' +$ etc. i. e. *vbi summa quadratorum differentiarum inter valores reuera obseruatos et computatos per numeros qui praecisionis gradum metiuntur multiplicatarum fit minimum.* Hoc pacto ne necessarium quidem est, vt functiones V, V', V'' etc. ad quantitates homogeneas referantur, sed heterogeneas quoque (e. g. minuta secunda arcuum et temporis) repraesentare poterunt, si modo rationem errorum, qui in singulis aeque facile committi potuerunt, aestimare licet.

180.

Principium in art. praec. expositum eo quoque nomine se commendat, quod determinatio incognitarum numerica ad algorithmum expeditissimum reducitur, quoties functiones V, V', V'' etc. lineares sunt. Supponamus esse

$$V - M = v = -m + ap + bq + cr + ds + \text{etc.}$$
$$V' - M' = v' = -m' + a'p + b'q + c'r + d's + \text{etc.}$$
$$V'' - M'' = v'' = -m'' + a''p + b''q + c''r + d''s + \text{etc.}$$

etc., statuamusque

$$av + a'v' + a''v'' + \text{etc.} = P$$
$$bv + b'v' + b''v'' + \text{etc.} = Q$$
$$cv + c'v' + c''v'' + \text{etc.} = R$$
$$dv + d'v' + d''v'' + \text{etc.} = S$$

etc. Tunc ν aequationes art. 177, e quibus incognitarum valores determinare oportet, manifesto hae erunt:

$$P = 0, \quad Q = 0, \quad R = 0, \quad S = 0 \text{ etc.}$$

siquidem obseruationes aeque bonas supponimus, ad quem casum reliquos reducere in art. praec. docuimus. Adsunt itaque totidem aequationes lineares, quot incognitae determinandae sunt, vnde harum valores per eliminationem vulgarem elicientur.

Videamus nunc, vtrum haec eliminatio semper possibilis sit, an vmquam solutio indeterminata vel adeo impossibilis euadere possit. Ex eliminationis theoria constat, casum secundum vel tertium tunc locum habiturum esse, quando ex aequationibus $P=0$, $Q=0$, $R=0$, $S=0$ etc., omissa vna, aequatio conflari potest vel identica cum omissa vel eidem repugnans, siue quod eodem redit, quando assignare licet functionem linearem $\alpha P+\beta Q+\gamma R+\delta S+$ etc., quae fit identice vel $=0$ vel saltem ab omnibus incognitis p, q, r, s etc. libera. Supponamus itaque fieri $\alpha P+\beta Q+\gamma R+\delta S+$ etc. $=\varkappa$. Sponte habetur aequatio identica

$$(v+m)v+(v'+m')v'+(v''+m'')v''+\text{etc.}=pP+qQ+rR+sS+\text{etc.}$$

Quodsi itaque per substitutiones $p=\alpha x$, $q=\beta x$, $r=\gamma x$, $s=\delta x$ etc. functiones v, v', v'' etc. resp. in $-m+\lambda x$, $-m'+\lambda' x$, $m''+\lambda'' x$ etc. transire supponimus, manifesto aderit aequatio identica

$$(\lambda\lambda+\lambda'\lambda'+\lambda''\lambda''+\text{etc.})\,xx-(\lambda m+\lambda' m'+\lambda'' m''\text{ etc.})\,x=\varkappa x$$

i. e. erit $\lambda\lambda+\lambda'\lambda'+\lambda''\lambda''+$ etc. $=0$, $\varkappa+\lambda m+\lambda' m'+\lambda'' m''+$ etc. $=0$: hinc vero necessario esse debebit $\lambda=0$, $\lambda'=0$, $\lambda''=0$ etc. atque $\varkappa=0$. Hinc patet, functiones omnes V, V', V'' etc. ita comparatas esse, vt valores ipsarum non mutentur, si quantitates p, q, r, s etc. capiant incrementa vel decrementa quaecunque numeris α, β, γ, δ etc. proportionalia: huiusmodi autem casus, in quibus manifesto determinatio incognitarum ne tunc quidem possibilis esset, si ipsi veri valores functionum V, V', V'' etc. darentur, huc non pertinere iam supra monuimus.

Ceterum ad casum hic consideratum omnes reliquos, vbi functiones V, V', V'' etc. non sunt lineares, facile reducere possumus. Scilicet designantibus π, χ, ϱ, σ etc. valores approximatos incognitarum p, q, r, s etc. (quos facile eliciemus, si ex μ aequationibus $V=M$, $V'=M'$, $V''=M''$ etc. primo ν tantum in vsum vocamus), introducemus incognitarum loco alias p', q', r', s' etc., statuendo $p=\pi+p'$, $q=\chi+q'$, $r=\varrho+r'$, $s=\sigma+s'$ etc.: manifesto harum nouarum incognitarum valores tam parui erunt, vt quadrata productaque negligere liceat, quo pacto aequationes sponte euadent lineares. Quodsi dein calculo absoluto contra exspectationem valores incognitarum p', q', r', s etc. tanti emergerent, vt parum tutum videatur, quadrata productaque neglexisse, eiusdem operationis repetitio (acceptis loco ipsarum π, χ, ϱ, σ etc. valoribus correctis ipsarum p, q, r, s etc.) remedium promtum afferet.

181.

Quoties itaque vnica tantum incognita p adest, ad cuius determinationem valores functionum $ap+n$, $a'p+n'$, $a''p+n''$ etc. resp. inuenti sunt $=M$, M', M''

etc. et quidem per obseruationes aeque exactas, valor maxime probabilis ipsius p erit

$$= \frac{am + a'm' + a''m'' + \text{etc.}}{aa + a'a' + a''a'' + \text{etc.}} = A$$

scribendo m, m', m'' etc. resp. pro $M-n$, $M'-n'$, $M''-n''$ etc.

Iam vt gradus praecisionis in hoc valore praesumendae aestimetur, supponemus, probabilitatem erroris Δ in obseruationibus exprimi per $\frac{h}{\sqrt{\pi}} e^{-hh\Delta\Delta}$ Hinc probabilitas, quod valorem verum ipsius p esse $= A + p'$, proportionalis erit functioni

$$e^{-hh\left((ap-m)^2 + (a'p-m')^2 + (a''p-m'')^2 + \text{etc.}\right)}$$

si pro p substituitur $A + p'$. Exponens huius functionis reduci potest ad formam $-hh(aa + a'a' + a''a'' + \text{etc.})(pp - 2pA + B)$, vbi B a p independens est: proin functio ipsa proportionalis erit huic

$$e^{-hh(aa + a'a' + a''a'' + \text{etc.})p'p'}$$

Patet itaque, valori A eundem praecisionis gradum tribuendum esse, ac si inuentus esset per obseruationem immediatam, cuius praecisio ad praecisionem obseruationum primitiuarum esset vt $h\sqrt{(aa + a'a' + a''a'' + \text{etc.})}$ ad h, siue vt $\sqrt{(aa + a'a' + a''a'' \text{ etc.})}$ ad 1.

182.

Disquisitioni de gradu praecisionis incognitarum valoribus tribuendo, quoties plures adsunt, praemittere oportebit considerationem accuratiorem functionis $vv + v'v' + v''v'' + \text{etc.}$, quam per W denotabimus.

I. Statuamus $\frac{1}{2}\frac{dW}{dp} = p' = \lambda + \alpha p + \beta q + \gamma r + \delta s + \text{etc.}$, atque $W - \frac{p'p'}{\alpha} = W'$, patetque fieri $p' = P$, et, quum sit $\frac{dW'}{dp} = \frac{dW}{dp} - \frac{2p'}{\alpha}\cdot\frac{dp'}{dp} = 0$, functionem W' a p liberam fore. Coëfficiens $\alpha = aa + a'a' + a''a'' + \text{etc.}$ manifesto semper erit quantitas positiua.

II. Perinde statuemus $\frac{1}{2}\cdot\frac{dW'}{dq} = q' = \lambda' + \beta' q + \gamma' r + \delta' s + \text{etc.}$, atque $W' - \frac{q'q'}{\beta'} = W''$, eritque $q' = \frac{1}{2}\cdot\frac{dW}{dq} - \frac{p'}{\alpha}\cdot\frac{dp'}{dq} = Q - \frac{\beta}{\alpha}\cdot p'$, atque $\frac{dW''}{dq} = 0$, vnde patet, functionem W'' tum a p tum a q liberam fore. Haec locum non haberent, si fieri posset $\beta' = 0$. Sed patet, W' oriri ex $vv + v'v' + v''v'' + \text{etc.}$, eliminata quantitate p ex v, v', v'' etc. adiumento aequationis $p'=0$; hinc β' erit summa coëfficientium ipsius qq in vv, $v'v'$, $v''v''$ etc. post illam eliminationem, hi vero singuli coëfficientes ipsi sunt quadrata, neque omnes simul euanescere possunt, nisi in casu supra excluso, vbi incognitae indeterminatae manent. Patet itaque, β' esse debere quantitatem positiuam.

III. Statuendo denuo $\frac{1}{2}.\frac{dW''}{dr}=r'=\lambda''+\gamma''r+\delta''s+$ etc., atque $W''-\frac{r'r'}{\gamma''}=W'''$, erit $r'=R-\frac{\gamma}{\alpha}p'-\frac{\gamma'}{\beta'}q'$, atque W''' libera tum a p, tum a q, tum a r. Ceterum coëfficientem γ'' necessario positiuum fieri, simili modo probatur, vt in II. Facile scilicet perspicitur, γ'' esse summam coëfficientium ipsius rr in vv, $v'v'$, $v''v''$ etc., postquam quantitates p et q adiumento aequationum $p'=0$, $q'=0$ ex v, v', v'' etc. eliminatae sunt.

IV. Eodem modo statuendo $\frac{1}{2}\frac{dW'''}{ds}=s'=\lambda'''+\delta'''s+$etc., $W^{IV}=W'''-\frac{s's'}{\delta'''}$, erit $s'=S-\frac{\delta}{\alpha}p'-\frac{\delta'}{\beta'}q'-\frac{\delta''}{\gamma''}r'$, W^{IV} a p, q, r, s libera, atque δ''' quantitas positiua.

V. Hoc modo, si praeter p, q, r, s adhuc aliae incognitae adsunt, vlterius progredi licebit, ita vt tandem habeatur

$$W=\frac{1}{\alpha}p'p'+\frac{1}{\beta'}q'q'+\frac{1}{\gamma''}r'r'+\frac{1}{\delta'''}s's'+\text{ etc. }+\text{Const.}$$

vbi omnes coëfficientes α, β', γ'', δ''' etc. erunt quantitates positiuae.

VI. Iam probabilitas alicuius systematis valorum determinatorum pro quantitatibus p, q, r, s etc. proportionalis est functioni e^{-hhW}; quamobrem, manente valore quantitatis p indeterminato, probabilitas systematis valorum determinatorum pro reliquis, proportionalis erit integrali $\int e^{-hhW}dp$ a $p=-\infty$ vsque ad $p=+\infty$ extenso, quod per theorema ill. Laplace fit $=h^{-1}\alpha^{-\frac{1}{2}}\pi^{\frac{1}{2}}e^{-hh(\frac{1}{\beta'}q'q'+\frac{1}{\gamma''}r'r'+\frac{1}{\delta'''}s's'+\text{ etc.})}$; haecce itaque probabilitas proportionalis erit functioni $e^{-hhW'}$. Perinde si insuper q tamquam indeterminata tractatur, probabilitas systematis valorum determinatorum pro r, s etc. proportionalis erit integrali $\int e^{-hhW'}dq$ a $q=-\infty$ vsque ad $q=+\infty$ extenso, quod fit $=h^{-1}\beta'^{-\frac{1}{2}}\pi^{\frac{1}{2}}e^{-hh(\frac{1}{\gamma''}r'r'+\frac{1}{\delta'''}s's'+\text{ etc.})}$; siue proportionalis functioni $e^{-hhW''}$. Prorsus simili modo, si etiam r tamquam indeterminata consideratur, probabilitas valorum determinatorum pro reliquis s etc. proportionalis erit functioni $e^{-hhW'''}$ et sic porro. Supponamus, incognitarum numerum ad quatuor ascendere, eadem enim conclusio valebit, si maior vel minor est. Valor maxime probabilis ipsius s hic erit $= -\frac{\lambda'''}{\delta'''}$, probabilitasque, hunc a vero differentia σ distare, proportionalis erit functioni $e^{-\frac{hh\sigma\sigma}{\delta'''}}$, vnde concludimus, mensuram praecisionis relatiuae isti determinationi tribuendae exprimi per $\sqrt{\frac{1}{\delta'''}}$, si mensura praecisionis obseruationibus primitiuis tribuendae statuatur $= 1$.

183.

Per methodum art. praec. mensura praecisionis pro ea sola incognita commode exprimitur, cui in eliminationis negotio vltimus locus assignatus est, quod incommodum vt euitemus, coëfficientem δ''' alio modo exprimere conueniet. Ex aequationibus

$$P = p'$$

$$Q = q' + \frac{\beta}{\alpha} p'$$

$$R = r' + \frac{\gamma'}{\beta'} q' + \frac{\gamma}{\alpha} p'$$

$$S = s' + \frac{\delta''}{\gamma''} r'' + \frac{\delta'}{\beta'} q' + \frac{\delta}{\alpha} p'$$

sequitur, ipsas p', q', r', s' per P, Q, R, S ita exprimi posse

$$p' = P$$

$$q' = Q + \mathfrak{A}P$$

$$r' = R + \mathfrak{B}'Q + \mathfrak{A}'P$$

$$s' = S + \mathfrak{C}''R + \mathfrak{B}''Q + \mathfrak{A}''P$$

ita vt $\mathfrak{A}$, $\mathfrak{A}'$, $\mathfrak{B}'$, $\mathfrak{A}''$, $\mathfrak{B}''$, $\mathfrak{C}''$ sint quantitates determinatae. Erit itaque (incognitarum numerum ad quatuor restringendo)

$$s = -\frac{\lambda'''}{\delta'''} + \frac{\mathfrak{A}''}{\delta'''} P + \frac{\mathfrak{B}''}{\delta'''} Q + \frac{\mathfrak{C}''}{\delta'''} R + \frac{1}{\delta'''} S$$

Hinc conclusionem sequentem deducimus. Valores maxime probabiles incognitarum p, q, r, s etc. per eliminationem ex aequationibus $P=0$, $Q=0$, $R=0$, $S=0$ etc. deducendi, manifesto, si aliquantisper P, Q, R, S etc. tamquam indeterminatae spectentur, secundum eandem eliminationis operationem in forma lineari per P, Q, R, S etc. exprimentur, ita vt habeatur

$$p = L + AP + BQ + CR + DS + \text{etc.}$$
$$q = L' + A'P + B'Q + C'R + D'S + \text{etc.}$$
$$r = L'' + A''P + B''Q + C''R + D''S + \text{etc.}$$
$$s = L''' + A'''P + B'''Q + C'''R + D'''S + \text{etc.}$$

etc.

His ita factis, valores maxime probabiles ipsarum p, q, r, s etc. manifesto erunt resp. L, L', L'', L''' etc., mensuraque praecisionis his determinationibus tribuendae resp. exprimetur per $\surd A$, $\surd B'$, $\surd C''$, $\surd D'''$ etc., posita praecisione obseruationum primitiuarum $= 1$. Quae enim de determinatione incognitae s ante demonstrauimus (pro qua $\frac{1}{\delta'''}$ respondet ipsi D'''), per solam incognitarum permutationem ad omnes reliquas transferre licebit.

184.

Vt disquisitiones praecedentes per exemplum illustrentur, supponamus, per obseruationes, in quibus praecisio aequalis praesumenda sit, inuentum esse

$$p - q + 2r = 3$$
$$3p + 2q - 5r = 5$$
$$4p + q + 4r = 21$$

per quartam vero, cui praecisio dimidia tantum tribuenda est, prodiisse

$$-2p + 6q + 6r = 28$$

Loco aequationis vltimae itaque hanc substituemus

$$-p + 3q + 3r = 14$$

hancque ex obseruatione prioribus praecisione aequali prouenisse supponemus. Hinc fit

$$P = 27p + 6q - 88$$
$$Q = 6p + 15q + r - 70$$
$$R = q + 54r - 107$$

atque hinc per eliminationem

$$19899p = 49154 + 809P - 324Q + 6R$$
$$737q = 2617 - 12P + 54Q - R$$
$$39798r = 76242 + 12P - 54Q + 1473R$$

Incognitarum itaque valores maxime probabiles erunt

$$p = 2{,}470$$
$$q = 3{,}551$$
$$r = 1{,}916$$

atque praecisio relatiua his determinationibus tribuenda, posita praecisione obseruationum primitiuarum $= 1$,

$$\text{pro } p \ldots\ldots \sqrt{\frac{19899}{809}} = 4{,}96$$

$$\text{pro } q \ldots\ldots \sqrt{\frac{737}{54}} = 3{,}69$$

$$\text{pro } r \ldots\ldots \sqrt{\frac{13266}{491}} = 5{,}20$$

185.

Argumentum hactenus pertractatum pluribus disquisitionibus analyticis elegantibus occasionem dare posset, quibus tamen hic non immoramur, ne nimis ab instituto nostro distrahamur. Eadem ratione expositionem artificiorum, per quae calculus numericus ad algorithmum magis expeditum reduci potest, ad aliam occasionem nobis reseruare debemus. Vnicam obseruationem hic adiicere liceat. Quoties multitudo functionum seu aequationum propositarum considerabilis est, calculus ideo potissimum paullo molestior euadit, quod coëfficientes per quos aequationes primitiuae multiplicandae sunt vt P, Q, R, S etc. obtineantur, plerumque fractiones decimales parum commodas inuoluunt. Si in hoc casu operae pretium non videtur, has multiplicationes adiumento tabularum logarithmicarum quam accuratissime perficere, in plerisque casibus sufficiet, horum multiplicatorum loco alios ad calculum commodiores adhibere, qui ab illis parum differant. Haecce licentia errores sensibiles producere nequit, eo tantummodo casu excepto, vbi mensura praecisionis in determinatione incognitarum multo minor euadit, quam praecisio obseruationum primitiuarum fuerat.

186.

Ceterum principium, quod quadrata differentiarum inter quantitates obseruatas et computatas summam quam minimam producere debeant, etiam independenter a calculo probabilitatis sequenti modo considerari poterit.

Quoties multitudo incognitarum multitudini quantitatum obseruatarum inde pendentium aequalis est, illas ita determinare licet, vt his exacte satisfiat. Quoties autem multitudo illa hac minor est, consensus absolute exactus obtineri nequit, quatenus obseruationes praecisione absoluta non gaudent. In hoc itaque casu operam dare oportet, vt consensus quam optimus stabiliatur, siue vt differentiae quantum fieri potest extenuentur. Haec vero notio natura sua aliquid vagi inuoluit. Etiamsi enim systema valorum pro incognitis, quod *omnes* differentias resp. minores reddit quam aliud, procul dubio huic praeferendum sit, nihilominus optio inter duo systemata, quorum alterum in aliis obseruationibus consensum meliorem offert, alterum in aliis, arbitrio nostro quodammodo relinquitur, manifestoque innumera principia diuersa proponi possunt, per quae conditio prior impletur. Designando differentias inter obseruationes et calculum per Δ, Δ', Δ'' etc., conditioni priori non modo satisfiet, si $\Delta\Delta + \Delta'\Delta' + \Delta''\Delta'' +$ etc. fit minimum (quod est principium nostrum), sed etiam si $\Delta^4 + \Delta'^4 + \Delta''^4 +$ etc., vel $\Delta^6 + \Delta'^6 + \Delta''^6 +$ etc., vel generaliter summa potestatum exponentis cuiuscunque paris in minimum abit. Sed ex omnibus his principiis nostrum simplicissimum est, dum in reliquis ad calculos complicatissimos deferremur. Ceterum principium nostrum, quo iam inde ab anno 1795 vsi sumus, nuper etiam a clar. Legendre in opere *Nouvelles methodes pour la determination des orbites des cometes, Paris* 1806 prolatum est, vbi plures aliae proprietates huius principii expositae sunt, quas hic breuitatis caussa supprimimus.

Si potestatem exponentis paris infinite magni adoptaremus, ad systema id reduceremur, in quo differentiae maximae fiunt quam minimae.

Ill. Laplace ad solutionem aequationum linearium, quarum multitudo maior est quam multitudo quantitatum incognitarum, principio alio vtitur, quod olim iam a clar. Boscovich propositum erat, scilicet vt differentiae ipsae sed omnes positiue sumtae summam minimam conficiant. Facile ostendi potest, systema valorum incognitarum, quod ex hoc solo principio erutum sit, necessario *) tot aequationibus e propositarum numero exacte satisfacere debere, quot sint incognitae, ita vt reliquae aequationes eatenus tantum in considerationem veniant, quatenus *ad optionem decidendam conferunt:* si itaque e. g. aequatio $V = M$ est ex earum numero, quibus non satisfit, systema valorum secundum illud principium inuentorum nihil mutaretur, etiamsi loco ipsius M valor quicunque alius N obseruatus esset, si modo designando per n valorem computatum, differentiae $M - n$, et $N - n$ eodem signo affectae sint. Ceterum ill. Laplace principium istud per adiectionem conditionis novae quodammodo temperat: postulat scilicet, vt summa differentiarum ipsa, signis non mutatis, fiat $= 0$. Hinc efficitur, vt multitudo aequationum exacte repraesentatarum vnitate minor fiat quam multitudo quantitatum incognitarum, verumtamen quod ante obseruauimus etiamnum locum habebit, siquidem duae saltem incognitae affuerint.

---

*) Casibus specialibus exceptis, vbi solutio quodammodo indeterminata manet.

187.

Reuertimur ab his disquisitionibus generalibus ad propositum nostrum proprium, cuius caussa illae susceptae fuerant. Antequam determinationem quam exactissimam orbitae ex obseruationibus pluribus, quam quot necessario requiruntur, aggredi liceat, determinatio approximata iam adesse debet, quae ab omnibus obseruationibus datis haud multum discrepet. Correctiones his elementis approximatis adhuc applicandae, vt consensus quam accuratissimus efficiatur, tamquam problematis quaesita considerabuntur. Quas quum tam exiguas euasuras esse supponi possit, vt quadrata productaque negligere liceat, variationes, quas corporis coelestis loca geocentrica computata inde nanciscuntur, per formulas differentiales in Sect. secunda Libri primi traditas computari poterunt. Loca igitur secundum elementa correcta quae quaerimus computata, exhibebuntur per functiones lineares correctionum elementorum, illorumque comparatio cum locis obseruatis secundum principia supra exposita ad determinationem valorum maxime probabilium perducet. Hae operationes tanta simplicitate gaudent, vt vlteriori illustratione opus non habeant, sponteque patet, obseruationes quotcunque et quantumuis ab inuicem remotas in vsum vocari posse. — Eadem methodo etiam ad correctionem orbitarum *parabolicarum* cometarum vti licet, si forte obseruationum series longior adest, consensusque quam optimus postulatur.

188.

Methodus praecedens iis potissimum casibus adaptata est, vbi praecisio summa desideratur: saepissime autem occurrunt casus, vbi sine haesitatione paullulum ab illa remitti potest, si hoc modo calculi prolixitatem considerabiliter contrahere licet, praesertim quando obseruationes magnum temporis interuallum nondum includunt; adeoque de orbitae determinatione vt sic dicam definitiua nondum cogitatur. In talibus casibus methodus sequens lucro notabili in vsum vocari poterit.

Eligantur e tota obseruationum copia duo loca completa L et L', computenturque pro temporibus respondentibus ex elementis approximatis corporis coelestis distantiae a terra. Formentur dein respectu harum distantiarum tres hypotheses, retentis in prima valoribus computatis, mutataque in hypothesi secunda distantia prima, secundaque in hypothesi tertia; vtraque mutatio pro ratione incertitudinis, quae in illis distantiis remanere praesumitur, ad lubitum accipi poterit. Secundum has tres hypotheses, quas in schemate sequente exhibemus,

	Hyp. I	Hyp. II	Hyp. III
Distantia *) loco primo respondens	D	$D+\delta$	D
Distantia loco secundo respondens	D'	D'	$D'+\delta'$

computentur e duobus locis L, L' per methodos in Libro primo explicatas tria elementorum systemata, ac dein ex his singulis loca geocentrica corporis coelestis temporibus omnium reliquarum obseruationum respondentia. Sint haec (singulis longitudinibus et latitudinibus, vel ascensionibus rectis et declinationibus seorsim denotatis)

in systemate primo.........M, M', M'' etc.
in systemate secundo......$M+\alpha$, $M'+\alpha'$, $M''+\alpha''$ etc.
in systemate tertio.........$M+\beta$, $M'+\beta'$, $M''+\beta''$ etc.
Sint porro resp.
loca obseruata................N, N', N'' etc.

Iam quatenus mutationibus paruis distantiarum D, D' respondent mutationes proportionales singulorum elementorum, nec non locorum geocentricorum ex his computatorum; supponere licebit, loca geocentrica e quarto elementorum systemate computata, quod distantiis a terra $D+x\delta$, $D'+y\delta'$ superstructum sit, resp. fore $M+\alpha x+\beta y$, $M'+\alpha' x+\beta' y$, $M''+\alpha'' x+\beta'' y$ etc. Hinc dein, secundum disquisitiones praecedentes, quantitates x, y ita determinabuntur, vt illae quantitates cum N, N', N'' etc. resp. quam optime consentiant (ratione praecisionis relatiuae obseruationum habita). Systema elementorum correctum ipsum vel perinde ex L, L' et distantiis $D+x\delta$, $D'+x\delta'$, vel secundum regulas notas e tribus elementorum systematibus primis per simplicem interpolationem deriuari poterit.

189.

Methodus haecce a praecedente in eo tantum differt, quod duobus locis geocentricis exacte, ac dein reliquis quam exactissime satisfit, dum secundum methodum alteram obseruatio nulla reliquis praefertur, sed errores quantum fieri potest inter omnes distribuuntur. Methodus art. praec. itaque priori eatenus tantum postponenda erit, quatenus locis L, L' aliquam errorum partem recipientibus errores in locis reliquis notabiliter diminuere licet: attamen plerumque per idoneam

*) Adhuc commodius erit, loco distantiarum ipsarum logarithmis distantiarum curtatarum vti.

electionem obseruationum L, L' facile caueri potest, ne haec differentia magni momenti euadere possit. Operam scilicet dare oportebit, vt pro L, L' tales obseruationes adoptentur, quae non solum exquisita praecisione gaudeant, sed ita quoque comparatae sint, vt elementa ex ipsis distantiisque deriuata a variationibus paruis ipsarum positionum geocentricarum non nimis afficiantur. Parum prudenter itaque ageres, si obseruationes paruo temporis interuallo ab inuicem distantes eligeres, talesue, quibus loci heliocentrici proxime oppositi vel coincidentes responderent.

SECTIO QVARTA

De determinatione orbitarum, habita ratione perturbationum.

190.

Perturbationes, quas planetarum motus per actionem planetarum reliquorum patiuntur, tam exiguae lentaeque sunt, vt post longius demum temporis interuallum sensibiles fiant: intra tempus breuius — vel adeo, prout circumstantiae sunt, per reuolutionem integram vnam pluresue — motus tam parum differet a motu in ellipsi perfecta secundum leges Kepleri exacte descripta, vt obseruationes deuiationem indicare non valeant. Quamdiu res ita se habet, operae haud pretium esset, calculum praematurum perturbationum suscipere, sed potius sufficiet, sectionem conicam quasi osculatricem obseruationibus adaptare: dein vero, postquam planeta per tempus longius accurate obseruatus est, effectus perturbationum tandem ita se manifestabit, vt non amplius possibile sit, omnes obseruationes per motum pure ellipticum exacte conciliare; tunc itaque harmonia completa et stabilis parari non poterit, nisi perturbationes cum motu elliptico rite iungantur.

Quum determinatio elementorum ellipticorum, cum quibus perturbationes iungendae sunt, vt obseruationes exacte repraesententur, illarum cognitionem supponat, vicissim vero theoria perturbationum accurate stabiliri nequeat, nisi elementa iam proxime cognita sint: natura rei non permittit, arduum hoc negotium primo statim conatu perfectissime absoluere, sed potius perturbationes et elementa per correctiones alternis demum vicibus pluries repetitas ad summum praecisionis fastigium euehi poterunt. Prima itaque perturbationum theoria superstruetur elementis pure ellipticis, quae obseruationibus proxime adaptata fuerant: dein orbita noua inuestigabitur, quae cum his perturbationibus iuncta obseruationibus quam proxime satisfaciat. Quae si a priori considerabiliter discrepat, iterata perturbationum euolutio ipsi superstruenda erit, quae correctiones alternis vicibus toties repetentur, donec obseruationes, elementa et perturbationes quam arctissime consentiant.

191.

Quum euolutio theoriae perturbationum ex elementis datis ab instituto nostro aliena sit, hic tantummodo ostendendum erit, quomodo orbita approximata ita corrigi possit, vt cum perturbationibus datis iuncta obseruationibus satisfaciat quam proxime. Simplicissime hoc negotium absoluitur per methodum iis quas in artt. 124, 165, 188 exposuimus analogam. Pro temporibus omnium obseruationum quibus ad hunc finem vti propositum est, et quae prout res fert esse poterunt vel tres, vel quatuor vel plures, computabuntur ex aequationibus perturbationum harum valores numerici, tum pro longitudinibus in orbita, tum pro radiis vectoribus, tum pro latitudinibus heliocentricis: ad hunc calculum argumenta desumentur ex elementis ellipticis approximatis, quibus perturbationum theoria superstructa erat. Dein ex omnibus obseruationibus eligentur duae, pro quibus distantiae a terra ex iisdem elementis approximatis computabuntur: hae hypothesin primam constituent; hypothesis secunda et tertia formabuntur, distantiis illis paullulum mutatis. In singulis dein hypothesibus e duobus locis geocentricis determinabuntur positiones heliocentricae distantiaeque a Sole; ex illis, postquam latitudines a perturbationibus purgatae fuerint, deducentur longitudo nodi ascendentis, inclinatio orbitae, longitudinesque in orbita. In hoc calculo methodus art. 110 aliqua modificatione opus habet, siquidem ad variationem secularem longitudinis nodi et inclinationis respicere operae pretium videtur. Scilicet designantibus β, β' latitudines heliocentricas a perturbationibus periodicis purgatas; λ, λ' longitudines heliocentricas; Ω, $\Omega+\Delta$ longitudines nodi ascendentis; i, $i+\delta$ inclinationes orbitae; aequationes in hac forma exhibere conueniet:

$$\operatorname{tang}\beta = \operatorname{tang} i \sin(\lambda - \Omega)$$

$$\frac{\operatorname{tang} i}{\operatorname{tang}(i+\delta)} \operatorname{tang}\beta' = \operatorname{tang} i \sin(\lambda' - \Delta - \Omega)$$

Hic valor ipsius $\frac{\operatorname{tang} i}{\operatorname{tang}(i+\delta)}$ omni praecisione necessaria obtinetur, substituendo pro i valorem approximatum: dein i et Ω per methodos vulgares erui poterunt.

A duabus porro longitudinibus in orbita, nec non a duobus radiis vectoribus aggregata perturbationum subtrahentur, vt valores pure elliptici prodeant. Hic vero etiam effectus, quem variationes seculares positionis perihelii et excentricitatis in longitudinem in orbita radiumque vectorem exserunt, et qui per formulas differentiales Sect. I libri primi determinandus est, statim cum perturbationibus periodicis iungendus est, siquidem obseruationes satis ab inuicem distant, vt illius rationem habere operae pretium videatur. Ex his longitudinibus in orbita radiisque vectoribus correctis, vna cum temporibus respondentibus, elementa reliqua determinabuntur: tandemque ex his elementis positiones geocentricae pro omnibus reliquis obseruationibus calculabuntur. Quibus cum obseruatis comparatis, eodem modo quem in art. 188 explicauimus systema id distantiarum elicietur, ex quo elementa omnibus reliquis obseruationibus quam optime satisfacientia demanabunt.

192.

Methodus in art. praec. exposita praecipue determinationi *primae* orbitae perturbationes implicantis accommodata est: quamprimum vero tum elementa media elliptica tum aequationes perturbationum proxime iam sunt cognitae, determinatio exactissima adiumento obseruationum quam plurimarum commodissime per methodum art. 187, absoluetur, quae hic explicatione peculiari opus non habebit. Quodsi hic obseruationum praestantissimarum copia satis magna est, magnumque temporis interuallum complectitur, haec methodus in pluribus casibus simul determinationi exactiori massarum planetarum perturbantium, saltem maiorum, inseruire poterit. Scilicet, si massa cuiusdam planetae perturbantis in calculo perturbationum supposita nondum satis certa videtur, introducetur, praeter sex incognitas a correctionibus elementorum pendentes, adhuc alia μ, statuendo rationem massae correctae ad massam suppositam vt $1+\mu$ ad 1; supponere tunc licebit, perturbationes ipsas in eadem ratione mutari, vnde manifesto in singulis positionibus calculatis terminus nouus linearis ipsam μ continens producetur, cuius euolutio nulli difficultati obnoxia erit. Comparatio positionum calculatarum cum obseruatis secundum principia supra exposita, simul cum correctionibus elementorum etiam correctionem μ suppeditabit. Quinadeo hoc modo massae *plurium* planetarum exactius determinari poterunt, qui quidem perturbationes satis considerabiles exercent. Nullum dubium est, quin motus planetarum nouorum, praesertim Palladis et Iunonis, qui tantas a Ioue perturbationes patiuntur, post aliquot decennia hoc modo determinationem exactissimam massae Iouis allaturi sint: quinadeo forsan ipsam massam vnius alteriusue horum planetarum nouorum ex perturbationibus, quas in reliquos exercet, aliquando cognoscere licebit.

ERRATA

Pag. 54 l 12 a calce pro illa l. illi.

— 76 in formula V* pro tang b statui debet sin b cos b: error non modo in computo numerico huius formulae p. 79 propagatus, sed idem etiam in computo numerico formulae VIII commissus est, vbi itaque pro tang b adhibere oportet cos b sin b.

— 87 l. 5 pro vltimo n l. n''

— 102 l. 2 a calce pro cos ω^2 l. cos $2\,\omega^2$

— 110 l. 13 pro $\varphi = 0$ l. $\varphi = 90^\circ$.

— 121 l. 5 a calce pro $\sin\frac{1}{2}\delta$ l. $2\sin\frac{1}{2}\delta$.

— 126 l. 2 a calce pro x, y, z l. x', y', z'.

— 140 l. 5 pro destitueremus l. destitueremur.

Ibid. l. 12 pro ab inuicem l. ad inuicem.

— 144 l. vlt. pro longitudinem et latitudinem l. longitudine et latitudine.

— 148 l. 11, 12 et 14 pro d' l. δ'.

— 149 l. 12 pro $\frac{rr''\,\theta\theta''}{r'r'\,\eta\eta''\cos f\cos f'\cos f''}$ l. $\frac{r'r'\,\theta\theta''}{rr''\,\eta\eta''\cos f\cos f'\cos f''}$

— 156 l. 2 a calce pro $P = \frac{n''}{n'}$ l. $P = \frac{n''}{n}$

Ibid. l. vlt. l. $Q = 2\left(\frac{n+n''}{n'} - 1\right) r'^3$

— 162 l. 21 pro p l. P

— 163 l. 6 pro $-+\delta''$ l. $+\delta''$.

— 195 l. 15 pro λ''' l. $=\lambda'''$.

TABVLA I (v. artt. 42, 45)

	Ellipsis			Hyperbola		
A	log B	C	T	log B	C	T
0,000	0	0	0,00000	0	0	0,0000
0,001	0	0	100	0	0	100
0,002	0	2	200	0	2	200
0,003	1	4	301	1	4	299
0,004	1	7	401	1	7	399
0,005	2	11	502	2	11	498
0,006	3	16	603	3	16	597
0,007	4	22	704	4	22	696
0,008	5	29	805	5	29	795
0,009	6	37	0,00907	6	37	894
0,010	7	46	0,01008	7	46	0,00992
0,011	9	56	110	9	55	0,01090
0,012	11	66	212	11	66	189
0,013	13	78	314	13	77	287
0,014	15	90	416	15	89	384
0,015	17	103	518	17	102	482
0,016	19	118	621	19	116	580
0,017	22	133	723	21	131	677
0,018	24	149	826	24	147	774
0,019	27	166	0,01929	27	164	872
0,020	30	184	0,02032	30	182	0,01968
0,021	33	203	136	33	200	0,02065
0,022	36	223	239	36	220	162
0,023	40	244	343	39	240	258
0,024	43	265	447	43	261	355
0,025	47	288	551	46	283	451
0,026	51	312	655	50	306	547
0,027	55	336	760	54	330	643
0,028	59	362	864	58	355	739
0,029	63	388	0,02969	62	381	834
0,030	67	416	0,03074	67	407	0,02930
0,031	72	444	179	71	435	0,03025
0,032	77	473	284	76	463	120
0,033	82	503	389	80	492	215
0,034	87	535	495	85	523	310
0,035	92	567	601	91	554	404
0,036	97	600	707	96	585	499
0,037	103	634	813	101	618	593
0,038	108	669	0,03919	107	652	688
0,039	114	704	0,04025	112	686	782
0,040	120	741	132	118	722	876

TABVLA I

	Ellipsis			Hyperbola		
A	log B	C	T	log B	C	T
0,040	120	741	0,041319	118	722	0,038757
0,041	126	779	2387	124	758	0,039695
0,042	133	818	3457	130	759	0,040632
0,043	139	858	4528	136	833	1567
0,044	146	898	5601	143	872	2500
0,045	152	940	6676	149	912	3432
0,046	159	982	7753	156	953	4363
0,047	166	1026	8831	163	994	5292
0,048	173	1070	0,049911	170	1037	6220
0,049	181	1116	0,050993	177	1080	7147
0,050	188	1162	2077	184	1124	8072
0,051	196	1210	3163	191	1169	8995
0,052	204	1258	4250	199	1215	0,049917
0,053	212	1307	5339	207	1262	0,050838
0,054	220	1358	6430	215	1310	1757
0,055	228	1409	7523	223	1358	2675
0,056	236	1461	8618	231	1407	3592
0,057	245	1514	0,059714	239	1458	4507
0,058	254	1568	0,060812	247	1509	5420
0,059	263	1623	1912	256	1561	6332
0,060	272	1679	3014	265	1614	7243
0,061	281	1736	4118	473	1667	8152
0,062	290	1794	5223	282	1722	9060
0,063	300	1853	6331	291	1777	0,059967
0,064	309	1913	7440	301	1833	0,060872
0,065	319	1974	8551	310	1891	1776
0,066	329	2036	0.069664	320	1949	2678
0,067	339	2099	0,070779	329	2007	3579
0,068	350	2163	1896	339	2067	4479
0,069	360	2228	3014	349	2128	5377
0,070	371	2294	4135	359	2189	6274
0,071	331	2360	5257	370	2251	7170
0,072	392	2423	6381	382	2314	8064
0,073	403	2497	7507	390	2378	8957
0,074	415	2567	8635	401	2443	0,069848
0,075	426	2638	0,079765	412	2509	0,070738
0,076	437	2709	0,080897	423	2575	1627
0,077	449	2782	2030	434	2643	2514
0,078	461	2856	3166	445	2711	3400
0,079	473	2930	4303	457	2780	4285
0,080	485	3006	5443	468	2850	5168

	Ellipsis			Hyperbola		
A	log B	C	T	log B	C	T
0,080	485	3006	0,085443	468	2850	0,075168
0,081	498	3083	6584	480	2921	6050
0,082	510	3160	7727	492	2992	6930
0,083	523	3239	0,088872	504	3065	7810
0,084	535	3319	0,090019	516	3138	8688
0,085	548	3399	1168	528	3212	0,079564
0,086	561	3481	2319	540	3287	0,080439
0,087	575	3564	3472	553	3363	1313
0,088	588	3647	4627	566	3440	2186
0,089	602	3732	5784	578	3517	3057
0,090	615	3818	6943	591	3595	3927
0,091	629	3904	8104	604	3674	4796
0,092	643	3992	0,099266	618	3754	5663
0,093	658	4081	0,100431	631	3835	6529
0,094	672	4170	1598	645	3917	7394
0,095	687	4261	2766	658	3999	8257
0,096	701	4353	3937	672	4083	9119
0,097	716	4446	5110	686	4167	0,089980
0,098	731	4539	6284	700	4252	0,090840
0,099	746	4634	7461	714	4338	1698
0,100	762	4730	8640	728	4424	2555
0,101	777	4826	0,109820	743	4512	3410
0,102	793	4924	0,111003	758	4600	4265
0,103	809	5023	2188	772	4689	5118
0,104	825	5123	3375	787	4779	5969
0,105	841	5224	4563	802	4820	6820
0,106	857	5325	5754	817	4962	7669
0,107	873	5428	6947	833	5054	8517
0,108	890	5532	8142	848	5148	0,099364
0,109	907	5637	0,119339	864	5242	0,100209
0,110	924	5743	0,120538	880	5337	1053
0,111	941	5850	1739	895	5432	1896
0,112	958	5958	2942	911	5529	2738
0,113	975	6067	4148	928	5626	3578
0,114	993	6177	5355	944	5724	4417
0,115	1011	6288	6564	960	5823	5255
0,116	1029	6400	7776	977	5923	6092
0,117	1047	6513	0,128989	994	6024	6927
0,118	1065	6627	0,130205	1010	6125	7761
0,119	1083	6742	1423	1027	6228	8594
0,120	1102	6858	2643	1045	6331	9426

TABVLA I

	Ellipsis			Hyperbola		
A	log *B*	*C*	*T*	log *B*	*C*	*T*
0,120	1102	6858	0,132643	1045	6331	0,109426
0,121	1121	6976	3865	1062	6435	0,110256
0,122	1139	7094	5089	1079	6539	1085
0,123	1158	7213	6315	1097	6645	1913
0,124	1178	7334	7543	1114	6751	2740
0,125	1197	7455	0,138774	1132	6858	3566
0,126	1217	7577	0,140007	1150	6966	4390
0,127	1236	7701	1241	1168	7075	5213
0,128	1256	7825	2478	1186	7185	6035
0,129	1276	7951	3717	1205	7295	6855
0,130	1296	8077	4959	1223	7406	7675
0,131	1317	8205	6202	1242	7518	8493
0,132	1337	8334	7448	1261	7631	0,119310
0,133	1358	8463	8695	1280	7745	0,120126
0,134	1378	8594	0,149945	1299	7859	0940
0,135	1399	8726	0,151197	1318	7974	1754
0,136	1421	8859	2452	1337	8090	2566
0,137	1442	8993	3708	1357	8207	3377
0,138	1463	9128	4967	1376	8325	4186
0,139	1485	9264	6228	1396	8443	4995
0,140	1507	9401	7491	1416	8562	5802
0,141	1529	9539	0,158756	1436	8682	6609
0,142	1551	9678	0,160024	1456	8803	7414
0,143	1573	9819	1294	1476	8925	8217
0,144	1596	9960	2566	1497	9047	9020.
0,145	1618	10102	3840	1517	9170	0,129822
0,146	1641	10246	5116	1538	9294	0,130622
0,147	1664	10390	6395	1559	9419	1421
0,148	1687	10536	7676	1580	9545	2219
0,149	1710	10683	0,168959	1601	9671	3016
0,150	1734	10830	0,170245	1622	9798	5812
0,151	1757	10979	1533	1643	9926	4606
0,152	1781	11129	2823	1665	10033	5399
0,153	1805	11280	4115	1686	10185	6191
0,154	1829	11432	5410	1708	10315	6982
0,155	1854	11585	6707	1730	10446	7772
0,156	1878	11739	8006	1752	10578	8561
0,157	1903	11894	0,179308	1774	10711	0,139349
0,158	1927	12051	0,180612	1797	10844	0,140133
0,159	1952	12208	1918	1819	10978	0920
0,160	1977	12366	3226	1842	11113	1704

	Ellipsis			Hyperbola		
A	log *B*	*C*	*T*	log *B*	*C*	*T*
0,160	1977	12366	0,183226	1842	11113	0,141704
0,161	2003	12526	4537	1864	11249	2487
0,162	2028	12686	5850	1887	11386	3269
0,163	2054	12848	7166	1910	11523	4050
0,164	2080	13011	8484	1933	11661	4829
0,165	2106	13175	0,189804	1956	11800	5608
0,166	2132	13340	0,191127	1980	11940	6385
0,167	2158	13506	2452	2003	12081	7161
0,168	2184	13673	3779	2027	12222	7937
0,169	2211	13841	5109	2051	12364	8710
0,170	2238	14010	6441	2075	12507	0,149483
0,171	2265	14181	7775	2099	12651	0,150255
0,172	2292	14352	0,199112	2123	12795	1026
0,173	2319	14525	0,200451	2147	12940	1795
0,174	2347	14699	1793	2172	13086	2564
0,175	2374	14873	3137	2196	13233	3331
0,176	2402	15049	4484	2221	13380	4097
0,177	2430	15226	5832	2246	13529	4862
0,178	2458	15404	7184	2271	13678	5626
0,179	2486	15583	8538	2296	13827	6389
0,180	2515	15764	0,209894	2321	13978	7151
0,181	2543	15945	0,211253	2346	14129	7911
0,182	2572	16128	2614	2372	14281	8671
0,183	2601	16311	3977	2398	14434	0,159429
0,184	2630	16496	5343	2423	14588	0,160187
0,185	2660	16682	6712	2449	14742	0943
0,186	2689	16868	8083	2475	14898	1698
0,187	2719	17057	0,219456	2502	15054	2453
0,188	2749	17246	0,220832	2528	15210	3206
0,189	2779	17436	2211	2554	15368	3958
0,190	2809	17627	3592	2581	15526	4709
0,191	2839	17820	4975	2608	15685	5458
0,192	2870	18013	6361	2634	15845	6207
0,193	2900	18208	7750	2661	16005	6955
0,194	2931	18404	0,229141	2688	16167	7702
0,195	2962	18601	0,230535	2716	16329	8447
0,196	2993	18799	1931	2743	16491	9192
0,197	3025	18998	3329	2771	16655	0,169935
0,198	3056	19198	4731	2798	16819	0,170673
0,199	3088	19400	6135	2826	16984	1419
0,200	3120	19602	7541	2854	17150	2159

TABVLA I

	Ellipsis			Hyperbola		
A	log *B*	*C*	*T*	log *B*	*C*	*T*
0,200	3120	19602	0,237541	2854	17150	0,172159
0,201	3152	19806	0,238950	2882	17317	2899
0,202	3184	20011	0,240361	2910	17484	3637
0,203	3216	20217	1776	2938	17652	4374
0,204	3249	20424	3192	2967	17821	5110
0,205	3282	20632	4612	2995	17991	5845
0,206	3315	20842	6034	3024	18161	6579
0,207	3348	21052	7458	3053	18332	7312
0,208	3381	21264	0,248885	3082	18504	8044
0,209	3414	21477	0,250315	3111	18677	8775
0,210	3448	21690	1748	3140	18850	0,179505
0,211	3482	21905	3183	3169	19024	0,180234
0,212	3516	22122	4620	3199	19199	0962
0,213	3550	22339	6061	3228	19375	1688
0,214	3584	22557	7504	3258	19551	2414
0,215	3618	22777	0,258950	3288	19728	3139
0,216	3653	22998	0,260398	3318	19906	3863
0,217	3688	23220	1849	3348	20084	4585
0,218	3723	23443	3303	3378	20264	5307
0,219	3758	23667	4759	3409	20444	6028
0,220	3793	23892	6218	3439	20625	6747
0,221	3829	24119	7680	3470	20806	7466
0,222	3865	24347	0,269145	3500	20988	8184
0,223	3900	24576	0,270612	3531	21172	8900
0,224	3936	24806	2082	3562	21355	0,189616
0,225	3973	25037	3555	3594	21540	0,190331
0,226	4009	25269	5031	3625	21725	1044
0,227	4046	25502	6509	3656	21911	1757
0,228	4082	25737	7990	3688	22098	2468
0,229	4119	25973	0,279474	3719	22285	3179
0,230	4156	26210	0,280960	3751	22473	3889
0,231	4194	26448	2450	3783	22662	4597
0,232	4231	26687	3942	3815	22852	5305
0,233	4269	26928	5437	3847	23042	6012
0,234	4306	27169	6935	3880	23234	6717
0,235	4344	27412	8435	3912	23425	7422
0,236	4382	27656	0,289939	3945	23618	8126
0,237	4421	27901	0,291445	3977	23811	8829
0,238	4459	28148	2954	4010	24005	0,199530
0,239	4498	28395	4466	4043	24200	0,200231
0,240	4537	28644	5980	4076	24396	0931

A	Ellipsis log B	Ellipsis C	Ellipsis T	Hyperbola log B	Hyperbola C	Hyperbola T
0,240	4537	28644	0,295980	4076	24396	0,200931
0,241	4576	28894	7498	4110	24592	1630
0,242	4615	29145	0,299018	4143	24789	2328
0,243	4654	29397	0,300542	4176	24987	3025
0,244	4694	29651	2068	4210	25185	3721
0,245	4734	29905	3597	4244	25384	4416
0,246	4774	30161	5129	4277	25584	5110
0,247	4814	30418	6664	4311	25785	5803
0,248	4854	30676	8202	4346	25986	6495
0,249	4894	30935	0,309743	4380	26188	7186
0,250	4935	31196	0,311286	4414	26391	7876
0,251	4976	31458	2833	4449	26594	8565
0,252	5017	31721	4382	4483	26799	9254
0,253	5058	31985	5935	4518	27004	0,209941
0,254	5099	32250	7490	4553	27209	0,210627
0,255	5141	32517	0,319048	4588	27416	1313
0,256	5182	32784	0,320610	4623	27623	1997
0,257	5224	33053	2174	4658	27830	2681
0,258	5266	33323	3741	4644	28039	3364
0,259	5309	33595	5312	4729	28248	4045
0,260	5351	33867	6885	4765	28458	4726
0,261	5394	34141	0,528461	4801	28669	5406
0,262	5436	34416	0,330041	4838	28880	6085
0,263	5479	34692	1623	4873	29092	6763
0,264	5522	54870	3208	4909	29305	7440
0,265	5566	35248	4797	4945	29519	8116
0,266	5609	35528	6388	4981	29733	8791
0,267	5653	35809	7983	5018	29948	0,219465
0,268	5697	36091	0,339580	5055	30164	0,220138
0,269	5741	36375	0,341181	5091	30380	0811
0,270	5785	36659	2785	5128	30597	1482
0,271	5829	36945	4392	5165	30815	2153
0,272	5874	37232	6002	5202	31033	2822
0,273	5919	37521	7615	5240	31253	3491
0,274	5964	37810	0,349231	5277	31473	4159
0,275	6009	38101	0,350850	5315	31693	4826
0,276	6054	38393	2473	5352	31915	5492
0,277	6100	38686	4098	5390	32137	6157
0,278	6145	38981	5727	5428	32359	6821
0,279	6191	39277	7359	5466	32583	7484
0,280	6237	39573	8994	5504	32807	8147

TABVLA I

	Ellipsis				Hyperbola		
A	log *B*	*C*	*T*		log *B*	*C*	*T*
0,280	6237	39573	0,358994		5504	32807	0,228147
0,281	6283	39872	9,360632		5542	33032	8808
0,282	6330	40171	2274		5581	33257	0,229469
0,283	6376	40472	3918		5619	33484	0,230128
0,284	6423	40774	5566		5658	33711	0787
0,285	6470	41077	7217		5697	33938	1445
0,286	6517	41381	0,368871		5736	34167	2102
0,287	6564	41687	0,370529		5775	34396	2758
0,288	6612	41994	2189		5814	34626	3413
0,289	6660	42302	3853		5853	34856	4068
0,290	6708	42611	5521		5893	35087	4721
0,291	6756	42922	7191		5932	35319	5374
0,292	6804	43233	0,378865		5972	35552	6025
0,293	6852	43547	0,380542		6012	35785	6676
0,294	6901	43861	2222		6052	36019	7326
0,295	6950	44177	3906		6092	36253	7975
0,296	6999	44493	5593		6132	36489	8623
0,297	7048	44812	7283		6172	36725	9271
0,298	7097	45131	0,388977		6213	36961	0,239917
0,299	7147	45452	0,390673		6253	37199	0,240563
0,200	7196	45774	2374		6294	37437	1207

TABVLA II (vid. art. 93)

h	log yy	h	log yy	h	log yy
0,0000	0,0000000	0,0040	0,0038332	0,0080	0,0076133
01	0965	41	0,0039284	81	7071
02	1930	42	0,0040235	82	8009
03	2894	43	1186	83	8947
04	3858	44	2136	84	0,0079884
05	4821	45	3086	85	0,0080821
06	5784	46	4036	86	1758
07	6747	47	4985	87	2694
08	7710	48	5934	88	3630
09	8672	49	6883	89	4566
10	0,0009634	50	7832	90	5502
11	0,0010595	51	8780	91	6437
12	1557	52	0,0049728	92	7372
13	2517	53	0,0050675	93	8306
14	3478	54	1622	94	0,0089240
15	4438	55	2569	95	0,0090174
16	5398	56	3515	96	1108
17	6357	57	4462	97	2041
18	7316	58	5407	98	2974
19	8275	59	6353	0,0099	3906
20	0,0019234	60	7298	0,0100	4839
21	0,0020192	61	8243	01	5770
22	1150	62	0,0059187	02	6702
23	2107	63	0,0060131	03	7633
24	3064	64	1075	04	8564
25	4021	65	2019	05	0,0099495
26	4977	66	2962	06	0,0100425
27	5933	67	3905	07	1356
28	6889	68	4847	08	2285
29	7845	69	5790	09	3215
30	8800	70	6732	10	4144
31	0,0029755	71	7673	11	5073
32	0,0030709	72	8614	12	6001
33	1663	73	0,0069555	13	6929
34	2617	74	0,0070496	14	7857
35	3570	75	1436	15	8785
36	4523	76	2376	16	0,0109712
37	5476	77	3316	17	0,0110639
38	6428	78	4255	18	1565
39	7381	79	5194	19	2491
0,0040	0,0038332	0,0080	0,0076133	0,0120	0,0113417

TABVLA II

h	log *yy*	*h*	log *yy*	*h*	log *yy*
0,0120	0,0113417	0,0160	0,0150202	0,0200	0,0186501
21	4343	61	1115	01	7403
22	5268	62	2028	02	8304
23	6193	63	2941	03	0,0189205
24	7118	64	3854	04	0,0190105
25	8043	65	4766	05	1005
26	8967	66	5678	06	1905
27	0,0119890	67	6589	07	2805
28	0,0120814	68	7500	08	3704
29	1737	69	8411	09	4603
30	2660	70	0,0159322	10	5502
31	3582	71	0,0160232	11	4601
32	4505	72	1142	12	7299
33	5427	73	2052	13	8197
34	6348	74	2961	14	9094
35	7269	75	3870	15	0,0199992
36	8190	76	4779	16	0,0200889
37	0,0129111	77	5688	17	1785
38	0,0130032	78	6596	18	2682
39	0952	79	7504	19	3578
40	1871	80	8412	20	4474
41	2791	81	0,0169319	21	5369
42	3710	82	0,0170226	22	6264
43	4629	83	1133	23	7159
44	5547	84	2039	24	8054
45	6466	85	2945	25	8948
46	7383	86	3851	26	0,0209843
47	8301	87	4757	27	0,0210736
48	0,0139218	88	5662	28	1630
49	0,0140135	89	6567	29	2523
50	1052	90	7471	30	3416
51	1968	91	8376	31	4309
52	2884	92	0,0179280	32	5201
53	3800	93	0,0180183	33	6093
54	4716	94	1087	34	6985
55	5631	95	1990	35	7876
56	6546	96	2893	36	8768
57	7460	97	3796	37	0,0219659
58	8375	98	4698	38	0,0220549
59	0,0149288	0,0199	5600	39	1440
0,0160	0,0150202	0,0200	0,0186501	0,0240	0,0222330

TABVLA II

h	log yy	h	log yy	h	log yy
0,0240	0,0222330	0,0280	0,0257700	0,0320	0,0292623
41	3220	81	8579	21	3494
42	4109	82	0,0259457	22	4361
43	4998	83	0,0260335	23	5228
44	5887	84	1213	24	6095
45	6776	85	2090	25	6961
46	7664	86	2967	26	7827
47	8552	87	3844	27	8693
48	0,0229440	88	4721	28	0,0299559
49	0,0230328	89	5597	29	0,0300424
50	1215	90	6473	30	1290
51	2102	91	7349	31	2154
52	2988	92	8224	32	3019
53	3875	93	9099	33	3883
54	4761	94	0,0269974	34	4747
55	5647	95	0,0270849	35	5611
56	6532	96	1723	36	6475
57	7417	97	2597	37	7338
58	8302	98	3471	38	8201
59	0,0239187	0,0299	4345	39	9064
60	0,0240071	0,0300	5218	40	0,0309926
61	0956	01	6091	41	0,0310788
62	1839	02	6964	42	1650
63	2723	03	7836	43	2512
64	3606	04	8708	44	3373
65	4489	05	0,0279580	45	4234
66	5372	06	0,0280452	46	5095
67	6254	07	1323	47	5956
68	7136	08	2194	48	6816
69	8018	09	3065	49	7676
70	8900	10	3936	50	8536
71	0,0249781	11	4806	51	0,0319396
72	0,0250662	12	5676	52	0,0320255
73	1543	13	6546	53	1114
74	2423	14	7415	54	1973
75	3304	15	8284	55	2831
76	4183	16	0,0289153	56	3689
77	5063	17	0,0290022	57	4547
78	5942	18	0890	58	5405
79	6822	19	1758	59	6262
0,0280	0,0257700	0,0320	0,0292626	0,0360	0,0327120

TABVLA II

h	log yy	h	log yy	h	log yy
0,0360	0,0327120	0,040	0,0361192	0,080	0,0681057
61	7976	0,041	69646	0,081	88612
62	8833	0,042	78075	0,082	0,0696146
63	0,0329689	0,043	86478	0,083	0,0703661
64	0,0330546	0,044	0,0394856	0,084	11157
65	1401	0,045	0,0403209	0,085	18633
66	2257	0,046	11537	0,086	26090
67	3112	0,047	19841	0,087	33527
68	3967	0,048	28121	0,088	40945
69	4822	0,049	36376	0,089	48345
70	5677	0,050	44607	0,090	55725
71	6531	0,051	52814	0,091	63087
72	7385	0,052	60998	0,092	70430
73	8239	0,053	69157	0,093	77754
74	9092	0,054	77294	0,094	85060
75	0,0339946	0,055	85407	0,095	92348
76	0,0340799	0,056	0,0493496	0,096	0,0799617
77	1651	0,057	0,0501563	0,097	0,0806868
78	2504	0,058	09607	0,098	14101
79	3356	0,059	17628	0,099	21316
80	4208	0,060	25626	0,100	28513
81	5059	0,061	33602	0,101	35693
82	5911	0,062	41556	0,102	42854
83	6762	0,063	49488	0,103	49999
84	7613	0,064	57397	0,104	57125
85	8464	0,065	65285	0,105	64235
86	0,0349314	0,066	73150	0,106	71327
87	0,0350164	0,067	80994	0,107	78401
88	1014	0,068	88817	0,108	85459
89	1864	0,069	0,0596618	0,109	92500
90	2713	0,070	0,0604398	0,110	0,0899523
91	3562	0,071	12157	0,111	0,0906530
92	4411	0,072	19895	0,112	13520
93	5259	0,073	27612	0,113	20494
94	6108	0,074	35308	0,114	27451
95	6956	0,075	42984	0,115	34391
96	7804	0,076	50639	0,116	41315
97	8651	0,077	58274	0,117	48223
98	0,0359499	0,078	65888	0,118	55114
0,0399	0,0360346	0,079	73483	0,119	61990
0,0400	0,0361192	0,080	0,0681057	0,120	0,0968849

h	log yy	h	log yy	h	log yy
0,120	0,0968849	0,160	0,1230927	0,200	0,1471869
0,121	75692	0,161	37192	0,201	77653
0,122	82520	0,162	43444	0,202	83427
0,123	89331	0,163	49682	0,203	89189
0,124	0,0996127	0,164	55908	0,204	0,1494940
0,125	0,1002907	0,165	62121	0,205	0,1500681
0,126	09672	0,166	68321	0,206	06411
0,127	16421	0,167	74508	0,207	12130
0,128	23154	0,168	80683	0,208	17838
0,129	29873	0,169	86845	0,209	23535
0,130	36576	0,170	92994	0,210	29222
0,131	43264	0,171	0,1299131	0,211	34899
0,132	49936	0,172	0,1305255	0,212	40564
0,133	56594	0,173	11367	0,213	46220
0,134	63237	0,174	17466	0,214	51865
0,135	69865	0,175	23553	0,215	57499
0,136	76478	0,176	29628	0,216	63123
0,137	83076	0,177	35690	0,217	68737
0,138	89660	0,178	41740	0,218	74340
0,139	0,1096229	0,179	47778	0,219	79933
0,140	0,1102783	0,180	53804	0,220	85516
0,141	09323	0,181	59818	0,221	91089
0,142	15849	0,182	65821	0,222	0,1596652
0,143	22360	0,183	71811	0,223	0,1602204
0,144	28857	0,184	77789	0,224	07747
0,145	35340	0,185	83755	0,225	13279
0,146	41809	0,186	89710	0,226	18802
0,147	48264	0,187	0,1395653	0,227	24315
0,148	54704	0,188	0,1401585	0,228	29817
0,149	61131	0,189	07504	0,229	35310
0,150	67544	0,190	13412	0,230	40793
0,151	73943	0,191	19309	0,231	46267
0,152	80329	0,192	25194	0,232	51730
0,153	86701	0,193	31068	0,233	57184
0,154	93059	0,194	36931	0,234	62628
0,155	0,1199404	0,195	42782	0,235	68063
0,156	0,1205735	0,196	48622	0,236	73488
0,157	12053	0,197	54450	0,237	78903
0,158	18357	0,198	60268	0,238	84309
0,159	24649	0,199	66074	0,239	89705
0,160	0,1230927	0,200	0,1471869	0,240	0,1695092

h	log yy	h	log yy	h	log yy
0,240	0,1695092	0,280	0,1903220	0,320	0,2098315
0,241	0,1700470	0,281	08249	0,321	0,2103040
0,242	05838	0,282	13269	0,322	07759
0,243	11197	0,283	18281	0,323	12470
0,244	16547	0,284	23286	0,324	17174
0,245	21887	0,285	28282	0,325	21871
0,246	27218	0,286	33271	0,326	26562
0,247	32540	0,287	38251	0,327	31245
0,248	37853	0,288	43224	0,328	35921
0,249	43156	0,289	48188	0,329	40591
0,250	48451	0,290	53145	0,330	45253
0,251	53736	0,291	58049	0,331	49909
0,252	59013	0,292	63035	0,332	54558
0,253	64280	0,293	67968	0,333	59200
0,254	69538	0,294	72894	0,334	63835
0,255	74788	0,295	77811	0,335	68464
0,256	80029	0,296	82721	0,336	73085
0,257	85261	0,297	87624	0,337	77700
0,258	90483	0,298	92518	0,338	82308
0,259	0,1795698	0,299	0,1997406	0,339	86910
0,260	0,1800903	0,300	0,2002285	0,340	91505
0,261	06100	0,301	07157	0,341	0,2196093
0,262	11288	0,302	12021	0,342	0,2200675
0,263	16467	0,303	16878	0,343	05250
0,264	21638	0,304	21727	0,344	09818
0,265	26800	0,305	26569	0,345	14380
0,266	31953	0,306	31403	0,346	18935
0,267	37098	0,307	36230	0,347	23483
0,268	42235	0,308	41050	0,348	28026
0,269	47363	0,309	45862	0,349	32561
0,270	52483	0,310	50667	0,350	37091
0,271	57594	0,311	55464	0,351	41613
0,272	62696	0,312	60254	0,352	46130
0,273	67791	0,313	65037	0,353	50640
0,274	72877	0,314	69813	0,354	55143
0,275	77955	0,315	74581	0,355	59640
0,276	83024	0,316	79342	0,356	64131
0,277	88085	0,317	84096	0,357	68615
0,278	93138	0,318	88843	0,358	73094
0,279	0,1898183	0,319	93582	0,359	77565
0,280	0,1903220	0,320	0,2098315	0,360	0,2282031

TABVLA II

h	log yy	h	log yy	h	log yy
0,360	0,2282031	0,400	0,2455716	0,440	0,2620486
0,361	86490	0,401	59940	0,441	24499
0,362	90943	0,402	64158	0,442	28507
0,363	95390	0,403	68371	0,443	32511
0,364	0,2299831	0,404	72578	0,444	36509
0,365	0,2304265	0,405	76779	0,445	40503
0,366	08694	0,406	80975	0,446	44492
0,367	13116	0,407	85166	0,447	48475
0,368	17532	0,408	89351	0,448	52454
0,369	21942	0,409	93531	0,449	56428
0,370	26346	0,410	0,2497705	0,450	60397
0,371	30743	0,411	0,2501874	0,451	64362
0,372	35135	0,412	06038	0,452	68321
0,373	39521	0,413	10196	0,453	72276
0,374	43900	0,414	14349	0,454	76226
0,375	48274	0,415	18496	0,455	80171
0,376	52642	0,416	22638	0,456	84111
0,377	57003	0,417	26775	0,457	88046
0,378	61359	0,418	30906	0,458	91977
0,379	65709	0,419	35032	0,459	95903
0,380	70053	0,420	39153	0,460	0,2699824
0,381	74391	0,421	43269	0,461	0,2703741
0,382	78723	0,422	47379	0,462	07652
0,383	83050	0,423	51485	0,463	11559
0,384	87370	0,424	55584	0,464	15462
0,385	91685	0,425	59679	0,465	19360
0,386	0,2395993	0,426	63769	0,466	23253
0,387	0,2400296	0,427	67853	0,467	27141
0,388	04594	0,428	71932	0,468	31025
0,389	08885	0,429	76006	0,469	34904
0,390	13171	0,430	80075	0,470	38778
0,391	17451	0,431	84139	0,471	42648
0,392	21726	0,432	88198	0,472	46513
0,393	25994	0,433	92252	0,347	50374
0,394	30257	0,434	0,2596300	0,474	54230
0,395	34514	0,435	0,2600344	0,475	58082
0,396	38766	0,436	04382	0,476	61929
0,397	43012	0,437	08415	0,477	65771
0,398	47252	0,438	12444	0,478	69609
0,399	51487	0,439	16467	0,479	73443
0,400	0,2455716	0,440	0,2620486	0,480	0,2777272

TABVLA II

h	log yy	h	log yy	h	log yy
0,480	0,2777272	0,520	0,2926864	0,560	0,3069938
0,481	81096	0,521	30518	0,561	73437
0,482	84916	0,522	34168	0,562	76931
0,483	88732	0,523	37813	0,563	80422
0,484	92543	0,524	41455	0,564	83910
0,485	0,2796349	0,525	45092	0,565	87394
0,486	0,2800152	0,526	48726	0,566	90874
0,487	03949	0,527	52355	0,567	94350
0,488	07743	0,528	55981	0,568	0,3097823
0,489	11532	0,529	59602	0,569	0,3101292
0,490	15316	0,530	63220	0,570	04758
0,491	19096	0,531	66833	0,571	08220
0,492	22872	0,532	70443	0,572	11678
0,493	26644	0,533	74049	0,573	15133
0,494	30411	0,534	77650	0,574	18584
0,495	34173	0,535	81248	0,575	22031
0,496	37932	0,536	84842	0,576	25475
0,497	41686	0,537	88432	0,577	28915
0,498	45436	0,538	92018	0,578	32352
0,499	49181	0,539	95600	0,579	35785
0,500	52923	0,540	0,2999178	0,580	39215
0,501	56660	0,541	0,3002752	0,581	42641
0,502	60392	0,542	06323	0,582	46064
0,503	64121	0,543	09888	0,583	49483
0,504	67845	0,544	13452	0,584	52898
0,505	71565	0,545	17011	0,585	56310
0,506	75281	0,546	20566	0,586	59719
0,507	78992	0,547	24117	0,587	63124
0,508	82700	0,548	27664	0,588	66525
0,509	86403	0,549	31208	0,589	69923
0,510	90102	0,550	34748	0,590	73318
0,511	93797	0,551	38284	0,591	76709
0,512	0,2897487	0,552	41816	0,592	80096
0,513	0,2901174	0,553	45344	0,593	83481
0,514	04856	0,554	48869	0,594	86861
0,515	08535	0,555	52390	0,595	90239
0,516	12209	0,556	55907	0,596	93612
0,517	15879	0,557	59420	0,597	0,3196983
0,518	19545	0,558	62930	0,598	0,3200350
0,519	23207	0,559	66436	0,599	03714
0,520	0,2926864	0,560	0,3069938	0,600	0,3207074

x vel z	ξ	ζ	x vel z	ξ	ζ
0,000	0,0000000	0,0000000	0,040	0,0000936	0,0000894
0,001	001	001	0,041	0984	0938
0,002	002	002	0,042	1033	0984
0,003	005	005	0,043	1084	1031
0,004	009	009	0,044	1135	1079
0,005	014	014	0,045	1188	1128
0,006	021	020	0,046	1242	1178
0,007	028	028	0,047	1298	1229
0,008	037	036	0,048	1354	1281
0,009	047	046	0,049	1412	1334
0,010	057	057	0,050	1471	1389
0,011	070	069	0,051	1531	1444
0,012	083	082	0,052	1593	1500
0,013	097	096	0,053	1656	1558
0,014	113	111	0,054	1720	1616
0,015	130	127	0,055	1785	1675
0,016	148	145	0,056	1852	1736
0,017	167	164	0,057	1920	1798
0,018	187	183	0,058	1989	1860
0,019	209	204	0,059	2060	1924
0,020	231	226	0,060	2131	1988
0,021	255	249	0,061	2204	2054
0,022	280	273	0,062	2278	2121
0,023	306	298	0,063	2354	2189
0,024	334	325	0,064	2431	2257
0,025	362	352	0,065	2509	2327
0,026	392	381	0,066	2588	2398
0,027	423	410	0,067	2669	2470
0,028	455	441	0,068	2751	2543
0,029	489	473	0,069	2834	617
0,030	523	506	0,070	2918	2691
0,031	559	539	0,071	3004	2767
0,032	596	573	0,072	3091	2844
0,033	634	611	0,073	3180	2922
0,034	674	648	0,074	3269	3001
0,035	714	686	0,075	3360	3081
0,036	756	726	0,076	3453	3162
0,037	799	766	0,077	3546	3244
0,038	844	807	0,078	3641	3327
0,039	889	850	0,079	3738	3411
0,040	0,0000936	0,0000894	0,080	0,0003835	0,0003496

x vel z	ξ	ζ	x vel z	ξ	ζ
0,080	0,0003835	0,0003496	0,120	0,0008845	0,0007698
0,081	3934	3582	0,121	8999	7822
0,082	4034	3669	0,122	9154	7948
0,083	4136	3757	0,123	9311	8074
0,084	4139	3846	0,124	9469	8202
0,085	4343	3936	0,125	9628	8330
0,086	4448	4027	0,126	9789	8459
0,087	4555	4119	0,127	0,0009951	8590
0,088	4663	4212	0,128	0,0010115	8721
0,089	4773	4306	0,129	0280	8853
0,090	4884	4401	0,130	0447	8986
0,091	4996	4496	0,131	0615	9120
0,092	5109	4593	0,132	0784	9255
0,093	5224	4691	0,133	0955	9390
0,094	5341	4790	0,134	1128	9527
0,095	5458	4890	0,135	1301	9665
0,096	5577	4991	0,136	1477	9803
0,097	5697	5092	0,137	1654	0,0009943
0,098	5819	5195	0,138	1832	0,0010083
0,099	5942	5299	0,139	2012	0224
0,100	6066	5403	0,140	2193	0366
0,101	6192	5509	0,141	2376	0509
0,102	6319	5616	0,142	2560	0653
0,103	6448	5723	0,143	2745	0798
0,104	6578	5832	0,144	2933	0944
0,105	6709	5941	0,145	3121	1091
0,106	6842	6052	0,146	3311	1238
0,107	6976	6163	0,147	3503	1337
0,108	7111	6275	0,148	3696	1536
0,109	7218	6389	0,149	3791	1689
0,110	7386	6503	0,150	4087	1858
0,111	7526	6618	0,151	4285	1990
0,112	7667	6734	0,152	484	2143
0,113	7809	6851	0,153	4684	2296
0,114	7953	6969	0,154	4886	2451
0,115	8098	7088	0,155	5090	2607
0,116	8245	7208	0,156	5295	2763
0,117	8393	7329	0,157	5502	2921
0,118	8542	7451	0,158	5710	3079
0,119	8693	7574	0,159	5920	3238
0,120	0,0008845	0,0007698	0,160	0,0016131	0,0013318

x vel z	ξ	ζ	x vel z	ξ	ζ
0,160	0,0016131	0,0013398	0,200	0,0025877	0,0020507
0,161	6344	3559	0,201	6154	0702
0,162	6559	3721	0,202	6433	0897
0,163	6775	3883	0,203	6713	1094
0,164	6992	4047	0,204	6995	1292
0,165	7211	4211	0,205	7278	1490
0,166	7432	4377	0,206	7564	1689
0,167	7654	4543	0,207	7851	1889
0,168	7878	4710	0,208	8139	2090
0,169	8103	4878	0,209	8429	2291
0,170	8330	5047	0,210	8722	2494
0,171	8558	5216	0,211	9015	2697
0,172	8788	5387	0,212	9311	2901
0,173	9020	5558	0,213	9608	3106
0,174	9253	5730	0,214	0,0029907	3311
0,175	9487	5903	0,215	0,0030207	3518
0,176	9724	6077	0,216	0509	3725
0,177	0,0019961	6252	0,217	0814	3932
0,178	0,0020201	6428	0,218	1119	4142
0,179	0442	6604	0,219	1427	4352
0,180	0685	6782	0,220	1736	4562
0,181	0929	6960	0,221	2047	4774
0,182	1175	7139	0,222	2359	4986
0,183	1422	7319	0,223	2674	5199
0,184	1671	7500	0,224	2990	5412
0,185	1922	7681	0,225	3308	5627
0,186	2174	7864	0,226	3627	5842
0,187	2428	8047	0,227	3949	6058
0,188	2683	8231	0,228	4272	6275
0,189	2941	8416	0,229	4597	6493
0,190	3199	8602	0,230	4924	6711
0,191	3460	8789	0,231	5252	6931
0,192	3722	8976	0,232	5582	7151
0,193	3985	9165	0,233	5914	7371
0,194	4251	9354	0,234	6248	7593
0,195	4518	9544	0,235	6584	7816
0,196	4786	9735	0,236	6921	8039
0,197	5056	0,0019926	0,237	7260	8263
0,198	5328	0,0020119	0,233	7601	8487
0,199	5602	0312	0,239	7944	8713
0,200	0,0025877	0,0020507	0,240	0,0038289	0,0028939

TABVLA III

x vel z	ξ	ζ	x vel z	ξ	ζ
0,240	0,0038289	0,0028939	0,270	0,0049485	0,0036087
0,241	8635	9166	0,271	0,0049888	6337
0,242	8983	9394	0,272	0,0050292	6587
0,243	9333	9623	0,273	0699	6839
0,244	0,0039685	0,0029852	0,274	1107	7091
0,245	0,0040039	0,0030083	0,275	1517	7344
0,246	0394	0314	0,276	1930	7598
0,247	0752	0545	0,277	2344	7852
0,248	1111	0778	0,278	2760	8107
0,249	1472	1001	0,279	3188	8363
0,250	1835	1245	0,280	3598	8620
0,251	2199	1480	0,281	4020	8877
0,252	2566	1716	0,282	4444	9135
0,253	2934	1952	0,283	4870	9394
0,254	3305	2189	0,284	5298	9654
0,255	3677	2427	0,285	5728	0,0039914
0,256	4051	2666	0,286	6160	0,0040175
0,257	4427	2905	0,287	6594	0437
0,258	4804	3146	0,288	7030	0700
0,259	5184	3387	0,289	7468	0963
0,260	5566	3628	0,290	7908	1227
0,261	5949	3871	0,291	8350	1491
0,262	6334	4114	0,292	8795	1757
0,263	6721	4358	0,293	9241	2023
0,264	7111	4603	0,294	0,0059689	2290
0,265	7502	4848	0,295	0,0060139	2557
0,266	7894	5094	0,296	0591	2826
0,267	8289	5341	0,297	1045	3095
0,268	8686	5589	0,298	1502	3364
0,269	9085	5838	0,299	1960	3635
0,270	0,0049485	0,0036087	0,300	0,0062421	0,0043906

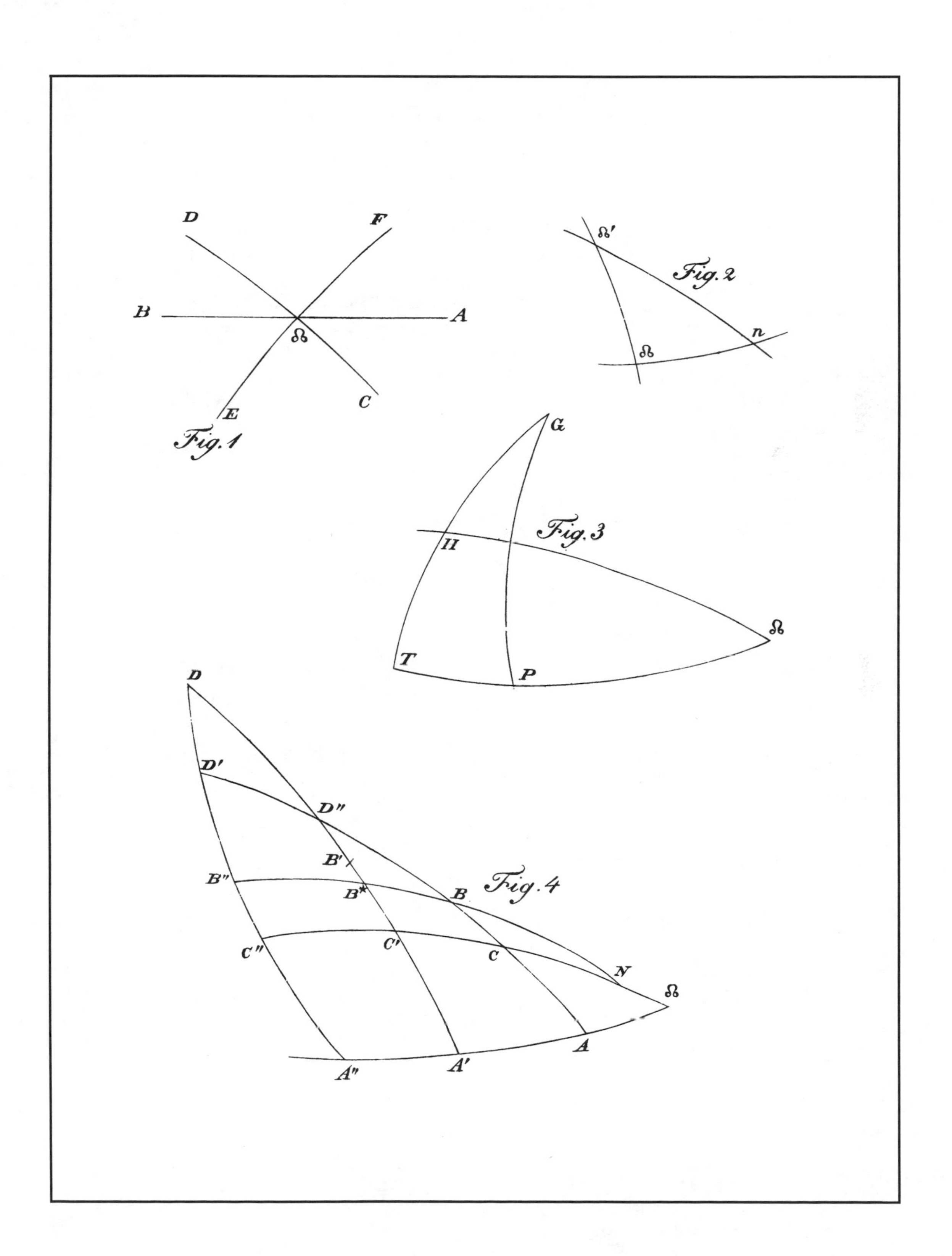
D
F
B
A
☊
E
C
Fig. 1
☊′
Fig. 2
n
☊
G
Fig. 3
H
☊
T
P
D
D′
D″
B′
B″
B*
B
Fig. 4
C″
C′
C
N
☊
A″
A′
A

Printed in the United States
By Bookmasters